Automobiltechnische Bibliothek Bd. IV

Bauschlicher, Die Kugellagerungen

Automobiltechnische Bibliothek

Die Automobiltechnik in Einzeldarstellungen

Bd. I. Der Automobilmotor und seine Konstruktion
von W. Pfitzner und R. Urtel, Dipl. Ingenieure

Bd. II. Der Automobilzug des Colonel Charles Renard
von W. A. Th. Müller, Oberingenieur

Bd. III. Automobilvergaser
von Heinr. Dechamps, Diplom-Ingenieur

Bd. IV. Die Kugellagerungen
von Aug. Bauschlicher, Ingenieur

Berlin W.
Verlag von M. Krayn

Die Kugellagerungen

ihre Konstruktion und ihre Anwendung für den Motorwagen- und Maschinenbau

Von

August Bauschlicher
Ingenieur

Mit 267 Textfiguren

Berlin W.
Verlag von M. Krayn
1908

ROSENTHAL & Co., BERLIN S O., RUNGESTR. 20.

VORWORT

In der technischen Litteratur fehlte es bisher an einem Werk, das über die neuesten Erfahrungen auf dem Gebiet der Kugellagerungen berichtete. Meist ging man noch von den Kugellagerungen des Fahrradbaues aus und betrachtete die nachstellaren Konuslager als Ausgangspunkt aller Konstruktionen. Die Konstruktionsgrundsätze haben sich aber wesentlich verändert.

Gegenwärtig geht man von dem Ringlager als Normallager aus. Dieses verschafft sich immer weitere Anhänger, so dass es nicht allein die Konuslager, sondern sogar das Rollenlager teilweise verdrängt hat. Die Rollenlager werden deshalb in diesem Werke nicht behandelt, da sie an Bedeutung verloren haben.

In dem Kapitel über „Die Grundlagen der Kugellagerkonstruktion“ musste ich mich auf die Versuche von Prof. Stribeck beziehen. Diese Versuche sind grundlegend für die ganze Entwicklung des modernen Kugellagers geworden. Gründlichere und bessere Arbeiten als die von Prof. Stribeck sind mir nicht bekannt geworden.

Das Werk ist von dem Standpunkt des praktischen Konstrukteurs verfasst und ich hoffe, dass es dem Konstrukteur gute Unterlagen darbietet. Die in dem Werk enthaltenen Kugellagerkonstruktionen und Tabellen werden besonders für den Konstruktionstisch von Nutzen sein.

Bei dem Kapitel „Die Anwendung des Kugellagers im Automobilbau“ wurde auf einige Sonderforderungen näher eingegangen. Im übrigen konnte aber nichts wesentlich anderes gesagt werden als dasjenige, was bereits in den Kapiteln über „Kugellagernormalien“ und „Einbau der Kugellager“ gesagt worden war.

Interessanter sind offenbar die Kugellager des Maschinenbaues, welche vielseitigeren Ansprüchen genügen müssen. Bei der durchgreifenden Bedeutung, die die Kugellager im Maschinenbau erlangen werden, wird die eingehende Behandlung dieses Kapitels vielen Wünschen entsprechen.

Ich hoffe, dass das Werk in dieser Fassung eine gute Orientierung über das Wesen der Kugellagerungen zu geben vermag. Da die Anwendungsgebiete des Kugellagers ständig wachsen, so wird daher jeder Verbesserungsvorschlag und Mitteilungen über neuere Konstruktionen von dem Verfasser und dem Verlag mit Dank angenommen. Jede bekannt gewordene brauchbare Konstruktion wird dann bei den folgenden Auflagen wenn möglich aufgenommen.

Mai 1908.

Ing. Aug. Bauschlicher
Frankfurt a. M.

I. TEIL.

Die Grundlagen für die Konstruktion des Kugellagers.

II. TEIL.

Die Konstruktion der Kugellager.

III. TEIL.

Die Anwendung der Kugellager.

I. TEIL.

Die Grundlagen für die Konstruktion des Kugellagers.

1. Die Kugellagerungen.

(Allgemeines.)

In den Lehrbüchern über Maschinenelemente werden die Kugellager, obwohl sie heute als normales Maschinenelement gelten, sehr stiefmütterlich behandelt. Sie finden nicht jene allgemeine Beachtung, die sie wegen ihres leichten Laufes, ihres geringen Ölbedarfes, ihrer leichten Montage und ihrer Unempfindlichkeit gegen geringe Wellendurchbiegungen besitzen. Im Fahrrad- und Automobilbau, wo das Kugellager für fast alle Lagerstellen konsequent angewendet wird, ist der Nachweis im grossen Stile erbracht, dass das Kugellager für komplizierte Laufwerke und Triebwerke durchaus zulässig ist. Viele Konstrukteure schossen auch über das Ziel hinaus und glaubten, dass das Kugellager allgemein an Stelle des Gleitlagers treten könne, was nicht der Fall ist. Wo undefinierbare stossweise Belastungen auftreten, wie z. B. bei einem Walzwerk und bei einer Drehbankspindel, wird die grosse Lagerfläche des Gleitlagers nicht entbehrt werden können. Auch bei Maschinenwellen, die hammerartig wirkenden Stössen ausgesetzt sind, wie bei dem Explosionsmotor, wird man das Kugellager nur mit grosser Vorsicht anwenden. Dagegen ist ein Kugellager gegen äussere Wärmeeinwirkungen weniger empfindlich. Es frisst weniger leicht und braucht auch weniger Öl. Die Anspruchslosigkeit des Kugellagers inbezug auf die Qualität und Quantität der Schmiermittel wird aber oft missbraucht und die Schaffung ordnungsgemässer Schmiervorrichtungen unterlassen, so dass auch beim Kugellager Störungen eintreten können.

Wird aber das Kugellager richtig behandelt und richtig eingebaut, so leistet es insbesondere bei gleichmässig wirkenden hohen

Drücken und hohen Tourenzahlen gute Dienste. Die Ansprüche an das genaue Rundlaufen befriedigen ebenfalls in den meisten Fällen, besonders wenn die Kugellager nur unter normaler Belastung laufen. Die zulässige Belastung ist nun auch das wichtigste am Kugellager, sogar ungleich wichtiger, als bei dem Gleitlager, weil bei dem Kugellager die Bruchgrenze der bei maximaler Belastung gedrückten Kugel nicht überschritten werden darf. Gegen Überlastung ist das Kugellager ungleich empfindlicher als das Gleitlager, bei dem sich die Überlastung nur durch einen stärkeren Verschleiss des Lagermetalls kennzeichnet, in extremen Fällen natürlich durch das gefürchtete Fressen der Lagerstellen. Kugellager fressen bei einer Überlastung nicht, aber die Kugeln brechen.

Bei feinmechanischen Apparaten spielt gewöhnlich die zulässige Belastung eine geringere Rolle. Auch im Fahrradbau findet vielfach noch eine empirische Bestimmung der Lagerdimensionen statt.

Für die Kugellager des Maschinenbaues, d. h. für hohe Belastungen mussten jedoch Konstruktionsunterlagen geschaffen werden, die sich in der Hauptsache auf die Ermittelung der zulässigen Kugelbelastung sowohl für Spurlager als auch für Ringkugellager erstreckten. Hier hat offenbar die Deutsche Waffen- und Munitionsfabrik in Berlin im Vereine mit Prof. Stribeck Grundlegendes geleistet. Die Arbeiten des Prof. Stribeck sind bis heute noch nicht überholt, und es mussten deshalb in den Kapiteln über die Belastung der Kugellager und über Belastungsversuche die Arbeiten des Professor Stribeck benutzt werden.

2. Allgemeines über die Kugellagerreibung.

Das Bestreben, Gleitreibung in rollende Reibung zu verwandeln, beherrscht den ganzen Maschinenbau. Die Gleitreibung zweier gegeneinander beweglichen Teile wird durch Zwischenschaltung zylindrischer oder kugeliger und möglichst harter Rollkörper in rollende Reibung verwandelt.

Die Kugel erscheint theoretisch als der vollkommenste Rollkörper, weil sie bei jeder beliebigen Bewegung quer zur Laufrichtung stets gleiche Durchmesser darbietet, im Gegensatz zur zylindrischen Rolle, die nur in jener Lage, in der die Achse der Rolle mit der der Welle parallel gerichtet ist, eine theoretisch reine Abrollung zulässt, während jede Schräglage der Rollenachse zur Wellenachse eine undefinierbare Auflage zur Folge hat. Bei Lagerungen trifft man auf folgende Annahmen über die Auflageflächen.

1. Bei der Gleitlagerung einer zylindrischen Welle spricht man von einem spezifischen Flächendruck der Welle auf die Auflagefläche. Die Projektion der aufliegenden Fläche wird bei einem Wellenzapfen als gedrückte Fläche in Rechnung gestellt.

2. Bei dem Rollenlager treten theoretisch nur lineare Drücke an den Berührungsstellen der Rollen mit den Wellenzapfen auf. Es tragen nur einzelne Rollen.

3. Bei dem Kugellager treten nur Punktbeanspruchungen auf. Es tragen nur einzelne Kugeln. (Bei Spurlagern aber alle Kugeln.)

Genauer besehen, sind die alles Hypothesen, die nur annähernd der Wirklichkeit entsprechen.

Die heute im Maschinenbau angenommene sogenannte spezifische Flächenpressung nach Fall 1 ist nicht richtig. Infolge der elastischen Wellendurchbiegungen, der ungleichen Materialoberflächen haben wir praktisch nur Linienberührung bezw. eine gänzlich unbestimmte Flächenauflage. Wäre das Schmieröl nicht ein Füllmittel zwischen Welle und Auflagestelle, so könnte man sich die gute Wirkung des Gleitlagers nicht erklären. Das Öl übernimmt im Gleitlager teilweise die Funktion der Kugeln, indem sicher bei den Lagerdrücken eine Zerteilung der Schmiersubstanz in kleinere Kügelchen stattfindet, die sich z. B. bei dem Umlauf der Wellen als unendlich fein zerteilte Rollkörperchen abwälzen.

Im Gleitlager bildet z. B. das Öl eine exzentrische Flüssigkeitsröhre, die an der Druckstelle dünner ist. Offenbar ist die Wirkung der Ölkügelchen als sogenannte Rollkörper der physikalische Grund, warum sehr dünnflüssige Öle für ganz schwere Achsbelastungen nicht geeignet sind, weil sie mangels genügender Kohäsion zu fein zerrieben werden.

Bei dem Rollenlager nach Fall 2 tritt praktisch keine Linienberührung, sondern eine Flächenberührung ein, weil sich offenbar ein Teil des gedrückten Rollenumfanges elastisch in die Welle und in das Lagerbett eindrückt. Schränken die Rollen, so wird die Druckfläche eine ganz undefinierbare Form annehmen, auf die hier nicht weiter eingegangen werden soll.

Bei dem Kugellager entspricht die angenommene Punktberührung auch nicht der Wirklichkeit. Stets wird bei einer belasteten Kugel infolge der elastischen Eindrückung derselben in ihre Unterlage eine Kugelfläche zur Auflage gelangen.

Bei dem vorerwähnten Ringlager wird die gedrückte Fläche eine ellipsoidenförmige Gestalt besitzen. (Keine Linienberührung.)

Die Druckfläche der Ringnuten eines äusseren Laufringes wird infolge des sich besser anschmiegenden Innenradius grösser sein als bei der Auflage der Kugel aut den Ringnuten des Aussenradius einer Welle oder eines inneren Laufringes. Die elastische Eindrückung der Kugeln in ihr Bett ergibt nun auch die theoretische Erklärung der Reibungsarbeit der rollenden Körper und entwickelt sich hieraus der Begriff „Reibungskoeffizient". Der Reibungskoeffizient, besser Rollkoeffizient, beträgt nach den Versuchen von Prof. Stribeck 0,0012—0,0015.

Es findet auch bei Kugellagern ein Verschleiss statt infolge der Reibung der sich in das Lagerbett eindrückenden Kugeln, die natürlich bei den gehärteten Kugeln und Kugellagerringen sehr gering ist. Man wird ohne weitere Beweisführung den Satz aufstellen dürfen, dass die Reibung eines Kugellagers sich verkleinert mit der zunehmenden Härte des Kugellagermateriales, weil die Grösse der elastischen Eindrückung eines unendlich harten Stahles gleich Null sein müsste.

Das moderne Kugellager hat eine bestimmte Laufebene, in der die Kugeln abrollen müssen. Die Druckstellen sind also statisch genau bestimmt. (Siehe Fig. 1.) Bei dem Ringlager fällt die Kugelmitte und

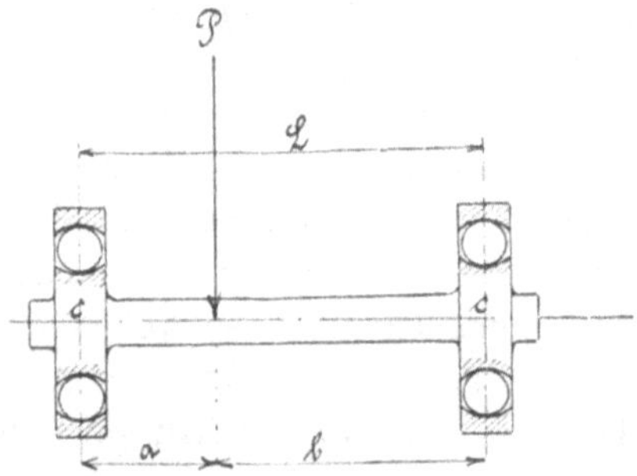

Fig. 1.

Spurebene stets zusammen, weshalb bei einer eintretenden Belastung die elastische Eindrückung auf eine genau bestimmte Ringzone fällt. Der Verschleiss der Kugellager ist daher wegen der ziemlich statisch gut bestimmten Kugelauflage eher übersehbar als bei Gleitlagern. Die vorerwähnte elastische Eindrückung stellt die eigentliche Reibungsarbeit dar, die sich in Wärme umsetzt. Die Reibungsarbeit kann noch durch die Reibung der Kugeln unter sich wesentlich vermehrt werden, weshalb man zur Beseitigung dieser Reibung vielfach Rollkörper oder feste Scheidewände zwischen die Kugeln legt. Die infolge der Lagerdrücke bezw. durch Reibungsarbeit erzeugte Wärme wird von den Laufringen weitergeleitet.

Ein schwach belastetes Kugellager kann einige Zeit ohne Öl laufen. Bei grossen Belastungen ist aber auch eine ordnungsmässige Schmierung erforderlich, weil die grössere elastische Eindrückung auch eine starke Erhitzung hervorruft. Diese erhitzten Laufringe werden teils durch Schmiermittel gekühlt, teils wirkt auch das Schmieröl an der Auflagestelle als Anschmiegungs- und Füllsubstanz, die die örtliche Druckreibung mindert bezw. eine grössere Druckfläche schafft. Das Kugellager frisst aber nicht.

Bei den Kugellagern können sich infolge der rollenden Reibung nur geringe Mengen Verschleisskörperchen ablösen, im Gegensatz zu den Gleitlagern, bei denen sich die gelösten Metallteilchen oft zu Knoten anhäufen und sich lawinenartig vermehren. Sie schieben sich wie ein Keil zwischen Welle und Lagerschale und blockieren oft das Lager.

Die Kugel wirkt anders. Sie drückt während des Abrollens kleinere Verschleisskörperchen in ihr Bett oder zerquetscht sie ganz. Grössere Fremdkörper werden von den Kugeln weggedrückt.

Infolge der Kugelrundung und der gerundeten Laufrillen sind daher Keilwirkungen, welche grössere Fremdkörper im Laufbett des Kugellagers auszuüben versuchen, nicht gut möglich. Zufällig von aussen einwirkende Fremdkörper wie Sand oder Staub, die bei dem Gleitlager ein Festfressen hervorrufen, äussern solche unmittelbar betriebstörende Wirkungen nicht. Natürlich werden diese Fremdkörper auch dem Kugellager Schaden zufügen und es ausschleifen. Daher ist auch das Kugellager mit entsprechenden Schutzvorrichtungen gegen Staub auszurüsten. Genaue Werte, wieviel das Kugellager leichter läuft als das Gleitlager, lassen sich nicht angeben.

Die Reibungskoeffizienten sind abstrakte Ziffern. Es ist nicht gesagt, dass die Kugellager zehnmal leichter als das schlichte Lager läuft, wenn wir den bekannten Reibungskoeffizienten 0,014 für die Gleitreibung dem der Kugelreibung mit ca. 0,0014 gegenüberstellen. Es hat sich im Maschinenbau infolge Zusammenwirkung so vieler Montagebedingungen usw. vollständig unmöglich erwiesen, den mechanischen Wirkungsgrad von Laufwerken vorher genau rechnerisch zu ermitteln. Bremsversuche nach erfolgter Ausführung oder Vergleiche mit anderen ausgeführten Konstruktionen bilden die einzigen Mittel zur Bestimung des mechanischen Wirkungsgrades.

Auch bei den Kugellagerungen lässt sich der mechanische Wirkungsgrad trotz der leichter übersehbaren inneren Lagervorgänge nicht berechnen, sondern nur experimentell ermitteln, zumal auch die Kugellagerkonstruktionen derart verschieden sind, dass sie je nach der Bauart den Wirkungsgrad erheblich beeinflussen.

3. Die Kugeln.

Das wichtigste Glied im Kugellager ist naturgemäss die Kugel selbst. Sie muss gehärtet, fein geschliffen und genau rund sein. Die Kugeln sind gewöhnlich aus komprimiertem Werkzeugstahl oder Tiegelgussstahl gefertigt. Sie werden auf automatischen Drehbänken abgestochen oder geschmiedet und nach dem Härten in grösseren Mengen auf einmal zwischen zwei rotierenden Planscheiben, die sich achsial gegeneinander bewegen, fertig geschliffen. Die Kugeln werden in Messmaschinen automatisch auf ihre genauen Abmessungen geprüft. Meist führt man die Kugeln über kalibrierte und gehärtete Lochschienen, und es fallen dann die Kugeln durch genau kalibrierte Löcher.

Die Oberfläche der Kugel soll möglichst glatt sein, damit auch unter dem Mikroskop betrachtet sich keine wesentlichen Flecken oder kleine Löcher zeigen. Die Genauigkeit der Kugeln bewegt sich je nach der Grösse zwischen 0,005—0,01 mm. Ausser der genauen Kugelform ist die Durchhärtung der Kugel von ausschlaggebender Bedeutung. Die zuverlässige Durchhärtung lässt sich leider nur bei kleineren Kugeln bis zu 1½″ mit Sicherheit durchführen.

4. Die Kugeln und ihre zulässige Belastung.

Meyer & Co. in Düsseldorf gibt folgende zulässige Belastung an:

Durchmesser in engl. "	1/8"	3/16"	1/4"	5/16"	3/8"	7/16"	1/2"	5/8"	3/4"	7/8"	1"
Zulässige Belastung bei 8 facher Sicherheit in kg . . .	70	160	290	450	650	850	1150	1800	2600	3500	4600
Bruchbelastung in kg	584	1315	2330	3650	5260	6800	9340	14600	21000	28600	37400

5. Theorie über die zulässige Belastung der Kugeln
(nach Hertz & Stribeck).

Die Prüfung über das Verhalten der belasteten Kugel innerhalb des Ringraumes muss als die wesentlichste Aufgabe für die Konstruktion eines Kugellagers betrachtet werden. Nach Hertz & Striebeck gelten für die Berührung elastischer Körper folgende Voraussetzungen:

1. Die Körper dürfen sich nur in kleinen Teilen ihrer Oberfläche berühren.
2. Es dürfen nur Kräfte normal zur Oberfläche zwischen den sich berührenden Teilen wirken, was erreicht wäre, wenn die sich berührenden Oberflächen vollkommen glatt wären.
3. Die Materialien müssen Proportionalitätsgrenzen besitzen und es dürfen die den Proportionalitätsgrenzen entsprechenden Dehnungen nicht überschritten werden.
4. Die Körper müssen homogen sein.

Für den hier vorwiegend inbetracht gezogenen Fall zweier Kugeln von den Halbmessern $r_1 + r_2$, deren Dehnungskoeffizienten α gleich sind und für welche das Verhältniss von Längsdehnung zu Querdehnung $m = 10/3$ gesetzt werden darf, ist nach Hertz die Strecke $\frac{\delta}{2}$, um welche sich die Körper normal zur Oberfläche unter der Belastung P einander nähern oder die Annäherung (Zusammendrückung der Körper):

1. $\frac{\delta}{2} = 1{,}23 \sqrt[3]{P^2 \alpha^2 \frac{r_1 + r_2}{r_1 \cdot r_2}}$
2. Der Halbmesser der Druckfläche $a = 1{,}11 \sqrt{P\alpha \frac{r_1 \cdot r_2}{r_1 + r_2}}$
3. Die grösste Pressung, die in der Mitte der kreisförmigen Druckfläche auftritt $p_0 = 0{,}388 \sqrt[3]{\frac{P}{\alpha^2}\left(\frac{r_1 + r_2}{r_1 \cdot r_2}\right)^2}$.

Die Pressung p_0 beträgt hiernach das 1½fache der mittleren Pressung. Die mittelsten Körperelemente der Druckflächen werden aber nicht nur normal zur Oberfläche, sondern auch nach den beiden andern Richtungen zusammengedrückt. Für kreisförmige Druckflächen sind die Hauptspannungen der Tangentialebene nach Hertz das $\left(0{,}5 + \frac{1}{m}\right)$fache der Normalspannungen mit $\frac{1}{m} = 0{,}3$, also $0{,}8\, p_0$.

Die Pressung an der Elastizitätsgrenze ist von der Krümmung der Oberfläche der sich berührenden Körper abhängig. Stribeck untersuchte 1901 daher das Verhalten der auf einer ebenen Platte gedrückten Kugel, wie auch das Verhalten der unter sich gedrückten Kugeln. Es war folgendes zu berücksichtigen: Gleichung 3 liefer für Kugeln auf Platte wegen

$$\frac{1}{r^2} = 0 \text{ und } 2r_1 = d \qquad p_0 = 0{,}388 \sqrt[3]{\frac{4}{\alpha^2} \cdot \frac{P}{d^2}} \quad . \; . \; . \; 3a$$

mit $\alpha = \frac{1}{2120000}$ (Versuchswert) ergiebt diese Beziehung für

$$\frac{P}{p_0} = \frac{d^2}{10160} \cdot \frac{2d^2}{12810} \cdot \frac{3d^2}{14660} \cdot \frac{4d^2}{16140} \cdot \frac{5d^2}{17380} \cdot \frac{10d^2}{21900} \cdot \frac{50d^2}{37450} \cdot \frac{100d^2}{47180} \text{ kg/qcm.}$$

Die Beziehung galt nur solange, als in keinem Punkte die Proportionalitätsgrenze überschritten wird. Für die Mitte der Druckfläche, wo die grösste Pressung auftritt, lassen sich aus den Angaben von Hertz die Hauptdehnungen berechnen. Die grösste Ausdehnung, welche normal zur Oberfläche gerichtet ist und mit Rücksicht auf das Vorhandensein dreier Haupispannungen:

$$p_0,\ 0{,}8\,p_0 \text{ und } 0{,}8\,p_0,\ (1 - 2 \cdot 0{,}8 \cdot 0{,}3)\,\alpha p_0 = 0{,}52\,\alpha p_0$$

beträgt, also nur das 0,52fache der Dehnung, welche die Spannung p_0 für sich allein hervorbringen würde. Lässt man die Dehnung als Maasstab für die Anstrengung des Materiales gelten, so wird demnach die Proportionalitätsgrenze in unserem Falle erst durch eine Pressung erreicht, welche $\frac{1}{0{,}52} = 1{,}92$mal so gross ist, wie die durch den Druckversuch mit einem prismatischen Stab ermittelte Proportionalitätsgrenze. Dabei ist selbstverständlich vorausgesetzt, dass die Anwendbarkeit der (Gl. 3) für die Proportionalitätsgrenze auch durch die Erfahrung bestätigt wird. Bei Druckversuche mit in Wasser gehärteten Zylindern aus Kugelstahl lieferten für die Proportionalitätsgrenze den Betrag von 9000 kg/qcm; für Kugel auf Platte aus gehärtetem Kugelstahl, ergiebt damit (Gl. 3a) die Belastung bei Eintritt der Proportionalitätsgrenze zu $rdP = 5d^2$. Für grössere Belastungen treffen diese Beziehungen nicht zu. Wollte man gehärtete Stahlkugeln nicht über die Elastizitätsgrenze beanspruchen, so wäre das Kugellager für grössere Belastungen unmöglich. Stribeck untersuchte nun die bei grösseren Belastungen eintretenden Formänderungen und zwar nicht allein die elastische, sondern auch die bleibende Eindrückung. Hier trifft die dritte Vorbedingung der Hertz'schen Gleichung nicht mehr zu.

6. Belastungsversuche über Stahlkugeln und Platten.

Hertz stellte zur Prüfung seiner Gleichungen Druckversuche an, bei denen die Durchmesser der Druckflächen nach erfolgtem Zusammendrücken gemessen werden. Stribeck ging 1899 anders vor. Er nahm

1. drei gehärtete Gussstahlkugeln, nach Fig. 2 und 2a, hielt dieselben durch eine Vorrichtung zusammen und belastete die

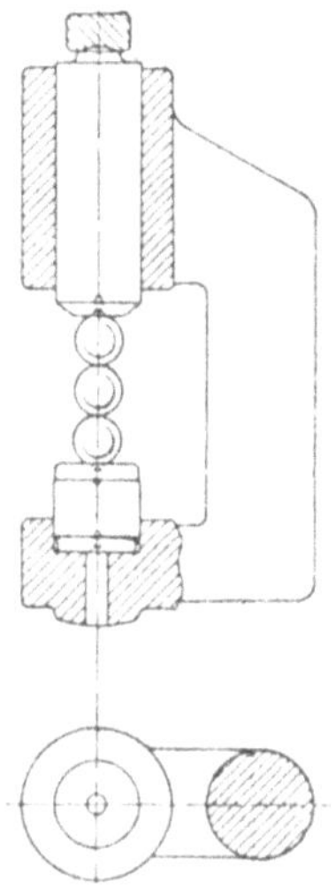

Fig. 2.

Kugeln durch eine 5 Amslerpresse. Er nahm nun mit einem Spiegelapparat Messungen über die Annäherungen der Kugeln vor, bei der die Messlänge in Betracht kam. Um für das Schneiden der Messvorrichtung eine sichere Auflage zu schaffen, wurden an die Kugeln kurze Rohrstücke aus Messing gekittet, gegen die sich die Schneiden legten. Gemessen wurde doppelt zu beiden Seiten der Kugeln.

2. Es wurden 2 Kugeln auf eine zwischenliegende Platte aufgedrückt (siehe Fig. 2b). Die Platte war aussen überdreht und in der Dicke gleich dem Kugelhalbmesser, oder grösser. Die Platten bestanden aus demselben Material wie die Kugeln und waren in derselben Weise gehärtet.

In Fig. 2—2b wurde die Längenveränderung in 500facher Vergrösserung beobachtet. Die beobachtete Zusammendrückung stellte zugleich den Mittelwert für die Annäherung eines Körperpaares in 1000facher Vergrösserung vor. Innerhalb der Messstücke befanden sich immer 2 Paare Druckflächen. Man mass die Annäherung von 2 Körperpaaren zusammen. Es liessen sich so kleinere Einsenkungen bestimmen als bei der einfachen Anordnung und es verminderten sich die Versuchsreihen, weil die gemessenen Grössen schon Mittelwerte

Fig. 2a. Fig. 2b. Fig. 2c.

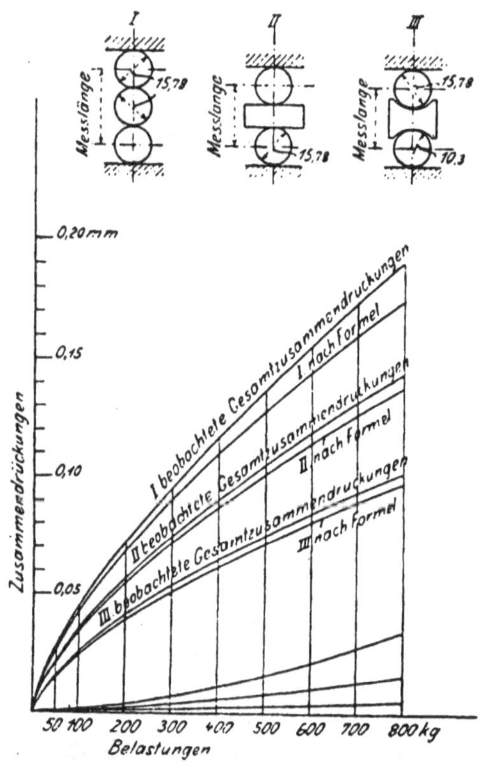

für 2 Körperpaare darstellten. Die Versuchskörper wurden abwechselnd zusammengedrückt und entlastet. Für jede Belastungsstufe wurden diese Verfahren so oft wiederholt, bis die Annäherung sich nicht mehr änderte. Da aber eine völlige Entlastung leicht Störungen hervorgerufen hätte, so wählte man als unterste Belastungsgrenze 20—50 kg und berechnete die Zusammendrückung, die bei dieser Belastung schon vorhanden war, nach (Gl. 1). Die Versuche erstreckten sich auf Kugeln, von $^3/_8''$—$^9/_8''$ engl. Durchmesser. Einige Ergebnisse sind in den Tabellen 1 u. 2 zusammengestellt. Jede Tabelle gibt für eine Kugelgrösse die zu den angegebenen Belastungen gehörigen Zusammendrückungen in hundertstel Millimeter. Die über den Tabellen gehörigen Ausdrücke für $\frac{\delta}{2}$ sind nach (Gl. 1) mit $\alpha = \frac{1}{2\,120\,000}$ gerechnet

Sie liegen den Zahlen der zweiten Reihe zu Grunde, die also auch nur unter den Voraussetzungen der (Gl. 1) gelten. Da schon durch die kleinsten aufgeführten Belastungen die Proportionalitätsgrenze überschritten wird, so ist zu erwarten, dass die Rechnungswerte von den gemessenen Zusammendrücken abweichen und zwar umso mehr, je grösser die Belastungen sind. Das Schaubild nach Fig. 3 giebt einen

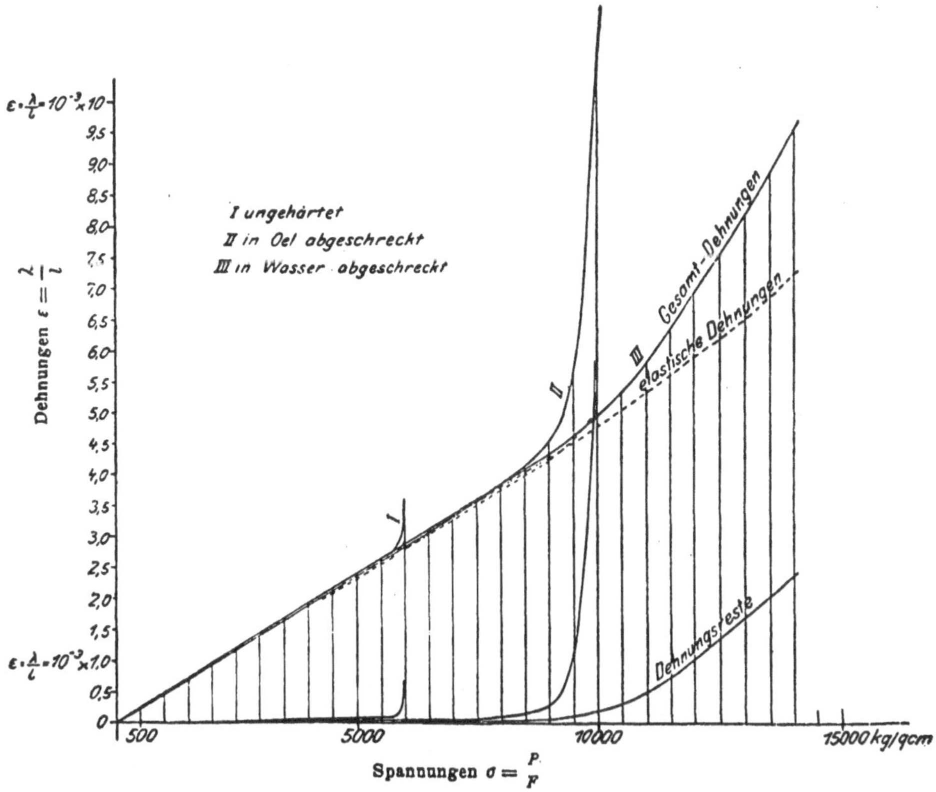

Fig. 3.

Überblick über die Druckversuche verschieden harter Kugeln. Darunter befinden sich in den Tabellen die beobachteten und vermittelten Gesamtannäherungen, sowie die entsprechende Angabe über die bleibenden Zusammendrückungen. Der Dehnungskoeffizient α wurde aus Druckversuchen mit Stahlzylinder von 16 mm Durchmesser und 48 mm Höhe bestimmt. Die Messlänge beträgt 32 mm. Es ergab sich für die elastischen Dehnungen des ungehärteten Zylinders $\alpha = \frac{1}{2\,127\,000}$

der in Oel gehärteten Zylinder $\alpha = \frac{1}{2\,128\,000}$

der in Wasser gehärteten Zylinder $\alpha = \frac{1}{2\,102\,000}$

Mittelwert aus obigen Ziffern $\alpha = \frac{1}{2\,120\,000}$

Prof. Stribeck hat neuerdings weitere Versuche über die federnde und bleibende Zusammendrückungen von zylindrischen Körpern aus verschiedenen Materialien angestellt (Zeitschrift des V. d. J. Heft 37, 1907). Die federnden Dehnungen sind weit über die Elastizitätsgrenze hinaus (gemessen wurde bei 36000 kg/qcm) den Spannungen proportional. Der Dehnungskoeffizient ist um 5—7,5 v. H. grösser als für den ungehärteten oder nur schwach gehärteten Stahl. Eine deutliche ausgeprägte Elastizitätsgrenze besteht nicht. Der Eintritt bleibender Dehnung erfolgt zwar im allgemeinen unverkennbar bei weniger als 10 000 kg/qcm. Sie beträgt aber

bei 16 000 kg/qcm erst 0,035 der federnden Dehnung

bei 23 000 kg/qcm rd. 0,091 der federnden Dehnung

bei 44 000 kg/qcm etwa das 1,5 fache der federnden Dehnung.

Um nun wieder auf die Druckversuche mit 3 übereinanderstehenden Kugeln zurückzukehren, sei bemerkt, dass kleine Fehler bei den Versuchen zu berücksichtigen waren. Es wirkten

1. die verschiedenen Härtegrade der Kugeln,
2. die oft nicht in einer Geraden liegenden Berührungspunkte der Kugeln,
3. ferner Abwälzungsvorgänge bei den sich berührenden Kugeln und
4. noch kleine Drehbewegungen der Druckstempel auf die Verschiedenartigkeit der Resultate zurück. Beträchtlicher sind die Abweichungen zwischen den beobachteten und ausgeglichenen Zusammendrückungen bei der Berührung von Kugel und Platte, besonders bei den bleibenden Formänderungen.

Tabellen I.

3 Kugeln von $^3/_8$" engl. Dmr. übereinander.

Nach (Gl. 1) $\frac{\delta}{2} = 0{,}000\,120\,25 \sqrt[3]{P^2}$

Zusammendrückung in hundertstel Millimeter.

P kg	50	100	200	300	400	500	600	700	800
δ (gesamt) nach (Gl. 1) . .	3,26	5,18	8,22	10,78	13,06	15,15	17,11	18,96	20,72
δ (gesamt) beobachtet . . .	3,32	5,41	9,17	11,82	14,62	17,31	19,71	22,21	24,54
δ (gesamt) vermittelt. . . . (Nach Fig. 3a und 3b.)	3,32	5,42	8,87	11,90	14,66	17,31	18,84	22,30	24,65
δ_1 (bleibd.) beobachtet . . .	0,06	0,27	0,95	—	3,01	—	5,30	—	7,80
δ_1 (bleibd.) vermittelt. . . .	0,07	0,27	0,90	1,74	2,74	3,85	5,06	6,38	7,80

3 Kugeln von $^1/_2$" engl. Dmr. übereinander.

Nach (Gl. 1) $\frac{\delta}{2} = 0{,}000\,109\,2 \sqrt[3]{P^2}$

Zusammendrückung in hundertstel Millimeter.

P kg	100	200	300	400	500	600	700	800
δ nach (Gl. 1)	4,71	7,47	9,79	11,86	13,76	15,54	17,23	18,83
δ beobachtet	4,83	7,81	10,33	12,83	14,98	17,33	19,14	21,14
δ vermittelt	4,85	7,85	10,49	12,88	15,10	17,25	19,28	21,21
δ_1 beobachtet	0,18	0,51	1,34	1,72	—	3,09	—	4,68
δ_1 vermittelt	0,18	0,56	1,10	1,72	2,45	3,26	4,12	5,06

3 Kugeln von $^5/_8$" engl. Dmr. übereinander.

Nach (Gl. 1) $\frac{\delta}{2} = 0{,}000\,101\,4 \sqrt[3]{P^2}$

Zusammendrückung in hundertstel Millimeter.

P kg	50	100	200	300	400	500	600	700	800
δ nach (Gl. 1) . .	2,75	4,37	6,94	9,09	11,01	12,78	14,43	15,99	17,48
δ beobachtet . . .	2,78	4,44	7,14	9,45	11,65	13,62	15,49	17,42	—
δ vermittelt. . . .	2,78	4,43	7,13	9,51	11,65	13,63	15,53	17,35	19,08
δ_1 beobachtet . . .	0,05	0,11	0,39	0,66	1,01	1,51	2,17	2,81	—
δ_1 vermittelt. . . .	0,05	0,11	0,35	0,68	1,14	1,63	2,19	2,81	3,45

3 Kugeln von 3/4″ engl. Dmr. übereinander.

Nach (Gl. 1) $\frac{\delta}{2} = 0{,}0000954 \sqrt[3]{P^2}$

Zusammendrückung in hundertstel Millimeter.

	P kg	100	200	300	400	500	600	700	800
δ	nach (Gl. 1)	4,11	6,53	8,55	10,36	12,02	13,58	15,05	16,45
	beobachtet	4,11	6,68	8,86	10,82	—	14,39	—	17,42
	vermittelt	4,12	6,62	8,79	10,76	12,59	14,31	16,00	17,58
δ_1	beobachtet	—	0,22	0,50	0,85	—	1,61	—	2,69
	vermittelt	—	0,22	0,46	0,78	1,12	1,52	2,00	2,48

3 Kugeln von 7/8″ engl. Dmr. übereinander.

Nach (Gl. 1) $\frac{\delta}{2} = 0{,}0000907 \sqrt[3]{P^2}$

Zusammendrückung in hundertstel Millimeter.

	P kg	100	200	300	400	500	600	700	800
δ	nach (Gl. 1)	3,91	6,20	8,13	9,84	11,42	12,90	14,30	15,63
	beobachtet	3,93	6,22	8,19	—	11,75	—	14,96	16,44
	vermittelt	3,91	6,22	8,23	10,09	11,79	13,38	14,92	16,38
δ_1	beobachtet	—	—	0,23	—	0,64	—	—	1,78
	vermittelt	—	0,15	0,30	0,55	0,79	1,10	1,42	1,80

3 Kugeln von 1″ engl. Dmr. übereinander.

Nach (Gl. 1) $\frac{\delta}{2} = 0{,}0000867 \sqrt[3]{P^2}$

Zusammendrückung in hundertstel Millimeter.

	P kg	100	200	300	400	500	600	700	800
δ	nach (Gl. 1)	3,74	5,93	7,77	9,42	10,93	12,34	13,67	14,95
	beobachtet	3,74	5,94	7,86	9,56	—	12,67	14,11	15,50
	vermittelt	3,74	5,94	7,84	9,59	11,21	12,70	14,13	15,50
δ_1	beobachtet	—	0,12	0,22	0,39	—	0,70	—	1,28
	vermittelt	—	0,10	0,21	0,37	0,55	0,77	1,00	1,25

3 Kugeln von 1⅛" engl. Dmr. übereinander.

$$\text{Nach (Gl. 1)}\ \frac{\delta}{2} = 0{,}0000834\ \sqrt[3]{P^2}$$

Zusammendrückung in hundertstel Millimeter.

	P kg	100	200	300	400	500	600	700	800
δ	nach (Gl. 1)	3,59	5,70	7,47	9,05	10,50	11,86	13,14	14,37
δ	beobachtet	3,60	5,80	7,51	9,24	10,74	12,20	13,45	14,83
δ	vermittelt	3,59	5,70	7,52	9,20	10.75	12.18	13,53	14,83
δ_1	beobachtet	—	0,06	0,15	0,22	0,38	—	—	0,90
δ_1	vermittelt	—	0,08	0,15	0,25	0,37	0,52	0,70	0,90

Tabellen II.

Ebene Platte zwischen 2 Kugeln von ⅜" engl. Dmr.

$$\text{Nach (Gl. 1)}\ \frac{\delta}{2} = 0{,}0000954\ \sqrt[3]{P^2}$$

Zusammendrückung in hundertstel Millimeter.

	P kg	50	100	200	300	400	500	600	700	800
δ	Hertz	2,59	4,11	6,53	8,55	10,36	12,02	13,58	15,04	16,45
δ	beobachtet	2,64	4,15	6,62	8,57	10,54	—	14,18	—	17,59
δ	vermittelt	2,60	4,14	6,67	8,86	10,82	12,64	14,32	15,91	17,44
δ_b	beobachtet	—	0,18	0,48	0,88	1,29	—	2,57	—	3,78
δ_b	vermittelt	—	0,18	0,48	0,86	1,33	1,86	2,48	3,12	3,71

Ebene Platte zwischen 2 Kugeln von ½" engl. Dmr.

$$\text{Nach (Gl. 1)}\ \frac{\delta}{2} = 0{,}0000867\ \sqrt[3]{P^2}$$

Zusammendrückung in hundertstel Millimeter.

	P kg	50	100	200	300	400	500	600	700	800
δ	Hertz	2,35	3,74	5,92	7,77	9,42	10,93	12,34	13,68	14,95
δ	beobachtet	2,37	3,78	6,04	8,04	9,68	11,40	12,77	—	15,60
δ	vermittelt	2,35	3,76	6,07	8,03	9,80	11,41	12,98	14,45	15,75
δ_b	beobachtet	—	0,12	0,31	0,63	0,80	1,20	1,48	—	2,26
δ_b	vermittelt	—	0,12	0,33	0,60	0,89	1,21	1,62	2,00	2,46

Ebene Platten zwischen 2 Kugeln von 5/8″ engl. Dmr.

Nach (Gl. 1) $\frac{\delta}{2} = 0{,}0000805 \sqrt{P^2}$

Zusammendrückung in hundertstel Millimeter.

	P kg	50	100	200	300	400	500	600	700	800
δ	Hertz	2,19	3,47	5,71	7,22	8,74	10,14	11,45	12,69	13,84
	beobachtet . . .	2,27	3,68	5,70	7,47	9,03	10,43	11,78	13,01	14,31
	vermittelt. . . .	2,19	3,50	5,64	7,40	9,04	10,54	11,93	13,23	14,46
δ_b	beobachtet . . .	—	—	0,18	0,39	0,62	0,78	1,08	1,16	1,44
	vermittelt. . . .	—	—	0,23	0,44	0,64	0,85	1,13	1,39	1,63

Ebene Platten zwischen 2 Kugeln von 7/8″ engl. Dmr.

Nach (Gl. 1) $\frac{\delta}{2} = 0{,}0000720 \sqrt[3]{P^2}$

Zusammendrückung in hundertstel Millimeter.

	P kg	100	200	300	400	500	600	700	800
δ	Hertz	3,10	4,92	6,45	7,81	9,07	10,24	11,34	12,40
	beobachtet	3,12	5,04	6,63	8,03	9,44	10,56	—	12,90
	vermittelt	3,11	5,02	6,59	8,03	9,40	10,60	11,75	12,87
δ_b	beobachtet	—	0,09	0,18	—	0,41	—	—	0,90
	vermittelt	—	0,10	0,21	0,34	0,49	0,61	0,79	0,95

Ebene Platte zwischen 2 Kugeln von 9/8″ engl. Dmr.

Nach (Gl. 1) $\frac{\delta}{2} = 0{,}0000662 \sqrt[3]{P^2}$

Zusammendrückung in hundertstel Millimeter.

	P kg	100	200	300	400	500	600	700	800
δ	Hertz	2,85	4,53	5,93	7,19	8,34	9,42	10,44	11,41
	beobachtet	2,87	4,55	5,95	7,29	—	9,67	—	11,71
	vermittelt	2,85	4,54	5,98	7,28	8,48	9,60	10,65	11,68
δ_b	beobachtet	—	0,07	0,17	0,24	—	0,48	—	0,62
	vermittelt	—	—	0,12	0,19	0,29	0,39	0,50	0,67

7. Belastung bei Eintritt der Elastizitätsgrenze in ihrer Abhängigkeit vom Kugeldurchmesser.

In den Darstellungen Fig. 3a—3e berühren die Schaulinien der bleibenden Zusammendrückung die Abzissenachsennabe beim Ursprung.

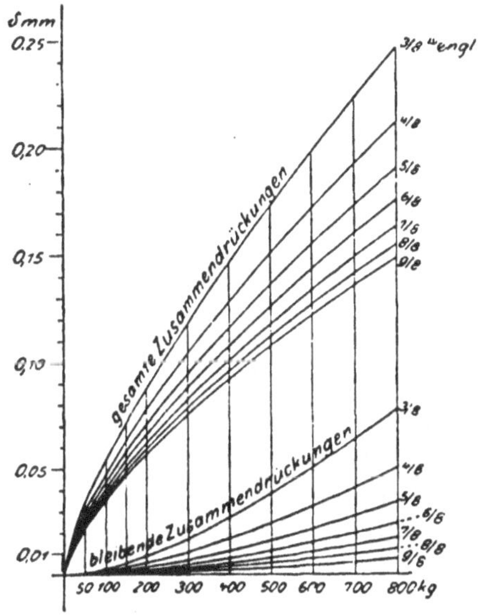

Fig. 3a. Beziehung zwischen Belastung und Zuzammendrückungen.

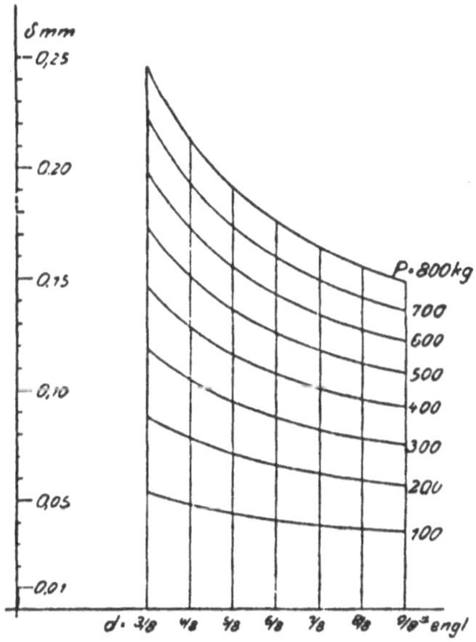

Fig. 3b. Beziehung zwischen Kugeldurchmesser und Gesamtzusammendrücknng.

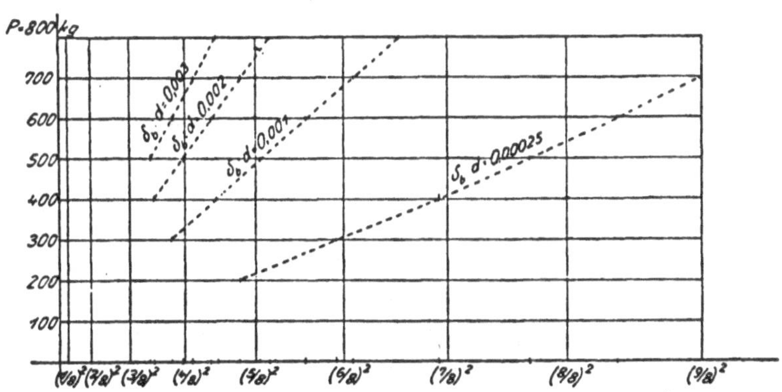

Fig. 3d. Beziehung zwischen P und d^2 für bestimmte Werte von $\frac{\delta_b}{d}$.

In Wirklichkeit aber lassen sich weder die Berührungspunkte noch der Verlauf der Kurven, in deren Nähe mit einiger Sicherheit angeben. Es können deshalb aus den Versuchsergebnissen auch keineswegs die

Belastungen an der Elastizitätsgrenze bestimmt werden, wohl aber lässt sich deren Abhängigkeit von den Kugeldurchmessern auf Grund folgender Erwägungen ermitteln:

Bewirken Oberflächenspannungen oder andere noch nicht bekannte Ursachen eine Verschiebung der Elastizitätsgrenze im Sinne,

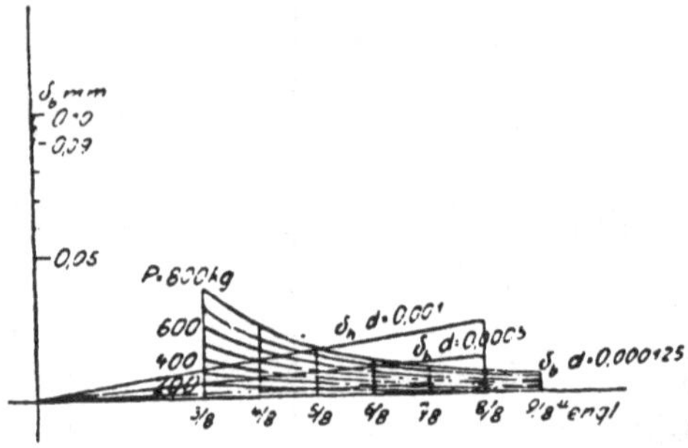

Fig. 3g. Beziehung zwischen Kugeldurchmesser und bleibender Zusammendrückung.

dass die Pressungen an der Elastizitätsgrenze von der Krümmung der Körper abhängig sind, so können diese Nebenwirkungen bei Eintritt der Elastizitätsgrenze nicht plötzlich aufhören. Die Elastizitätsgrenze macht sich bei der Berührung zweier Kugeln nach aussen hin be-

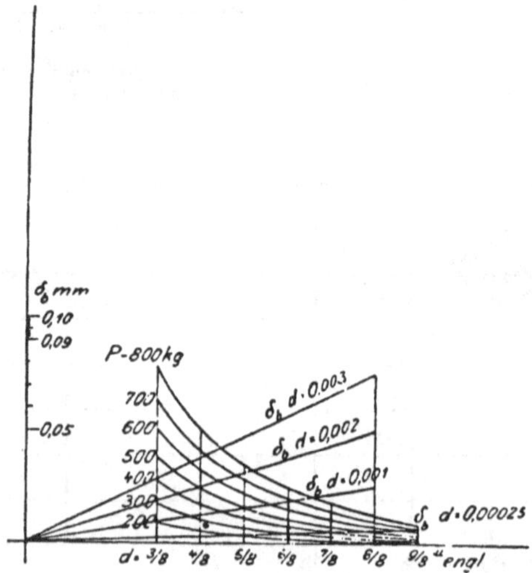

Fig. 3c. Beziehung zwischen Kugeldurchmesser und bleibender Zusammendrückung.

merklich. Erst bei Steigerung der Belastung gelingt es, weitere Elemente auf den Betrag der Elastizitätsgrenze zu dehnen. Aber gleichzeitig wächst die Druckfläche und neue Elemente der Oberfläche werden in elastischen Spannungszustand versetzt. Nach diesen allgemeinen Erwägungen ist also die Elastizitätsgrenze dadurch bestimmt, dass die bleibende Zusammendrückung einen kleinen, von Null wenig verschiedenen Teil Δ der gesamten Eindrückung beträgt. Bezeichnen δ_b' und δ' die Zusammendrückungen bei Eintritt der Elastizitätsgrenze, so hat zu sein $\frac{\delta_b'}{\delta'} = \Delta$. Diese Beziehung übertragen wir sinngemäss auf kleine jedoch mit ausreichender Genauigkeit messbar bleibende

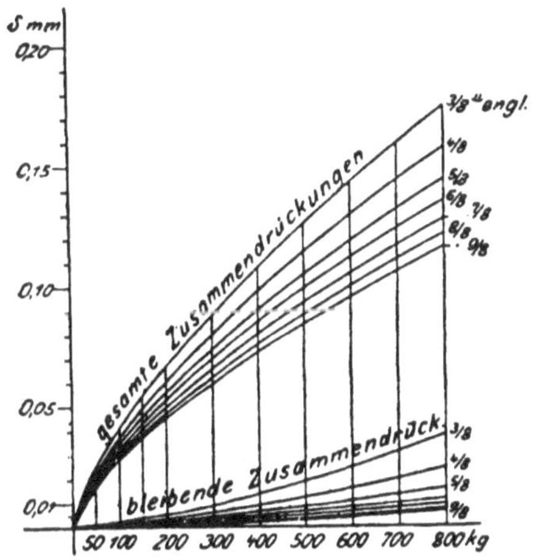

Fig. 3e. Beziehung zwischen Belastung und Zusammendrückungen.

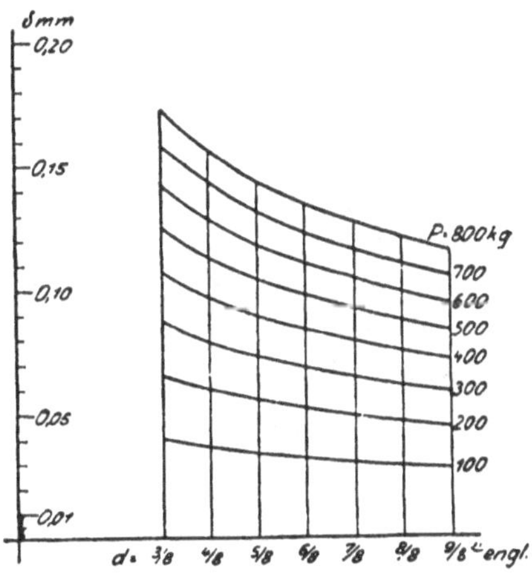

Fig. 3f. Beziehung zwischen Kugeldurchmesser und Gesamtzusammendrückung.

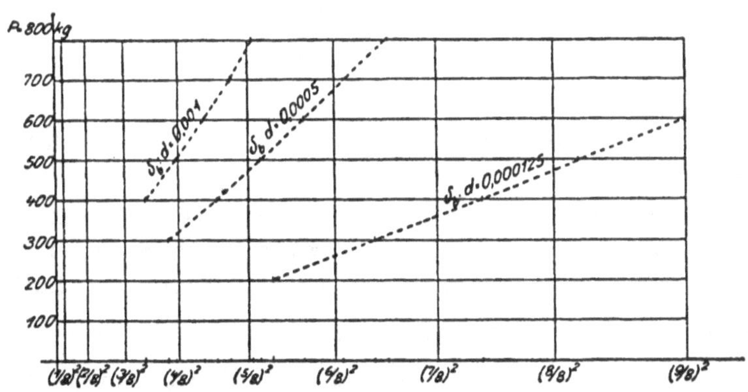

Fig. 3h. Beziehung zwischen und d^2 für bestimmte Werte von $\frac{\delta_b}{d}$.

Zusammendrückungen δ_b, die su den Gesamteindrückungen δ gehören, indem wir untersuchen, unter welchen Verhältnissen sowohl $\frac{\delta_b}{d}$ als $\frac{\delta}{d}$

auch unveränderlich ist. Wir wollen annehmen, es ergäbe sich, dass für $\frac{\delta_b}{d}$ = konstant, die Beziehung $P = (kd^2 \, k$ = konst.) besteht. Im Begriff der Zusammengehörigkeit liegt es, dass für δ und δ_b die gleichen Belastungen gelten. Die Gesamtzusammendrückungen δ müssen somit ebenfalls durch die Belastung $P = kd^2$ hervorgebracht werden. Diese Bedingung würde aber nach Gl. (1) zu $\frac{\delta}{d}$ = konstant führen, somit wäre für $P = kd^2$ auch $\frac{\delta_b}{\delta}$ = konstant.

Nun wissen wir, dass bei Abwesenheit von Oberflächenspannungen und sonstigen Nebeneinflüssen für die Elastizitätsgrenze $P = k'd^2$ sein muss. Da sich hiervon die Beziehung $P = kd^2$, für die ein ähnliches Dehnungsverhältnis wie für die Elastizitätsgrenze bestände, nur in dem konstanten Faktor unterscheidet, so darf geschlossen werden, dass im Falle des Zusammentreffens unserer Annahme Oberflächenspannungen beim Auftreten der Belastung P nicht vorhanden sind und infolgedessen auch an der Elastizitätsgrenze nicht.

Zur Durchführung dieser Untersuchung eignen sich die Kurvenscharen Fig. 3c u. 3g. Sie soll sich zunächst auf die Berührung gleich grosser Kugeln erstrecken. F.ig 3c und $\frac{\delta_b}{d} = 0{,}00025$ also die Eindrückuug $\frac{\delta_b}{d}$ einer Kugel $= 0{,}000025 \, d$ wählen.

Um für verschiedene Kugeldurchmesser die Belastungen zu erhalten, welche die bleibenden Formänderungen $\delta_b = 0{,}00025 \, d$ hervorbringen, ziehen wir durch die Kurvenschar der Fig. 3c die Grade $\frac{\delta_b}{d} = 0{,}00025$. Jeder Schnittpunkt liefert uns in seiner Abcsisse einen Durchmesser. Die zugehörige Belastung ist an der gekreuzten Kurve bemerkbar.

Trägt man nun als Coordinaten die Quadrate dieser Durchmesser und die zugehörigen Belastungen auf und verbindet die so bestimmten Punkte, so erhält man ziemlich genau eine durch den Ursprung gehende Gerade, Fig. 3d. Für $\frac{\delta_b}{d} = 0{,}00025$ ist demnach $P = kd^2$. Es mögen aber noch die gefundenen Zahlenwerte angegeben werden. Wir entnehmen der Fig. 3c:

Für P in kg	200	300	400	500	600	700
d in Zoll engl.	0,600	0,740	0,869	0,966	1,051	1,125
Somit $\frac{P}{d^2}$	556	547	530	536	545	553

Fig. 3d enthält noch die Ergebnisse der Untersuchung für einige grössere Werte von $\frac{\delta_b}{d}$. Man erkennt, dass die Linienzüge von nach dem Ursprung verlaufenden Graden umso weniger abschneiden je kleiner $\frac{\delta_b}{d}$ ist, also je näher man der Elastizitätsgrenze rückt.

Zu dem gleichen Ergebnis führt die Untersuchung bei Kugel auf Platte. Bei Fig. 3h z. B. ergeben sich für $\frac{\delta_b}{d} = 0{,}000125$, wobei die Einsenkung eines Körpers von 0,000031 d beträgt, die zugehörigen Werte.

P in kg. . .	200	300	400	500	600
d in Zoll engl.	0,644	0,787	0,912	1,019	1,112
Somit $\frac{P}{d^2}$ . . .	482	485	481	482	485

Damit ist bewiesen, dass für Kugeln aus dem zu den Versuchen verwendeten gehärteten Stahl bei Eintritt der Elastizitätsgrenze die Belastungen proportional den Quadraten der Durchmesser und deshalb auch die Pressungen für beliebige Kugeldurchmesser gleich gross sind.

8. Pressung (Härte), federnde und bleibende Zusammendrückung.

Neuere Versuche über belastete Kugeln von Prof. Stribeck.

Werden 2 Kugeln von den Durchmessern $d1$ $d2$ und dem Dehnungskoeffizien mit P kg gegeneinander gedrückt, so ist nach Hertz die mittlere Pressung der Druckfläche

$$p = {}^2/_3 \cdot 0{,}388 \sqrt[3]{\frac{4}{a^2} P \left(\frac{1}{d_1} + \frac{1}{d_2}\right)^2}$$

oder umgeformt

$$P \left(\frac{1}{d_1} + \frac{1}{d_2}\right)^2 = \left({}^3/_2 \frac{r}{0{,}388}\right)^3 \left(\frac{a}{2}\right)^2$$

Die linke Seite der Gleichung geht im Fall von Kugeln an ebener Platte wegen $\frac{1}{d_2} = 0$ und mit $d_1 = d$ in $\frac{P}{d^2}$ über.

---

*) Nach der Abhandlung Prüfverfahren für gehärteten Stahl unter Berücksichtigung der Kugelform. „Zeitschrift des Vereins deutscher Ingenieure". Jahrgang 1907. Seite 1445.

Wird $d_2 = \varphi\, d_1$ gesetzt, so wird

$$\left(\frac{1}{d_1}+\frac{1}{d_2}\right)^2 = \frac{1}{\left(\frac{\varphi}{\varphi+1}\, d_1\right)^2} = \frac{1}{d_r^2}.$$

Die linke Seite der allgemeinen Gleichung lautet dann $\frac{P}{d_r^2}$ und entspricht im Aufbau dem Sonderfall von Kugeln an ebener Platte.

$\frac{1}{d_r^2}$ ist das Mass der Krümmung und d_r^2 soll das Mass der Anschmiegung und dementsprechend $\left(\frac{\varphi}{\varphi+1}\right)^2$ Anschmiegungsfaktor genannt werden. Man kann hiernach aussprechen: Die Berechnung der mittleren Pressung, welche beim Zusammendrücken von Kugeln beliebiger Durchmesser entsteht, lässt sich auf den Fall der Berührung von Kugel und ebener Platte zurückführen. Man erhält nämlich die gleiche Pressung, wenn eine Kugel vom Durchmesser d_r gegen eine ebene Platte gedrückt wird. Der Durchmesser des Krümmungsmasses d_r ist bestimmt durch

$$\frac{1}{d_r} = \frac{1}{d^1} + \frac{1}{d_2}$$

Zum Beispiel ist im Fall zweier gleichen Kugeln vom Durchmesser d

$$d_r \cdot \frac{d}{2} \text{ und } \frac{P}{d_r^2} = \frac{4\,P}{d^2}$$

Um gleiche Pressungen zu erhalten, darf hiernach im Fall gleicher Kugeln die Belastung nur den vierten Teil derjenigen für Kugel an Platte betragen.

Der Anschmiegungsfaktor allein gibt ein Mass für die Anschmiegung nur für gleiche Werte d. Andernfalls entsprechen gleiche Anschmiegungen verschiedenen Anschmiegungsfaktoren. Drei Fälle, für welche die Anschmiegungen gleich sind, veranschaulicht Fig. 4, 4a, 4b.

Im Fall zweier gleichen Kugeln ist der Anschmiegungsfaktor ¼.

Im Fall von Kugel an ebener Platte ist der Anschmiegungsfaktor 1.

Im Fall der Berührung einer Vollkugel vom Durchmesser d und einer Hohlkugel vom Durchmesser $2{,}7\,d$ ist der Anschmiegungsfaktor 2,52.

Die Durchmesser der Vollkugeln verhalten sich in diesen drei Fällen wie $\sqrt{4} : 1 : \frac{1}{\sqrt{2{,}52}}$

„ $2 : 1 : 0.63$.

Die Hertz'sche Gleichung hat hiernach die Form $\frac{P}{d_r^2} = \alpha^2\ (m \cdot p)^3$; in Worten: Der Quotient aus Belastung und Anschmiegung ist proportional der dritten Potenz der Pressung.

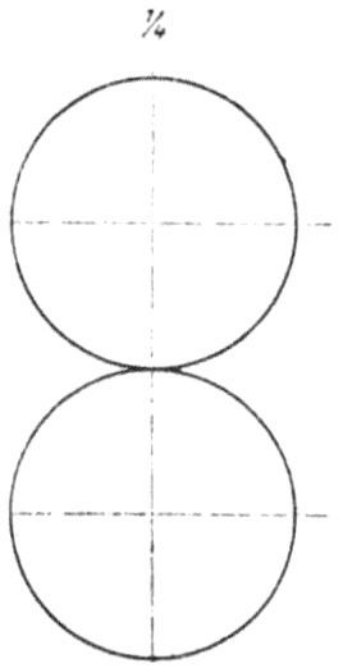

Fig. 4.

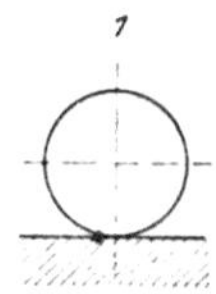

Fig. 4a.

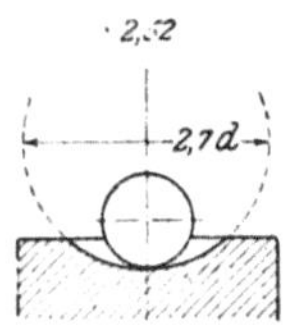

Fig. 4b.

Die entsprechende kubische Parabel für $\alpha = \frac{1}{2100000}$ ist in der späteren Fig. 4c mit $\frac{P}{d_r^2}$ als Abszissen und mit p als Ordinaten dargestellt.

Diese Gleichung gilt nicht mehr für Lasten; welche verhältnismässig beträchtliche bleibende Formänderungen verursachen. Wohl aber gilt für diese weit oberhalb der Elastizitätsgrenze gelegenen Lasten und für Körper aus gleichem Material $\frac{P}{d_r^2} = f(p)$, d. h. beim Zusammendrücken von Kugeln beliebiger Grösse ergeben sich gleiche Pressungen. wenn nur die Belastungen proportional den Quadraten der Durchmesser d gewählt werden. Diese Beziehung ist das Ergebnis umfangreicher Versuche. Als Beleg mögen folgende Angaben dienen:

1. Gleiche Kugeln vom Durchmesser d, Anschmiegungsfaktor 1-4:

$\frac{P}{d_r^2} = 4\frac{P}{d^2} =$	500	1000	2000	3000	4000	6000	8000	12000 kg
$p =$	485000	57000	66000	71000	74000	78500	81006	84000 kg/qcm

Diese Zahlen sind Mittelwerte aus vielen tausend Einzelversuchen mit gehärteten Stahlkugeln von $^1/_8{}''$—$2^1/_4{}''$ engl. Durchmesser. Der Durchmesser der grössten Kugel ist hiernach 18 mal so gross wie der Durchmesser der kleinsten.

Kugeln aller Grössen haben für gleiche Zwecke $\frac{P}{d^2}$ durchschnittlich gleiche p ergeben. Auch die Abweichungen von den Mittelwerten nach oben und unten sind für alle Kugelgrössen etwa gleich gross.

2. Kugel an ebener Platte. (Anschmiegungsfaktor 1):

$\frac{P}{d_r^2} = \frac{P}{d^2} =$	250	500	750	1000	2000	3000	4000	6000	8000 kg
$d = 0{,}5$ cm : $p =$	—	47000	53700	57800	65000	69400	71200	75600	77600 kg/qcm
$d = 1{,}0$ cm : $p =$ (Kugeln bes. hart)	41000	49300	53500	58100	66300	69000	73000	76000	77600 „
$d = {}^5/_8{}''$ engl. = 1,59 cm : $p =$	40200	48500	53000	56800	64300	70100	—	—	—

Die Kugeln der verschiedenen Grössen sind verschiedenen Fertigungen entnommen worden; deshalb ist volle Uebereinstimmung nicht zu erwarten. Immerhin tritt deutlich genug hervor, dass im Fall gleicher Materialeigenschaften die Pressungen gleich sind, wenn die Belastungen proportional den Quadraten der Durchmesser gewählt werden.

3. Vollkugeln von $d = {}^5/_8{}'' = 1{,}59$ cm zwischen Platten mit hohlkugeligen Druckflächen von $d^2 = 4{,}28$ cm $= 2{,}7\,d$, Anschmiegungsfaktor 2,52.

Drei Gruppen von Proben sind je mit $P = 20\,000$ kg, entsprechend $\frac{P}{d_r^2} =$ rd. 3200 kg belastet worden, und es wurde ermittelt $p = 71\,500 - 69\,200 - 69\,200$ kg/qcm.

Die Proben der ersten Gruppe bestanden aus anderem Material als die Proben der beiden anderen Gruppen.

Der Vergleich von 1 u. 2 zeigt, dass für gleiche $\frac{P}{d_r^2}$ wobei dann bei gleichem Durchmesser die gegen die Platte gedrückten Kugeln 4 mal so stark belastet werden wie die gegen gleiche Kugeln gedrückten Kugeln – die Pressungen in einem andern Fall genügend genau gleich sind. Abweichungen, die nicht als zufällig erscheinen, treten nur bei den sehr hohen Belastungen, beginnend mit etwa $\frac{P}{d_r^2} = 2000$, auf und erklären sich wie folgt. Hertz setzt voraus, dass die Druckfläche sehr klein gegenüber der gesamten Oberfläche jedes der gedrückten Körper sei, und er will damit festlegen, dass die Formänderung des Körpers eine örtliche sei, dass sie also mit zunehmendem Abstand von der Druckfläche rasch abnehme. Dieser Voraussetzung, die bei den hier in Frage kommenden $\frac{P}{d_r^2}$ schon im allgemeinen nicht mehr erfüllt ist, kommt der Belastungsfall gleicher Kugeln am nächsten. Viel weiter davon entfernt ist der Fall Kugel an Platte, weil die Druckflächen bereits 4 mal so gross sind und die Kugeln ausserhalb der Druckflächen viel stärker deformiert werden.

Noch mehr tritt dieser Einfluss der ellipsoidischen Formung der Kugel hervor, wenn sie gegen eine hohle Kugel gedrückt wird. Immerhin bestätigen die unter 3. aufgeführten Versuchsziffern die Regel auch noch für den grossen Anschmiegungsfaktor 2,52. In Fig. 4c sind die Werte der Hertz'schen Beziehung $\frac{P}{d_r^2} = a^2(m \cdot p)^3$ und die $\frac{P}{d_r^2} = f(p)$ durch Schaulinien dargestellt. Beide Kurven fallen bis zu $\frac{P}{d_r^2} = 200$ (für $\frac{P}{d_r^2} = 209{,}6$ ist nach Hertz $p = 40\,000$) praktisch zusammen, obgleich die Elastizitätsgrenze schon bei sehr viel geringerer Belastung erreicht ist. Oberhalb dieser Belastung weist der rasch zunehmende Unterschied zwischen den Ordinaten beider Kurven auf das rasche Anwachsen der bleibenden Formänderung hin. Die im Vorstehenden niedergelegten Erfahrungen können zur Bestimmung der Druckhärte verwertet werden. Sind hiernach nicht nur vor, sondern auch nach dem Eintritt bleibender Formänderungen die mittleren Pressungen der Berührungsflächen gleich, wenn die Belastungen proportional den Quadraten der Durchmesser d_r sind, so darf man doch nicht annehmen, dass sich auch unter und über der Elastizitätsgrenze gelegene Belastungen nach dem gleichen Gesetz über die Druckflächen verteilen. Es ist deshalb bemerkenswert, dass man unter Benutzung der Hertz'schen Gleichungen die federnden Zusammendrückungen der Kugeln auch für Belastungen, durch welche die Elastizitätsgrenze weit überschritten wird, angenähert berechnen kann. Allerdings hat man nicht von den ursprünglichen Kugelformen, sondern von den bleibend verdrückten Berührungsfächen auszugehen und sie als Kugelflächen in Berechnung zu stellen. Den Durchmesser d_r des Krümmungsmasses dieser verdrückten Berührungsflächen berechnet man aus der mittleren Pressung p, die man durch einen einfachen Versuch zu bestimmen hat, wenn man glaubt, die obigen Zahlenangaben über p nicht benutzen zu können, nach $\frac{P}{d_r^2} = \alpha^2(m \cdot p)^3$.

Die federnde Zusammendrückung beider Kugeln folgt dann aus $e_e = 1{,}23 \sqrt[3]{\frac{2\alpha^2 P^2}{d_r}}$. Durch Verbindung beider Gleichungen und nach Einführung von $\alpha = \frac{1}{2\,100\,000}$ folgt auch unmittelbar

$$e_e = 0{,}0115 \sqrt{Pp 10^{-8}}.$$

Die nachstehende Zahlentafel enthält die errechneten Werte e_e sowohl für den Fall gleicher Kugeln von $^5/_8$″ engl., als auch für

Kugeln von $^5/_8''$ engl. an ebener Platte, und daneben die gemessenen federnden Zusammendrückungen aus Versuchen vom Jahre 1898.

Kugel an gleicher Kugel					Kugel an ebener Platte				
$\frac{4P}{d^2}$ kg	P für $^5/_8''$ engl. kg	p kg/qcm	e_e berechnet cm	e_e gemessen cm	$\frac{P}{d^2}$ kg	P für $^5/_8''$ engl. kg	p kg/qcm	e_e berechnet cm	e_e gemessen cm
500	315	48 500	0,0045	0,0045	250	630	40 000	0,0058	0,0056
1000	630	57 000	0,0069	0,0069	500	1260	48 500	0,0090	0,0084
2000	1260	66 000	0,0105	0,0104	750	1890	53 000	0,0115	0,0106
3000	1890	71 000	0,0133	0,0131	1000	2520	57 000	0,0138	0,0124
4000	2520	74 000	0,0157	0,0156	1500	3780	62 000	0,0176	0,0156
6000	3730	78 000	0,0196	0,0187	—	—	—	—	—

Die berechneten Zusammendrückungen stimmen für den Fall gleicher Kugeln bis zu $P = 2520$ kg fast genau mit den gemessenen Beträgen überein. Da diese Belastung mehrere hundertmal so gross ist wie die Belastung an der Elastizitätsgrenze, so darf wohl ausgesprochen werden, dass durch die gewonnene Kenntnis das Anwendungsgebiet der Hertz'schen Gleichung für die Zusammendrückung ausserordentlich erweitert ist. Voraussetzung ist, dass der Koeffizient der federnden Dehnungen wie für gehärteten Stahl sich über die Elastizitätsgrenze nicht ändert.

Im Fall von Kugel an ebener Platte sind Abweichungen vorhanden. Zu ihrer Erklärung sei auf das verwiesen, was eingangs über das Material angegeben ist, das zu den Versuchen im Jahre 1898 verwendet worden ist. Die örtliche Formänderung ist wahrscheinlich dadurch beeinflusst, dass die gleichmässig durchgehärtete Schicht der plattenförmigen Körper für die grossen Belastungen dieser Versuchsreihe nicht dick genug war. Ist diese Annahme richtig, so sind für diese Belastungen die Pressungen p kleiner als die der Berechnung zugrunde gelegten Werte, welche für den auf grössere Tiefe vollgehärteten Chromstahl gelten. Mit kleineren Werten für p ergibt aber auch die Rechnung kleinere federnde Zusammendrückungen.

9. Sprunglasten und Bruchgrenzen.

Neuere Versuche über belastete Kugeln von Prof. Stribeck.

Striebeck behandelte die Aufgabe für verschiedene Anschmiegungsfaktoren besonders und untersuchte in nachstehender Reihenfolge:

1. Je eine gehärtete Kugel wird zwischen 2 Kugeln von gleicher Grösse ($d_1 = d$) und Beschaffenheit gedrückt. Der Anschmiegungsfaktor ist 1/4.

a) Die Belastung wird langsam durch die Presse ausgeübt.

b) Die Belastung wird schnell durch ein Schlagwerk ausgeübt.

Die Druckpresse gestattet die Ablesung der Belastungswerte. Das Schlagwerk bietet nur durch die Bewegungsenergie des Fallbäres einen Anhalt, ferner die Kugeln an der Druckfläche. Mit der Presse ist festgestellt worden:

An 10 mm dicken Kugeln tritt bei 1200 d^2 kg als erste Brucherscheinung der Anfang eines Kreissprunges auf, der nahe zu dem Rande der Bruchfläche folgt. Bei stetiger, langsamer Steigerung der Belastung bricht die mittlere Kugel unter 7000 d^2 kg knallend entzwei. Dieser Bruchlast 7000 d^2 kg entspricht eine Druckfläche von bestimmtem, leicht festzustellendem Durchmesser. Die Ergebnisse bei der Schlagprobe bei den durch Vergleiche erzielten Druckflächen ergaben, dass durch Schlag schon ein Kugelbruch eintrat, die bei einer Druckfläche erfolgte, wie sie sich bei einer ca. ⅔ langsam wirkenden Bruchlast (7000 d^2 kg) ergibt. Interessant war die Tatsache, dass wenn die 3 Kugeln in der Presse mit ⅔ der Bruchlast gedrückt wurden, und man die Kugeln schnell entlastete, die mittlere Kugel während, oder kurz nach der Entlastung, entzwei brach. Man fand, dass die kleinste Druckfläche, bei welcher durch dieses Verfahren gerade noch ein vollständiger Durchbruch erzielt wurde, gleich oder doch nicht erheblich grösser als diejenige Druckfläche ist, bei welcher der Bruch durch Schlag eintritt. Hiernach liefert der Versuch mit der Presse ein ziemlich weites Bruchlastengebiet, das sich rund wie 3 : 2 verhält. Die untere Bruchlast und die Last, welche dem ersten Auftreten des Kreissprunges entspricht, begrenzen das Gebiet der Sprunglasten. Wenn der erste Kreissprung bei 1200 d^2 kg entsteht, so findet sich nach einer nur wenig höheren Belastung an der entlasteten Kugel ausser dem Kreissprung ein schwacher radialer Riss. Grössere Lasten führen zu mehreren konzentrischen Kreissprüngen, zu einem tiefergehenden mit Bezug auf die Druckfläche radialen Riss (Meridiansprung), der schon häufig die halbe Kugel durchsetzt. Kreis- und Meridiansprünge treten vielfach erst nach vollständiger Entlastung auf und brechen zuweilen

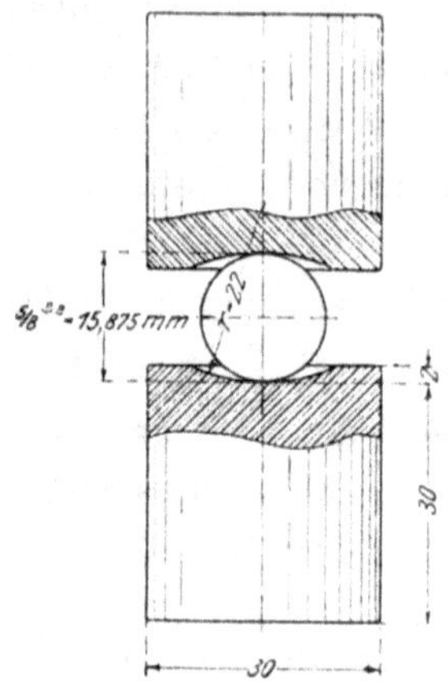

Fig. 4d.

die Kugeln erst nach Minuten und Stunden durch, wohl infolge von Spannungen, welche durch die Quetschungen in der Kugel enthalten sind. Eine weitere eigentümliche Tatsache stellte Striebeck fest, dass bei wiederholtem Belasten auf einen Betrag, der erheblich geringer als die untere Bruchgrenze ist, auch schon ein vollständiger Durchbruch eintrat. $^5/_8$" engl. Kugeln, deren obere Bruchgrenze zu 6650 d^2 kg ermittelt worden war, brachen auch nach dreimaligem Belasten auf 3500 d^2 entwei. Noch kleinere Belastungen bewirkten den Bruch, wenn nach verschiedenen Durchmessern gedrückt wird. Zum Beispiel brachen $^5/_8$" engl. Kugeln durch, nachdem sie zwischen je 2 gleichen Kugeln nach 3 in einer Hauptebene gelegenen Durchmessern mit 2000 d_2 kg gedrückt worden waren.

Striebeck unterscheidet 2 getrennte Belastungsvorgänge. Der eine betrifft die örtlichen Vorgänge, die sich in der Nähe der Druckflächen abspielen (Kreissprünge). Diese örtlichen Kreissprünge reichen nicht tief und sind mehr von der Durchhärtung und Zustand des äusseren Materials abhängig. Auch das nach dem Härten erfolgende Schleifen beeinträchtigt die Druckstelle, und springt eine Kugel mit rauher Oberfläche eher als eine Kugel mit polierter Oberfläche. Die andere Aufgabe betrifft den Spannungszustand im Innern der Kugel und zwar auch in grösserer Entfernung von den Druckstellen. Dieser ist an der Entstehung und weiteren Ausbildung der tiefgehenden Meridiansprünge und insbesondere der vollständigen Durchbrüche sehr beteiligt. Man wird für durchgehärtete Kugeln, deren Kern von bester Gefügebeschaffenheit ist, stets finden, dass tiefgehende Meridiansprünge erst nach verhältnismässig starker Belastung auftreten. Von der Prüfung von Kugeln von $^1/_8$"—2" teilt Striebeck folgende Tatsache über Bruchlasten von Kugeln zwischen Kugeln mit:

Die grösste Kreissprungbelastung, welche für vollharte Kugeln verschiedener Grösse sicher nachgewiesen wurde, beträgt 1500 d^2 kg entsprechend $\frac{P}{d_r^2} = 6000$. Noch höhere Sprunglasten ergeben sich nur, wenn der Stahl nicht vollhart ist. Das Schleifen vermindert die Kreissprunglast, eine solche von 500 d^2 kg entsprechend $\frac{P}{d_r^2} = 2000$ ist noch durchaus befriedigend. Diese Werte gelten für durchgehärtete Kugeln. Grosse Kugeln von ca. 1½" engl. lassen sich nicht mehr gleichmässig durchhärten. Für diese und noch grössere Kugelabmessungen müssen kleinere Werte für die obere Bruchgrenze angenommen werden.

2. Eine gehärtete Kugel zwischen 2 ebenen gehärteten Platten gedrückt. Der Anschmiegungsfaktor ist 1.

Es wurden an 0,5 cm, 1 cm und 1,59 cm Kugeln einige Versuche angestellt. Der erste Sprung tritt an Kugel und an Platte in der Regel nicht bei derselben Pressung auf. Die Risschen erscheinen meist erst an der Platte. Die spezifische Sprunglast $\frac{P}{d^2}$ hängt unerwarteter Weise vom Durchmesser der Kugel ab. Die Versuchsresultate schwanken aber, weil unerklärliche Nebeneinwirkungen auftreten. Die obere Bruchgrenze hat sich im Mittel aus je 10 Versuchen ergeben.

für d	0,5 cm	1,0 cm	1,59 cm
Fall 1			
Kugel zwischen gleichen Kugeln	$5700 d^2$	$5130 d^2$	$5030 d^2$
Fall 2			
Kugel zwischen ebenen Platten	$8750 d^2$	$7900 d^2$	$8140 d^2$
Verhältnis der Fälle 2 + 1 . .	1,54	1,54	1,62

Die obere Bruchgrenze ist also für hinreichend gleichmässig. Durchgehärtete Kugeln und Platten unabhängig vom Kugeldurchmesser und ungefähr 1,55 mal so gross, wie im Fall 1 von Kugel an Kugel.

3. Gehärtete Kugeln zwischen Stempeln mit hohlkugeliger Druckfläche vom Durchmesser 2,7d. Der Anschmiegungsfaktor 2,52 nach Fig. 4d.

Die obere Bruchgrenze ergab sich aus 5 Versuchen im Mittel zu $13000 d^2$ kg. Kugeln derselben Fertigung brachen zwischen gleichen Kugeln gedrückt durchschnittlich bei $6650 d^2$ kg. Die obere Bruchgrenze ist im Fall (3) 1,95 mal so gross wie im Fall 1. Ueber die untere Bruchgrenze geben folgende Beobachtungen einigen Anhalt:

Eine mit $10000 d^2$ kg und auch noch eine mit $9200 d^2$ kg belastete Kugel brach beim Entlasten entzwei. Von 2 auf $8000 d^2$ kg belasteten Kugeln sprang die eine während des Aetzens in warmer Säure, die andere blieb ganz. Wäre die untere Bruchgrenze gleich $^2/_3$ der oberen, wie im Falle gleicher Kugeln, so müsste sie sich zu $13000 d^2 \, ^2/_3 = 8666 d^2$ ergeben. Nach 15 maligem Belasten auf $6000 d^2$, $5200 d^2$ u. $4000 d^2$ sind beim Aetzen auch schon Sprünge entstanden, und zwar bei allen drei Versuchen Meridiansprünge, daneben aber im ersten und zweiten Fall ein fast vollständiger Kreissprung, während im dritten Fall der Meridiansprung allein auftrat. Die Stempel zeigten nach dem einmaligen Belasten auf $8000 d^2$ kg Anfänge eines Kreissprunges. In der Härtung der Stempel kamen aber Unregelmässigkeiten vor, die keine einwandfreie Schlüsse zulassen. Aus den vorstehenden Ergebnissen geht hervor, dass der erste Bruch an der Kugel sowohl nach einmaligem als auch nach wiederholtem Belasten ein Meridiansprung ist, der die Kugel ganz oder zum grössten Teile durchsetzt, und dass der Kreissprung nicht vollständig, sondern nur als Begleiterscheinung auftritt. Bei einmaligem Belasten liegt diese Sprunglast nahe der unteren Bruchgrenze. Daraus folgt aber, dass der vorliegende Fall insoweit die Widerstandsfähigkeit der Kugel gegen Rissbildung massgebend ist, und nicht mehr unter die von Hertz behandelte Aufgabe „Ueber die Berührung elastischer Körper“ fällt. Zugleich lehren die Versuche, dass der Anschmiegungsfaktor, welcher das Anwendungsgebiet dieser Aufgabe begrenzt, nicht viel kleiner als 2,52 sein kann. Damit würde auch die Rechnung übereinstimmen. Die zu den vorliegenden Versuchen verwendeten Kugeln haben beim Drücken gleicher Kugeln, also für den Anschmiegungsfaktor 0,25, die Sprunglast $1200 d^2$ ergeben. Proportionalität zwischen Kreissprunglast und Anschmiegungsfaktor würde demnach bedingen, dass im vorliegenden Fall der Kreissprung erst bei $1200 d^2 \frac{2{,}52}{^1/_4} = 12\,096 d^2$ entsteht, eine Belastung, die schon grösser als die untere Bruchgrenze ist, Der Grenzwert des Anschmiegungsfaktor ist übrigens von der Beschaffenheit des gehärteten Stahles abhängig. Der Wert 2,52 gilt für sehr gutes Material. Es ist in dieser Hinsicht auch besonders zu beachten, was an anderer Stelle über Unterschiede in der Beschaffenheit von Aussenschicht und Kern dargelegt worden ist. Die Erfahrungen inbezug auf den Fall 2, wonach die spezifische Sprunglast vom Kugeldurchmesser abhängig ist, weisen darauf hin, dass dieser auch den Grenzwert des Anschmiegungsfaktors beeinflusst. Da hiernach die Widerstandsfähigkeit gegen Rissbildung bei grösseren Anschmiegungsfaktoren hauptsächlich von der Bruchgrenze abhängt, so gewinnt letztere nicht nur für die Materialprüfung, sondern auch für den Konstrukteur Bedeutung. Fig. 4e stellt die Verhältnisse der oberen Bruchgrenze in ihrer Beziehung zu dem Anschmiegungsfaktor durch eine Schaulinie dar. Sie ist mit den Versuchswerten für die Anschmiegungsfaktoren 0,25 1 + 2,52 entworfen worden. Die Angaben über Kugelsprünge sind jedoch noch dahin zu ergänzen, dass bei wiederholtem Belasten auch schon eine geringe Belastung zum Bruche führt. Während aber die Kugel nach einmaligem Belasten bis zum Bruch in kleine Splitter zerfällt, springt sie nach wiederholtem Belasten in wenige Teile.

10. Druckhärte.

Neuere Versuche über belastete Kugeln von Prof. Stribeck.

Druckhärtekurve ist die Schaulinie Fig. 4c, welche die mittlere Pressung der Berührungsflächen in Abhängigkeit von der auf die Einheit des Krümmungsmasses bezogenen Belastung, das ist $\frac{P}{d_r^2}$, darstellt.

Zur allgemeinen Beurteilung der Härte eines Materiales ist die Kenntnis der Härtekurve erforderlich, welche die Beziehung zwischen $\frac{P}{d_r^2}$ und der mittleren Pressung p darstellt. Da hiernach der Einfluss des Krümmungsmasses $\frac{1}{d_r^2}$ derselbe wie in der Hertz'schen Beziehung ist, so stimmt in dieser Hinsicht unsere Druckhärte mit einer von Hertz gegebenen Definition der Härte überein.

Nach Hertz ist nun die Härte diejenige Pressung, die dem Eintritt der Elastizitätsgrenze und bei sprödem Material dem Eintritt des ersten Sprunges entspricht.

Die Beschränkung auf die Elastizitätsgrenze macht den Hertz'schen Vorschlag für alle im Sinne von Hertz nicht spröden Körper unausführbar und führt allgemein zu Forderungen, aus denen hervorgeht, dass die Hertz'sche Definition weder mit dem Sprachgebrauch noch mit den Bedürfnissen der Technik in Einklang zu bringen ist. Den Bedürfnissen des Werkbetriebes wird zumeist genügt durch Ermittlung eines oder weniger Punkte der Härtekurve.

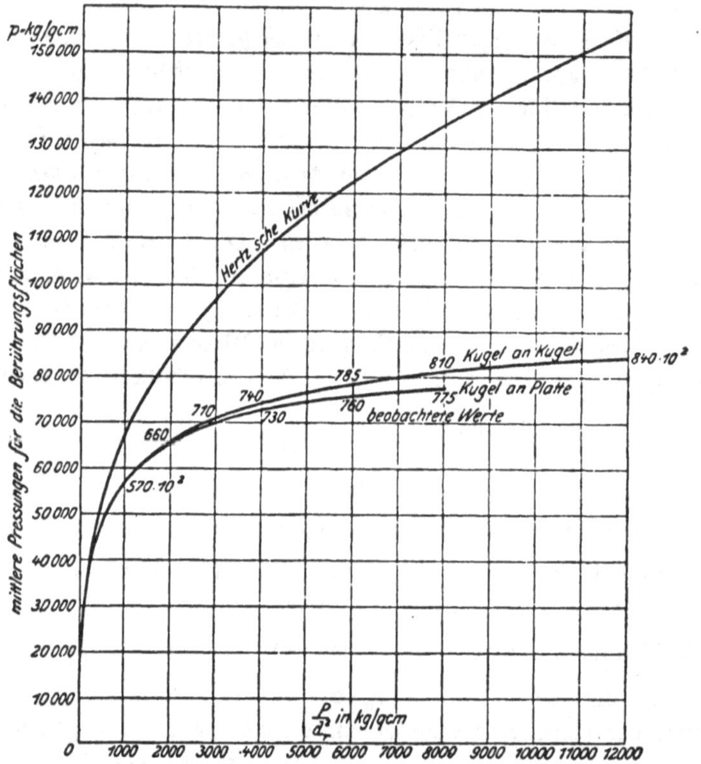

Fig. 4c. Kurven bleibender und federnder Zusammendrückungen.

Stribeck stellt nun die Bedeutung der Härtekurve für jenen Teil wo bleibende Eindrückungen verbleiben, klar. Es sind die Druckflächen bestimmt worden, die sich beim Zusammendrücken sehr sorgfältig gelagerter Kugeln von 1 cm Durchmesser mit 50, 75, 100, 150, 200, 300, 400 und 500 kg ergeben haben und zwar in vollhartem Zustand, nachdem sie ¼ Stunde je bei 150, 200 und 250 Grad Celsius angelassen worden sind. Es hat sich nun im Mittel aus 5 Versuchen ergeben:

Mittlere Pressung der Berührungsfläche in kg/qmm.

Gehärtet und angelassen	Belastung in kg									
bei °C.	50	75	100	150	200	300	400	500	2000	3000
20	384	428	457	508	547	599	637	659	820	843
150	383	430	457	508	537	589	634	650	—	—
200	374	430	(462)	494	524	572	600	620	—	—
250	387	427	446	479	502	540	566	591	671	686

Diese Ergebnisse sind zur Aufzeichnung der Schaulinien *a, b, c, d* der Fig. 4f benutzt worden mit den Abszissen $\frac{P}{d_r^2}$, die viermal so gross wie die angegebenen Belastungen sind und mit den Pressungen *p* als Ordinaten.

Das Anlassen bei 150 Grad hat hiernach schon eine Wirkung geäussert, denn die Pressungskurve fällt nicht mehr mit derjenigen des

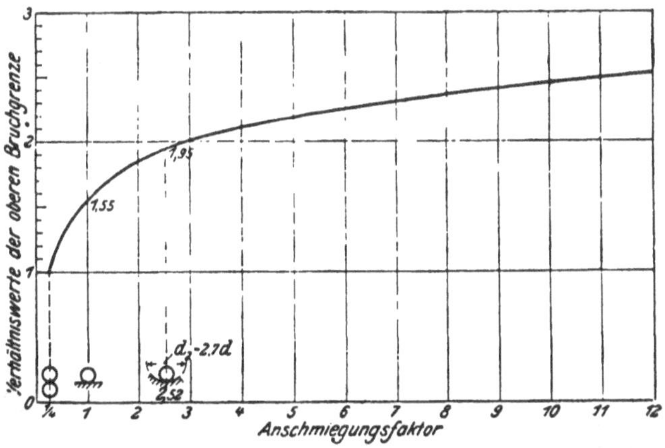

Fig. 4e. Anschmiegungsfaktor.

vollharten Stahles zusammen. Die Abweichung hat sich aber erst für Belastungen über 150 kg ergeben, bei denen die Elastizität schon weit überschritten ist.

Der Einfluss des Anlassens prägt sich um so deutlicher aus, je grösser die Belastung bis zu einer gewissen oberen Grenze hin gewählt wird.

Ganz Entsprechendes gilt hier für die höheren Anlasstemperaturen. Genaueren Aufschluss gibt die Fig. 4g, welche die Verhältniswerte der Ordinaten *b* : *a*, *c* : *a*, *d* : *a* durch Kurven darstellt.

Die praktische Erfahrung hat schon längst dahin geführt, dass der bei 150 Grad oder einer höheren Temperatur angelassene Stahl für weniger hart als der nichtangelassene Stahl gilt.

Die Elastizitätsgrenze ist nach Stribeck sehr unbestimmt und auch hier führt die Hertz'sche Difinition zu unzutreffende Folgerungen. Die bei 250 Grad angeschlossenen Proben der obigen Versuchsreihe entsprechen etwa der geringsten Härte, mit der bei gut geleiteter Massenherstellung von Kugellagern noch gerechnet werden muss.

Zur Kennzeichnung der bei den Proben angegebenen Härteziffern entspricht 500 d^2 kg im Fall von Kugel an Kugel 2000 d^2 kg im Fall von Kugel an ebener Platte. Es ist also der zur Abszisse $\frac{P}{d_r^2} = 2000$ gehörige Kurvenpunkt gewählt worden.

Fig. 4f.

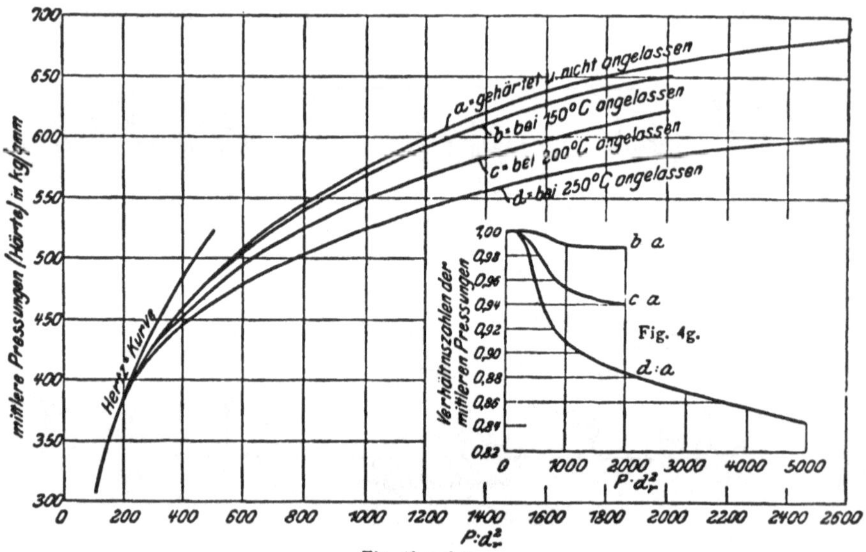

Fig. 4f und 4g.

1. Die Eigenschaften der Preben sind übrigens in verschiedenen Abständen von der Oberfläche verschieden. Je grösser nun bei gleichem Kugeldurchmesser die Prüflast ist, um so tiefer wird sich die bleibende Formveränderung erstrecken.

Zweckmässigerweise sollten erhebliche bleibende Formveränderungen nur in der Schicht hervorgebracht werden, deren Härte zu prüfen ist. Will man also die Beschaffenheit einer verhältnissmässig dünnen Aussenschicht prüfen, so ist die Belastung kleiner zu wählen, als wenn man auch über die Härte in grösserer Tiefe einen Anhalt gewinnen will.

Da fast immer verlangt wird, dass die Aussenschicht hart ist, so wird man die Härte in erster Linie für verhältnismässig kleine Belastung $\frac{P}{d_r^2}$ zu bestimmen haben.

In Fällen, in denen die Härte auch noch in grösserer Tiefe (von mehreren Millimetern) gross sein soll, wird man auch noch für eine zweite und vielleicht noch eine dritte erheblich grössere Belastung die Härte ermitteln. Bei der Prüfung von Kugeln ergeben sich insofern ungünstige Verhältnisse, als die vollharte Aussenschicht im allgemeinen um so dicker sein soll, je grösser die Kugeln sind, und der Nachweis hierfür auch bei gleichbleibendem $\frac{P}{d_r^2}$ durch die Prüfung erbracht wird; denn indem Kugeln gleicher Grösse gegeneinander gedrückt werden, reicht die Wirkung um so tiefer, je grösser der Durchmesser ist.

2. Für die Wahl der unteren Grenze der Belastung kommen die Verhältniswerte, welche in Fig. 4g durch Kurven dargestellt sind und insbesondere die Kurve $d:a$ in Betracht. Ihre Veränderlichkeit oder die Tangente des Neigungswinkels zur Abszissenachse nimmt mit zunehmender Belastung ab, und von etwa 400 kg an verläuft die Kurve flach. Der Tangens ist klein und ändert sich nur noch langsam Man wird deshalb die Belastung aus diesem Gebiet $\geqq 400$ kg, entsprechend $\frac{P}{d_r^2} \geqq 1600$, wählen. Wegen der grösseren Genauigkeit der Messung ist man über diesen Wert hinaus auf 500 kg, entsprechend $\frac{P}{d_r^2} = 2000$ kg gegangen.

3. Für die Prüfung gehärteten Stahles sind die Verhältnisse insofern eigenartig, als man Normalproben, welche vom Gebrauchsgegenstande nach Form oder Grösse abweichen, nicht verwenden kann, weil die Gestalt auf die Eigenschaften und Härtungsbedingungen von Einfluss ist. Deshalb sollte der Härtepunkt so gewählt werden, dass er für verschiedene Anschmiegungsfaktoren passt. Am kleinsten ist der Anschmiegungsfaktor bei der Prüfung von Kugeln, nämlich ¼. Die Kugelform empfiehlt sich übrigens stets, wenn die Probe frei gewählt werden kann, also z. B. zu allgemeinen Studien über das Härten, weil die Grundlage des Prüfverfahrens, dass Körper gleicher Materialbeschaffenheit gegeneinander gedrückt werden, am leichtesten gewährleistet werden kann, und weil die Prüfung auf Zähigkeit für diese Form eingehend erforscht ist. Der Anschmiegungsfaktor 1 kommt für

Körper mit ebenen Flächen in Betracht und bedingt schon viermal so grosse Belastungen als der Anschmiegungsfaktor ¼. Man wird nun erlangen, dass die als Werkzeug benutzten Kugeln unter dieser höheren Belastung noch nicht brechen, ja, man wird zweckmässigerweise diese Forderung auch noch für grössere Anschmiegungsfaktoren zu erfüllen suchen. Zum Beispiel ist der Anschmiegungsfaktor für die Laufrinnen und Kugeln von Kugellagern zumeist grösser als 3. Die von Stribeck gewählte Prüflast $\frac{P}{d_r^2} = 2000$ beträgt nun beim Anschmiegungsfaktor 3—6000 d^2 kg, welche Belastung im Hinblick auf die Bruchgefahr nicht zu gross ist.

4. Bei der Belastung $\frac{P}{d_r^2} = 2000$ ist die Prüfung vielfach ohne Schädigung der Probe möglich. Man kann deshalb häufig die Prüfung an den Gebrauchskörpern selbst vornehmen und auf alle Stücke erstrecken, was gerade für gehärteten Stahl sehr wertvoll sein kann.

Der Härteprüfung eigentümlich ist, dass der Einfluss des Kugeldurchmessers und des Anschmiegungsfaktor auf die anzuwendende Belastung bekannt ist und in einfacher Form auftritt. Die Giltigkeit der betreffenden Beziehung für vollharten Stahl ist bewiesen mit der Einschränkung, welche die grossen Belastungen von 2000 d^2 kg und darüber betrifft. Es wird hiernach für die besonders empfohlene Belastung $\frac{P}{d_r^2} = 2000$ gezeigt, dass die erwähnte Gleichung auch für geringere Härtegrade gilt derart, dass das bei der Prüfung des Materiales und der Stahlhärtung in Betracht kommende Gebiet gedeckt ist.

Voraussetzung ist, dass die Körper, welche gegeneinander gedrückt werden, aus gleichem Material bestehen. Da nun die als Werkzeug dienenden käuflichen Kugeln unter sich nicht gleich hart sind und auch selten vorausgesetzt werden darf, dass die Probe ebenso hart wie die Kugeln sind, so sei wenigstens für den häufigen Fall von Kugel an ebenem Körper noch angegeben, wie Härteunterschiede zu berücksichtigen sind. Für den Fall von Kugel an gleicher Kugel besteht dieses Bedürfnis nicht, weil beide Körper in der Regel nicht nur aus gleichem Material bestehen, sondern auch bei der Herstellung, insbesondere der Härtung, fast gleich behandelt worden sind.

In dieser Hinsicht sind nun Versuche mit verschiedenen Härtestufen angestellt worden, die wieder durch Anlassen voll gehärteten Stahles geschaffen wurden, und zwar wurden die Proben ¼ Stunde lang in Bäder von je 150°, 200°, 250° und 300° gehalten.

1. Weil die Belastung $P = 2000\ d_r^2$, vergl. Fig. 4c, schon über derjenigen Grenze liegt, bis zu welcher die mittleren Pressungen für Kugel an Kugel und für Kugel an ebenem Körper ganz gleich sind, so sind zunächst die Unterschiede für diese beiden Anschmiegungsfälle bestimmt worden. Dazu war erforderlich, dass schon die Herstellung der Proben die Gewähr bot, dass das Material vom ebenen Körper und von Kugel wirklich gleich beschaffen war. Es ist deshalb folgendermassen vorgegangen worden.

a) Je zwei vollharte und bei gleicher Temperatur angelassene Kugeln von 1 cm Dmr. sind schon mit 500 kg, entsprechend $P = 2000\ d_r^2$, gegeneinandergedrückt werden. Für die mittlere Pressung ist der Ausdruck Kugelhärte und das Zeichen $H^{1/4}$ (Anschmiegungsfaktor gleich $1/4$) gewählt worden.

b) Von jedem der zu den Versuchen unter a benutzten Paare ist eine Kugel durch Anschleifen mit einer ebenen Fläche von 0,7 Dmr. versehen und gegen die Mitte dieser Fläche ist die andere Kugel des Paares mit 2000 kg gedrückt worden. Für die mittlere Pressung ist der Ausdruck Plattenhärte und das Zeichen H_1 (Anschmiegungsfaktor = 1) gewählt worden.

Mittlere Pressungen der Berührungsfläche für $P = 2000\ d_r^2$, oder Härtezahlen in kg/qmm.

Gehärtet und angelassen bei	20°	150°	250°	250°	300°
a) Kugel an gleicher Kugel $P = 500$ kg $H^{1/4} =$	667	661	634	590	544
b) dieselben Kugeln wie unter a, davon je eine eben abgeschliffen $P = 2000$ kg $H_1 =$	633	628	609	569	525
$H_1 : H^{1/4} =$	0,95	0,95	0,96	0,97	0,97

Das heisst: Wählt man die Belastungen proportional den Anschmiegungen, und zwar $\frac{P}{d_r^2} = 2000$, so ist bei gleichen vollhartem Material die mittlere Pressung für Kugel an ebenem Körper um 5% kleiner als für Kugel an gleicher Kugel. Mit abnehmender Härte vermindert sich der Unterschied noch. Unsre Beziehung für den Einfluss der Anschmiegung gilt also auch für erheblich geringere Härten.

2. Dieselben Kugeln, welche zu den Versuchen unter 1a und 1b benutzt wurden, sind an einer dritten Stelle ihrer Oberfläche gegen eine aus derselben Stahlsorte hergestellte Platte gedrückt worden, welche

bei der Vorprüfung mehrerer Platten mit den Kugeln von $H^{1}/_{4} = 667$ ebenfalls $H_1 = 633$ ergeben hatte. Die Pressung p, die sich dabei ergeben hat, enthält die folgende Zusammenstellung.

Nach 1a ist $H^{1}/_{4}$	= 667	661	634	590	544
Ferner ist H_1	= 633	633	633	633	633
Gemessen wurde p	= 633	630	615	582	540

Daraus folgt:

Die Pressung p nähert sich asymptotisch der abnehmenden Kugelhärte. Mit abnehmender Kugelhärte wird also aus der Plattenprüfung allmählich eine Prüfung der Kugel.

Und ferner:

Ist die Kugelhärte $H^{1}/_{4}$ kleiner als normal (hier 667), und ist der Unterschied u gering, so ist die Plattenhärte H_1 um die Hälfte dieses Unterschiedes grösser als die gemessene Pressung p. Mit zunehmendem u nähert sich $H_1 - p$ asymptotisch dem Wert u.

3. War bei den Versuchen 2. eine ebene Platte mit weicheren Kugeln gedrückt worden, so wurde bei der dritten Versuchsreihe eine Platte mit härteren Kugeln gedrückt. Die Platte sollte die der Anlasstemperatur 300 Grad entsprechende Härte, welche nach 1b 525 beträgt, haben und demgemäss unter mehreren bei dieser Temperatur angelassenen Platten ausgesucht werden. Die Kugeln waren dieselben wie bisher. Sie erhielten also jetzt eine vierte Druckstelle. Nach Ausgleich kleiner Unebenheiten der Versuchsvermerke ergab sich:

$H^{1}/_{4}$	= 667	661	634	590	544
H_1	= 525	525	525	525	525
p	— 563	562	558	548	525

Die asymptotische Annäherung der Kugelhärte $H^{1}/_{4}$ und der Pressung p lassen auch diese Zahlen erkennen.

Ganz entsprechend der Erfahrung unter 2. ergibt sich ferner:

Ist die Kugelhärte grösser als normal (hier 544) und der Unterschied u gering, so ist die Plattenhärte um die Hälfte dieses Unterschiedes kleiner als die gemessene Pressung. Mit zunehmendem u nähert sich p seinem grössten Betrag, welcher der Brinellschen Druckhärte entspricht. Die Brinellsche Druckhärtezahl ist also bei gleicher Belastung grösser als unsere Härte. Der dem Brinellschen Verfahren zugrunde liegende Gedanke verlangt demnach, dass die Kugel erheblich härter als die ebene Probe ist. Bei $P = 2000d^2$ würde die Platte deren Härte nach unserem Verfahren zu 525 ermittelt worden ist, für das Brinellsche Verfahren schon etwas zu hart sein, weil mit der Kugel von grösstmöglicher Härte die Pressung noch nicht den unveränderlichen Höchstbetrag erreicht hat. Brinell empfiehlt allerdings die Anwendung seines Verfahrens auch für gehärteten und selbst vollharten Stahl, und deshalb beleuchten die Versuchsergebnisse und ihre Erörterung gleichzeitig das Brinellsche Verfahren in seiner Ausdehnung auf sehr harte Körper an und für sich und in seiner Beziehung zu unserem Verfahren. Im einzelnen tritt uns letztere in den Ergebnissen der folgenden vierten Versuchsreihe entgegen.

4. Zu den Versuchen unter 1a sind je soviel Kugelpaare benutz worden, dass von jeder Härtestufe 2 Paare vorhanden waren, die gleichermassen die unter 1a angegebene Härte hatten. Von diesen zweiten Paaren ist nun ebenfalls je eine Kugel durch Anschleifen mit einer ebenen Fläche versehen, und gegen die Mitte dieser Fläche ist je eine harte Kugel von beiläufig 667 Härte gedrückt worden. Es ergab sich:

zu $H^{1}/_{4}$	= 667	667	667	667	667
und H_1	= 633	628	609	569	525
p	= 633	631	618	591	563

Während H_1 die Härtezahl nach unserem Verfahren ist, entspricht p der Brinellschen Härtezahl. Das Verfahren von Stribeck liefert grössere Stufen, prägt also Unterschiede deutlicher aus.

Die vorstehend unter 1—4 behandelten Ergebnisse liegen der folgenden Zahlentafel über die wahre Härte H_1 zugrunde, welche die zumeist vorkommenden Abweichungen zu berücksichtigen gestattet. Die unterstrichenen Werte entsprechen dem Fall, dass die Kugel weicher als die Platte ist.

Bei Verwendung bester Kugeln genügt es, eine mittlere Kugelhärte in Rechnung zu stellen, welche mit etwa 20 Stück bestimmt werden kann. Diese Prüfung gibt auch über die Gleichmässigkeit der Kugeln Aufschluss. Die Härteprüfung ebener Körper ist dann nicht umständlicher als die Prüfung von Kugeln. Nichtsdestoweniger ist bei grundlegenden Untersuchungen zu empfehlen, wie z. B. über Härten, verschiedene Wärmebehandlungen von Metallen u. a., die Härte durch Gegeneinanderdrücken gleicher Kugeln zu ermitteln, und zwar für die verschiedensten Metalle.

Wahre Plattenhärte H_1.

Gemessene Pressung p	Kugelhärte $H^1{}_4$				
	630	640	650	660	670
580	564	560	557	555	553
590	578	575	572	570	568
6000	594	590	587	585	583
610	616	606	603	600	598
615	634	616	610	607	605
620	—	633	618	615	612
625	—	—	633	623	620
630	—	—	—	633	627
635	—	—	—	—	635

Die wahrscheinlichen Fehler sind bei diesem Verfahren am kleinsten. Kennzeichnende Einzelheiten prägen sich deutlicher aus als bei anderen Härteverfahren. Besonders wichtig ist bei fast spröden Körpern aber der Umstand, dass auch die Zähigkeitsprüfung für die Aussenschicht ausgebildet ist und ebenfalls scharf umrissene Ergebnisse liefert.

11. Die Gleichung für die zulässige Belastung.
(von Prof. Stribeck).

Aus den vorangegangenen Mitteilungen lassen sich wichtige Schlüsse auf die zulässige Belastung ziehen. Können auch noch andere Gesichtspunkte, auf die wir noch einzugehen haben, von Einfluss sein, so sind doch zumeist massgebend: die grösste Anstrengung der Körper, die Pressung zwischen den Druckflächen und das Dehnungsverhältnis $\delta_b : d$. Über die Abhängigkeit dieser Grössen von der Belastung sowohl bei Eintritt der Elastizitätsgrenze, als auch noch nach ihrer Überschreitung haben wir Aufschluss erlangt. Da die genannten Grössen, von denen bald die eine, bald die andere die zulässige Belastung bestimmen kann, für verschiedene Durchmesser gleich gross sind, wenn nur $\frac{P}{d^2}$ = const. gewählt wird, so kann in allen diesen Fällen nach

$$P = kd^2 \quad . \quad . \quad . \quad . \quad . \quad . \quad . \quad . \quad 4$$

gerechnet und P als zulässige Belastung angesehen werden. k ist dann die zulässige Belastung für die Einheit des Durchmessers oder die zulässige spezifische Belastung.

Es wäre wünschenswert, diese Beziehungen, die aus den Vorgängen an den Druckstellen bei ruhender Belastung abgeleitet worden sind, anhand der Erfahrungen mit Kugellagern zu prüfen. Versuche mit solchen Lagern mussten ja ohnedies durchgeführt werden, um Angaben über k und die Reibungswerte zu erlangen. Über diese Untersuchungen berichtet der Abschnitt über Versuche mit Kugellagern. Hier sei nur bemerkt, dass sie die Beziehung $\frac{P}{d^2} = \text{const.}$ bestätigen.

Aus den Ergebnissen der Druckversuche mit Kugel und Platte lässt sich entnehmen, wie gross die bleibenden Zusammendrückungen δ_b bei verschiedenen Werten von $\frac{P}{d^2}$ sind. Es erschien angezeigt, diese Abhängigkeit übersichtlich darzustellen, bevor in die Versuche mit Kugellagern eingetreten wurde, weil sich so Anhaltspunkte über die zulässige spezifische Belastung k gewinnen liessen.

Nachdem mit der Kurvenschar Fig. 3g ermittelt worden war, dass einem bestimmten aber sehr kleinen Wert von $\frac{\delta_b}{d}$ auch ein bestimmter Betrag von $\frac{P}{d^2}$ entspricht, ist es einfach, den zu einem beliebigen Betrag von $\frac{P}{d^2}$ gehörigen Betrag von $\frac{\delta_b}{d}$ mit Hilfe derselben Kurvenschar zu ermittteln.

In der nachstehenden Tabelle ist k die zulässige Belastung in kg für $^1/_8''$ engl. Dmr. Infolgedessen ist in die Beziehung $P = kd^2$ der Wert d in engl. Achtelzoll einzuführen. Die Wahl dieser Einheit rechtfertigt sich damit, dass die Kugeln nach engl. Mass geliefert werden und sich die Formel auf cm sehr einfach umrechnen lässt, indem für d in cm $k = \left(\frac{1}{0,3175}\right)^2 = 9,92$ - $rd \cdot 10$ mal so gross ist wie für englische Achtelzoll.

k in kg f. $^1/_8''$ engl. =	4	5	7,5	10	15	20
$\frac{\delta_b}{d} \times 1000$ =	0,047	0,067	0,125	0,204	0,374	0,555
$\frac{\delta}{d} \times 1000$ =	2,24	2,61	3,41	4,14	5,50	6,65
$\frac{\delta_b}{d}$ =	0,021	0,026	0,037	0,049	0,068	0,083

Besser lässt sich der Einfluss von k auf die Formänderungen aus der graphischen Darstellung (Fig. 5) ersehen. Man beachte besonders die Kurve $k, \frac{\delta_b}{d}$. Diese Kurve lässt sich mit Hilfe der Kurven $k, \frac{\delta}{d}$ und $k, \frac{\delta_b}{\delta}$ mit ziemlicher Sicherheit bis in die Nähe des Ursprunges festlegen. Da die Kurve die Abszissenachse berührt, so nehmen die bleibenden Zusammendrückungen zunächst nur sehr langsam zu. Für $k = 2$ beträgt $\delta_b rd \cdot 0,000015\, d$ und für die einzelne Druckstelle den vierten Teil davon, das ist z. B. für $d = 20$ mm, 0,00008 mm. Bei $k = 4$ ist jedoch die Eindrückung schon rund 3 mal

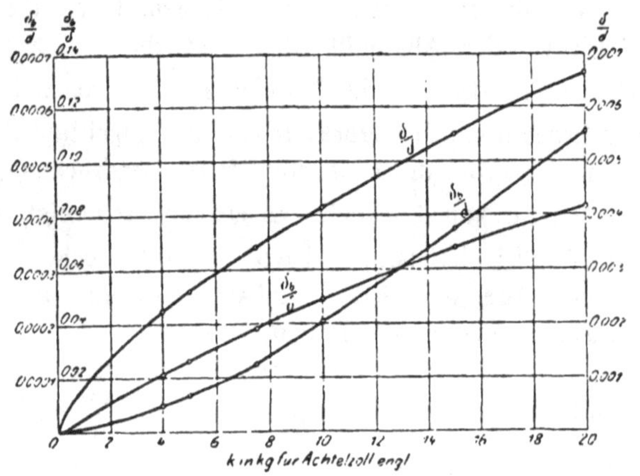

Fig. 5.

und bei $k = 6$ sogar 6 mal so gross; bei $k = 10$ hat die Kurve schon nahezu ihre grösste Neigung zur Abszissenachse erreicht. Dieser Verlauf der Kurve gestattet zwar keine sicheren Schlüsse, er dürfte aber die Vermutung erwecken, dass sich bei Kugel und ebener Platte oder ähnlichen Verhältnissen für k ein zwischen 2 und 6 gelegener Wert ergeben werde, und dass 10 schon zu gross sein dürfte. Man wird dabei nicht etwa daran zu denken haben, dass durch die entstehenden Abweichungen von der Kugelform die Bewegungswiderstände vergrössert werden könnten, sondern vielmehr daran, dass bei so aussergewöhnlicher Anstrengung über kurz oder lang die Körper, und zwar insbesondere die Laufringe oder Schalen, beschädigt werden müssten.

Wenn die Versuche mit Kugellagern tatsächlich zu $k < 6$ führen würden, müsste es angezeigt sein, mindestens für grosse Belastungen die Laufringe so zu gestalten, dass sie der Kugel eine grössere Stützfläche bieten. Es wurden deshalb auch noch Kugeln von $^3/_8$″ engl Dmr. gegen Hohlzylinder gedrückt, deren Halbmesser $^2/_3$ des Kugeldurchmessers betrug. Für gleiche Pressungen und unterhalb der Proportionalitätsgrenze gelegene Dehnungen ergiebt sich nach den Hertz'schen Ansätzen, dass sich die Belastung von ebener Platte und Kugel zu der von Hohlzylinder und Kugel wie: 1 : 3,56 verhält.

Das Verhältnis der Zusammendrückungen ist rund $1 : {}^5/_3$.

Oberhalb der Proportionalitätsgrenze im Gebiet der zulässigen Belastung ist der Unterschied zugunsten von Hohlzylinder und Kugel etwas kleiner. Bei einer 3,56 mal so grossen Belastung würde man mit Hohlzylinder und Kugel etwas grössere Pressungen und besonders auch grössere bleibende Eindrückungen erhalten als mit Kugel auf ebener Platte (vergl. Fig. 2a).

Immerhin steht zu erwarten, dass die zulässige Belastung für Hohlzylinder und Kugel erheblich grösser ist als für Kugel und ebener Platte. Endgültige Aufschlüsse sind ebenfalls nur von Versuchen mit Kugellagern zu erwarten, da die Kugeln und Laufringe auch noch Einwirkungen ausgesetzt sind, die erst bei gegenseitiger Bewegung auftreten.

Die nachstehende Tabelle enthält die Zusammendrückungen in hundertstel Millimetern für den Fall eines Körpers mit hohlzylindrischen Rinnen zwischen 2 Kugeln ⁵/₈" engl. Dmr.

$$\text{Nach Herz } \frac{\delta}{2} = 0{,}000057 \sqrt[3]{P^2}$$

	P kg	50	100	200	300	400	500	600	800
δ	Hertz	1,55	2,46	3,90	5,11	6,19	7,18	8,11	9,82
	beobachtet	1,59	2,56	4,11	5,39	6,51	—	8,48	10,21
δ_b	beobachtet . . .	0,01	0,06	0,13	0,18	0,25	—	9.40	0,57

12. Die Reibungsarbeit der Kugellager.

(von Prof. Stribeck).

Die Bewegungsvorgänge und die Gleichung für die Reibungsarbeit.

Eine Kugel bewege sich zwischen den Umdrehungsflächen zweier Laufringe, deren jede der Kugel zwei Stützflächen A_1, A_2 und B_1, B bieten mag, die aber im übrigen beliebig gestaltet sein mögen (Fig. 5a). Der Laufring A_1, A_2 drehe sich dem Laufring B_1, B_2 gegenüber mit der Winkelgeschwindigkeit ω um seine Achse. Der Halbierungspunkt A der Strecke A_1, A_2 stehe um R von der Achse der Laufringe ab. R ist der mittlere Halbmesser der Lauffläche A_1, A_2. Die Geschwindigkeit des Punktes A ist somit $R\omega$.

Hier handelt es sich hauptsächlich um die Angabe der Geschwindigkeiten, von denen die Reibungsarbeit abhängt.

Es kommen demnach die Bewegungen der Kugel gegenüber den Laufflächen B_1, B_2 und A_1, A_2 in Betracht. Die eine besteht in einer Drehung um die augenblickliche Achse B_1, B_2; die andere in einer

Drehung um A_1, A_2 als augenblickliche Drehachse. Die Winkelgeschwindigkeiten dieser Drehbewegungen seien ω_b und ω_a.

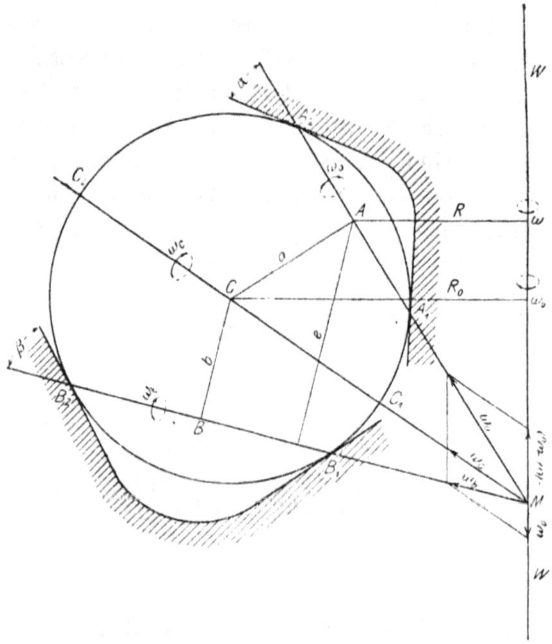

Fig. 5a.

Sollen die Mittelpunkte der Druckflächen nicht gleiten, so müssen sich die 3 Drehachsen WW, A_2, A_1 und B_2, B_1 in einem Punkte treffen, oder sie müssen parallel sein.

Von B_1, B_2 steht der Mittelpunkt der Kugel um b, der Punkt A um e ab. Bezeichnet ferner ω_0 die Winkelgeschwindigkeit, mit der sich der Kugelmittelpunkt auf dem Kreise vom Halbmesser R_0 um die Achse WW dreht, dann ist

$$\omega_b = \frac{R}{e}\,\omega \quad . \quad . \quad . \quad . \quad . \quad . \quad . \quad . \quad . \quad . \quad (5)$$

und auch

$$\omega_b = \frac{R_0}{b}\,\omega_0$$

infolgedessen

$$\omega_0 = \frac{R}{R_0} \cdot \frac{b}{e}\,\omega$$

Der Ausdruck für ω_a ergibt sich leicht, wenn man sich den Laufring A_1, A_2 ruhend und den Kugelmittelpunkt mit der Winkelgeschwindigkeit $\omega_0 - \omega$ um WW' bewegt denkt; es ist nämlich

$$\omega_a \frac{R_0}{a} (\omega_0 - \omega)$$

oder auch

$$= - \frac{R_0}{a} (\omega - \omega_0)$$

Das Minuszeichen bedeutet, dass diese Drehbewegungen und die Bewegung des Laufringes A_1, A_2 in entgegengesetztem Sinn erfolgen.

Ersetzt man ω_0 durch den dafür gefundenen Ausdruck, so wird

$$\omega_0 = - \frac{R_0}{a} \left(1 - \frac{R}{R_0} \cdot \frac{b}{e}\right) \omega \quad . \; . \; . \; . \; . \; . \; . \; (6)$$

Einen guten Ueberblick über die Geschwindigkeitsverhältnisse gewähren die Geschwindigkeitsparallelogramme, mit deren Hilfe sich ω_a und ω_b ebenfalls rasch ermitteln lassen. In Fig. 5a sind die Parallelogramme angegeben. Sie liefern nebenbei auch die Winkelgeschwindigkeit ω_c der Drehbewegung um die Achse MC.

Neben den Winkelgeschwindigkeiten treten die Reibungsmomente als Faktoren der Reibungsarbeit auf.

Die Drehachsen A_1, A_2, B_1, B_2 gehen durch die Mittelpunkte der Druckflächen. Alle Elemente der Druckflächen der Kugeln führen Elementardrehungen um diese Achsen aus. Zur Klarstellung der dabei auftretenden Widerstände betrachten wir die Vorgänge an einer Druckfläche.

Die Drehachse bilde mit der die Druckfläche in der Mitte berührenden Ebene den Winkel φ (Fig. 5b). Wir denken uns die Drehung in zwei Elementardrehungen zerlegt, deren eine um eine Achse normal zur Druckfläche, also mit der Winkelgeschwindigkeit $\omega_b \sin \varphi$ erfolgt, und deren andere um eine in der Berührungsebene gelegene Achse, also mit der Winkelgeschwindigkeit $\omega_b \cos f$ stattfindet.

1. Die Drehung um die senkrechte Achse mit der Winkelgeschwindigkeit $\omega_b \sin \varphi$ bedingt, dass die Elemente der Druckflächen von Kugel und Laufring auf einander gleiten. Der dabei auftretende Gleitwiderstand ist als Spurzapfenreibung anzusprechen. Zu ihrer Berechnung hätte man die Abmessungen der Druckfläche, die beiläufig bemerkt eine Ellipse ist, aufgrund der Hertz'schen Beziehungen zu ermitteln und zu berücksichtigen, dass nach Hertz die Pressungen vom

Rande aus gegen die Mitte zunehmen, wie die Ordinaten eines über der Druckellipse stehenden Ellipsoids.

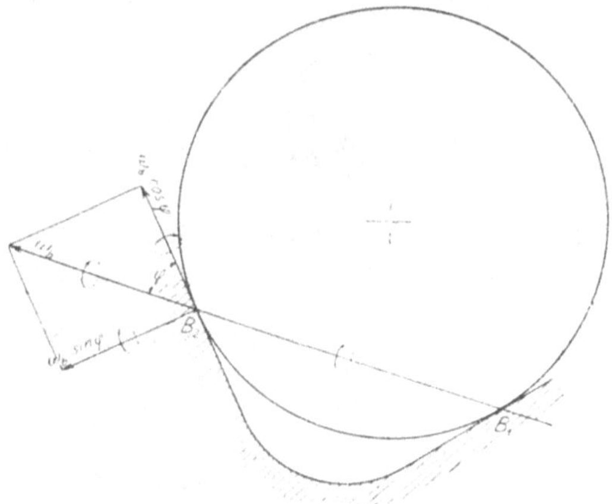

Fig. 5b.

2. Der Drehung um die die Druckfläche berührende Achse, deren Winkelgeschwindigkeit $\omega_b \cos \varphi$ beträgt, stellt sich der Widerstand entgegen, den man als rollende Reibung der Kugel bezeichnen kann, die aber ebenfalls nicht frei von Gleitwiderständen ist.

Bezeichnet B den Stützpunkt, und nehmen wir als Moment der Spurzapfenreibung den Ausdruck $\mu B x$, indem wir μ als mittleren Reibungskoeffizienten, x als mittleren Reibungshalbmesser ansprechen, dann ist die Reibungsarbeit, welche dadurch entsteht, dass sich die Kugel mit der Winkelgeschwindigkeit $\omega_b \sin \varphi$ um eine normal zur Druckfläche gerichtete Achse dreht $\mu B x \omega_b \sin \varphi$.

Ferner sei Bf das Moment der rollenden Reibung, also f der Koeffizient der rollenden Reibung. Die bezügliche Winkelgeschwindigkeit der Drehbewegung ist $\omega_b \cos \varphi$, somit die Reibungsarbeit für die eine Druckfläche:

$$\mu B x \omega_b \sin \varphi + B f \omega_b \cos \varphi = B\,(\mu x \sin \varphi + f \cos \varphi)\,\omega_b.$$

Sind 4 Druckflächen vorhanden und sind A_1, A_2, B_1, B_2 die zugehörigen Belastungen α und β die spitzen Winkel, welche die Drehachsen mit den Druckflächen bilden, dann sind die Reibungsarbeiten für die 4 Druckstellen:

$$A_1\,(\mu_1 x_1 \sin \alpha + f_1 \cos \alpha)\,\omega_a$$
$$A_2\,(\mu_2 x_2 \sin \alpha + f_2 \cos \alpha)\,\omega_a$$
$$B_1\,(\mu_1' x_1' \sin \beta + f_1' \cos \beta)\,\omega_b$$
$$B_2\,(\mu_2' x_2' \sin \beta + f_2' \cos \beta)\,\omega_b\,.$$

Ihre Summe liefert die gesamte Reibungsarbeit Ar.

In der Regel wird man setzen dürfen:

$$\mu_1 = \mu_2 = \mu;\ \mu_1' = \mu_2' = \mu'$$
$$f_1 = f_2 = f;\ f_1' = f_2' = f',$$

womit dann

$$A_r = [(A_1 x_1 + A_2 x_2)\,\mu \sin\alpha + (A_1 + A_2) f \cos\alpha]\,\omega_a$$
$$[(B_1 x_1' + B_2 x_2')\,\mu' \sin\beta + (B_1 + B_2) f_1' \cos\beta]\,\omega_b\,. \quad (7)$$

Die ausgedehnten Versuche mit Kugellagern, welche in der Zentralstelle Neubabelsberg durchgeführt wurden, geben über die Werte μ, x und f Aufschluss. Zur Bestimmung des Koeffizienten f der rollenden Reibung eignen sich besonders Lager, für welche α und $\beta = 0$ sind, also die Spurzapfenreibung verschwindet. In diesem Falle ist auch $A_1 + A_2 = B_1 + B_2 = S$ und infolgedessen

$$Ar = Sf\omega_a + Sf'\omega_b \quad \ldots\ldots\ldots \quad (8)$$

f und f' werden nicht gleich gross sein, weil die Kugel den einen Laufring an der Innenfläche, den andern an der Aussenfläche berührt. Trotzdem empfiehlt es sich, für praktische Zwecke nach

$$Ar = Sf\,(\omega_a + \omega_b) \quad \ldots\ldots\ldots \quad (8a)$$

zu rechnen und f als einen mittleren Koeffizienten der rollenden Reibung aufzufassen. Da ferner $a = b = \frac{e}{2}$ und $e = d$ ist, so folgt zunächst

$$\omega_a = \frac{2R_0}{d}(\omega - \omega_0)$$
$$\omega_b = \frac{2R_0}{d}\omega_0$$

und damit

$$Ar = Sf\frac{2R_0}{d}\omega = Sf\frac{D_0}{d}\omega\,. \quad \ldots\ldots\ldots \quad (9)$$

Beachtung verdient besonders, dass die Reibungsarbeit mit wachsendem Verhältnis $\frac{D_0}{d}$ zunimmt. Soll sie tunlichst klein sein, so muss man möglichst grosse Kugeln sich auf einem möglichst kleinen Kreise bewegen lassen.

Haben z Kugeln in der Laufrinne Platz und ist z so gross, dass angenähert $\pi D_0 = zd$ also

$$\frac{D_0}{d} = \frac{z}{\pi}$$

ist, so lässt sich für den Fall, dass die Kugel nur rollt, auch aussprechen: Die Reibungsarbeit ist um so kleiner, je weniger Kugeln der Laufring fasst.

Es kann deshalb zweckmässig sein, von der Anzahl der Kugeln auszugehen, die zu einem Laufringpaar gehören.

Die Ansätze gelten für eine Kugel. Die Gesamtreibung eines Lagers ist gleich der Summe der Reibungsarbeiten, die sich für die einzelnen Kugeln ergeben. Da ω_a und ω_b, α und β für alle Kugeln gleiche Werte besitzen, so berechnet sich die rollende Reibung nach der für die einzelne Kugel angegebenen Beziehung, indem man nur statt S die Summe der Belastungen sämtlicher Kugeln einsetzt. f ist dann als Koeffizient der rollenden Reibung des Lagers und nicht der einzelnen Kugel aufzufassen. Dagegen ist die Berechnung der gleitenden Reibung umständlicher, weil die Werte von x von den Einzelbelastungen abhängen.

Als nächste Aufgabe ergibt sich demnach, die Einzelbelastungen sowie die Gesamtbelastungen der Kugeln eines Ringes zu berechnen.

Ist P der Teil des Lagerdruckes, welcher auf einen Kugelring entfällt, so ergibt sich für den einfachen Fall, Fig. 5c

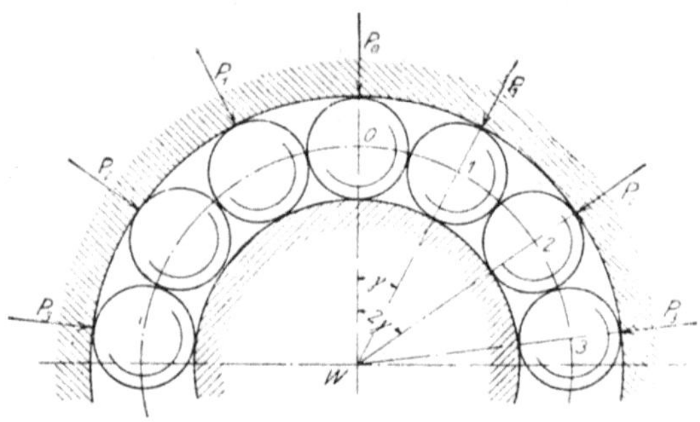

Fig. 5c.

$$P = P_0 + 2P_1 \cos y + 2P_2 \cos 2y + \ldots + 2P_n \cos ny$$

wo

$$ny < 90^0$$

und in der Regel

$$y = \frac{360}{z}, \text{ also } n < \frac{z}{4}$$

δ_0 sei die der Belastung P_0 entsprechende Annäherung der beiden Laufringe, in Richtung des Halbmessers W_0 gemessen; die zu $P_1 P_2$ gehörigen Annäherungen seien δ_1, δ_2 usw.

Ist zwischen den Kugeln und Ringen vor Eintritt der Belastung Spielraum nicht vorhanden, und erfahren die Ringe unter der Einwirkung der Kräfte P_0, P_1 usw. keine erhebliche Verbiegung, so ist $\delta_1 = \delta_0 \cos y$, $\delta_2 = \delta_0 \cos 2y$ usw.

$$\frac{P_0^2}{\delta_0^3} = \frac{P_1^2}{\delta_1^3} = \frac{P_2^2}{\delta_2^3} = \ldots = \frac{P_n^2}{\delta_n^3}$$

also auch

$$P_1 = P_0 \cos \frac{3}{2} y$$

$$P_2 = P_0 \cos \frac{3}{2} 2y$$

Damit aber ergibt sich für die Gleichgewichtsbedingung:

$$P = P_0 \left(1 + 2 \cos \frac{5}{2} 2y + 2 \cos \frac{5}{2} 2y + \ldots 2 \cos \frac{5}{2} ny\right) \quad \ldots \quad (10)$$

Hiernach ergibt sich z. B. für

$Z =$	10	15	20
$y =$	36°	24°	18°
$\frac{P}{P_0} =$	2,28	3,44	4,58
$\frac{P}{P_0} =$	$\frac{Z}{4,38}$	$\frac{Z}{4,36}$	$\frac{Z}{4,37}$
$P_0 + 2P_1 + \ldots + 2P_n =$	$1,23P$	$1,22P$	$1,21P$

Die Summe der Einzelbelastungen ist nahezu unveränderlich, und auch die Werte von $\frac{P}{P_0}$ sind fast genau $= \frac{Z}{4,37}$. Demnach ist für $z =$ 10 bis 20 die grösste Belastung einer Kugel

$$P_0 = \frac{4,37}{Z} P$$

Tatsächlich sind die Voraussetzungen, dass die Kugeln sich vor Eintritt der Belastung spielfrei zwischen den Ringen bewegen und dass die Laufringe sich nicht verbiegen, nicht erfüllt; deshalb wird die grösste Belastung einer Kugel grösser und die Summe aller Einzelbelastungen kleiner sein als der Rechnungswert. Es soll gesetzt werden für $z = 10$ bis 20:

$$P_0 = \frac{5}{Z} P \quad \ldots \ldots \quad (11)$$

hiernach für

$$P_0 + 2P_1 + \ldots + 2P_n = 1,2P$$

und für

$$Z = 10 \quad 15 \quad 20$$

$$P_0 = \frac{P}{2} \quad \frac{P}{3} \quad \frac{P}{4} \quad \ldots \ldots \quad (12)$$

(P = Ringbelastung.)

13. Versuche mit Kugellagern mit der Reibungswage
(von Prof. Stribeck*).

Die Wage sollte ermöglichen, das Reibungsmoment bei Belastungen bis zu 5000 kg und beliebigen Umgangszahlen zu ermitteln. Ihr Wesen erhellt aus Fig. 5d.

Der ungleicharmige Hebel *ABC* trägt am Ende *A* seines längeren Armes das Belastungsgewicht. Die Stange *CD* stützt sich gegen den

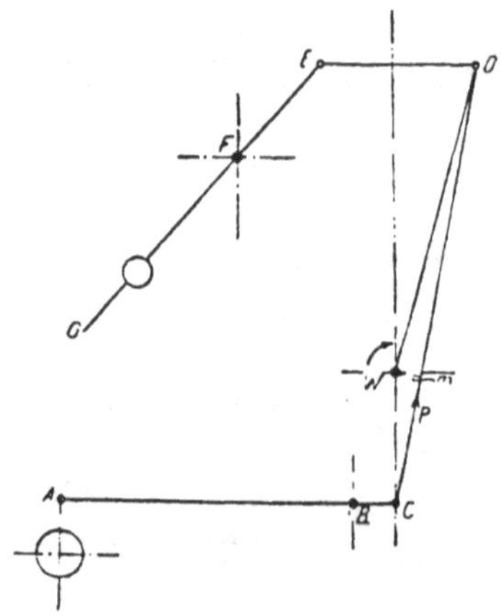

Fig. 5d.

kürzeren Arm des Hebels und überträgt die aufgenommene Kraft durch die Hängeschienen *WD* auf das Lager. Letzteres umschliesst eine Welle, die beiderseits in einem Bock gelagert ist und durch geeignete Mittel in Rechts- und Linksdrehungen versetzt wird.

Wirkt die Stützkraft *P* in *C* stets in Richtung der Verbindungslinie *CD*, so wird bei einer Drehung der Welle im Sinne des Pfeiles die Stange in der bezeichneten Richtung ausschlagen, und es ist das Reibungsmoment des Lagers $= Pm$ ($m =$ Abstand der Kraft *P* von der Achse *W*). Denkt man sich das Reibungsmoment als Produkt aus einer ideellen Reibung $\mu_i P$ und deren Abstand von der Wellenachse, so ist für den Fall des Gleichgewichtes

$$\mu_i P_r = P_m$$
$$\mu_i r = m \quad \ldots\ldots\ldots \quad (13)$$

*) Diese für den Kugellagerbau klassische Bedeutung besitzende Versuche erschienen im Jahrgang 1901 der Zeitschrift des Vereins deutscher Ingenieure Heft 3 und 4. Diese Veröffentlichung ist mit einigen notwendigen Aenderungen ihrer fundamentalen Bedeutung halber in diesem Werke wiedergegeben.

Da r für jedes Lager einen bestimmten Wert besitzt, so ist μ_i proportional m. Der Ausschlag der Stange ist also proportional dem ideellen Lagerreibungskoeffizienten.

Damit der Stützdruck in P durch die an den Stangenenden auftretende Reibung nicht merklich aus der Richtung CD abgelenkt werde, ruht die Stange mit gehärteten Stahlschneiden in Pfannen.

Zu berücksichtigen ist, dass die Eigengewichte der Schwinge CD, der Hängeschienen WD und des Lagers als Drehkräfte wirken. Um deren Momente auszugleichen, ist eine zweite Schwinge EFG von kleineren Abmessungen angeordnet, deren nach oben gerichteter Arm durch ein Schubstängchen ED an CD angeschlossen ist und deren nach unten gerichteter Arm FG das Ausgleichgewicht trägt. Wählt man FE klein im Verhältnis zu CD, so kommt man bei mässiger Länge von Fg mit einem kleinen Gegengewicht aus. Bildet man den Arm FG als Zeiger aus und setzt ihn zu einer Bogenteilung in Beziehung, so lässt sich damit der Reibungskoeffizient an grösserer Strecke, also auch mit grösserer Genauigkeit messen, als aus dem Ausschlage der Hauptschwinge CD.

Es ist recht umständlich, die Achse der Schwinge CD in solche Lage zu bringen, dass sie zugleich senkrecht steht und die Wellenachse schneidet. Das Ausgleichgewicht ermöglicht, von dieser Forderung abzusehen, wofern die Welle bald im einen, bald im anderen Sinne gedreht und der Ausschlag des Zeigers von der einen zur anderen Stellung gemessen wird. Selbst bei der unsicheren Aufstellung der Reibungswage auf Holz, zu der man bei vorübergehender Benutzung leicht kommt, erhält man durch dieses Verfahren zuverlässige Ergebnisse.

Die Ausgleichschwinge und das Schubstängchen drehen sich zwischen Stützen, um die Empfindlichkeit der Wage möglichst wenig zu beeinflussen.

a) Durchführung der Versuche.

An den Hängeschienen WD ist eine Büchse befestigt, in welche die Lager von der Seite eingesetzt werden.

Zur Schmierung wurde Motoröl von mässiger Zähflüssigkeit aufgegeben, und zwar nur so viel, dass die unteren Kugeln eben eintauchten. Ohne Schmierung dürfen Kugellager nicht laufen.

Zur Messung der Öltemperatur wurde seitlich von den Laufringen ein Thermometer in das Öl getaucht. Es war das ausreichend, weil die Temperatur sich nur langsam änderte. Wenn die Kugeln nicht unter Öl liegen oder in grösserer Anzahl eintauchen, sondern nur, soweit erforderlich, benetzt werden, ist der Einfluss der Öltemperatur auf den Lagerwiderstand nicht beträchtlich. Bei richtig konstruierten Kugellagern, die sich unter gewöhnlichen Verhältnissen überhaupt nur mässig erwärmen, kann er vernachlässigt werden. Es dürfte auch kaum möglich sein, ihn festzustellen, weil sich mit dem Wärmezustand auch zumeist die Gestalt des Lagers und der Laufringe ändert, wodurch die Reibungsverhältnisse natürlich auch beeinflusst werden.

Das Kugellager, welches zuerst untersucht wurde, lief mit 65, 100, 130, 190, 380, 580, 780 und 1150 Min.-Umdr. Es wurde mit der niedrigsten Umdrehungszahl begonnen. Die Belastung liess man von einem kleinen Betrag stufenweise bis zu einem grössten zunehmen und in der Folge ganz entsprechend wieder abnehmen. Ergaben sich für gleiche Belastungsstufen in der fallenden Reihe kleinere Reibungswerte als in der steigenden, und waren dabei die Temperaturen nicht sehr verschieden, so durfte angenommen werden, dass das Lager noch nicht eingelaufen war. Diese allmähliche Verminderung der Reibungswerte ist recht auffällig bei Lagern, deren Ringe nach dem Härten nur roh geschliffen wurden; sie ist fast unmerklich bei Ringen, die so sauber bearbeitet sind, dass man mit blossem Auge Schleifrisse auf den Laufflächen nicht wahrnimmt. Eine solche Beschaffenheit der Laufflächen ist aber für die gute Erhaltung der Laufringe und Kugeln sehr wichtig.

Dasselbe Verfahren wiederholte man mit den gleichen Belastungen auch bei allen übrigen Umgangszahlen. War nicht bereits vorher eine Störung eingetreten, so wurde jetzt das Lager nachgesehen. Waren weder die Laufringe noch die Kugeln schadhaft, so wurde die Untersuchung fortgesetzt, wobei man wieder mit der niedrigsten Umgangszahl anfing, die Grenzwerte der Belastung aber nunmehr grösser wählte. Ergab sich schliesslich aus dem Aussehen der Eindrücke, dass man die zulässige Belastung erheblich überschritten hatte, so wurde noch ein Dauerversuch bei 780 Min.-Umdr. und der grössten erreichten Belastung angestellt. Hielt man sämtliche Wahrnehmungen zusammen, so konnte es nicht schwer fallen, einen Schluss auf die zulässige spezifische Belastung k zu ziehen.

Bei den folgenden Untersuchungen machte man sich natürlich die bereits vorliegenden Erfahrungen nutzbar, so dass man mit weniger Belastungs- und Geschwindigkeitsstufen zum Ziele kam.

Die Reibungswage gibt zunächst nur den ideellen Lagerreibungs-Koeffizienten. Dieser wurde auf den Wellenumfang bezogen, damit die Ergebnisse ohne weiteres mit der Gleitlagerreibung verglichen werden können. Man hat sich also die Reibung ersetzt zu denken durch einen auf den Umfang der Welle bezogenen Widerstand, und es sind die Beobachtungswerte das Verhältnis zu der Lagerbelastung. Da der Halbmesser der Welle für alle geprüften Lager 3,5 cm beträgt, so ist mit bezug auf den Ausschlag m der Hauptschwinge der Reibungswage nach Gl. 13 auch

$$\mu = \frac{m}{3{,}5} \text{ } (m \text{ in cm})$$

b) Die Reibungswerte.

1. Fig. 5e. Die Lager bestanden aus je zwei Kugelringen. Es ergab sich, dass diese Konstruktion für grosse Belastungen am besten ist. Deshalb wurden vier solcher Lager geprüft, deren Laufringe je aus Stahl verschiedener Herkunft und Zusammensetzung bestanden, um die geeignetste Stahlsorte zu ermitteln. Die Laufflächen der Ringe bilden im Querschnitt Kreisbögen, deren Halbmesser ⅔ des Kugeldurchmessers betragen. Sie waren sauber gearbeitet und ziemlich frei von Schleifrissen. Aus dem reichen Beobachtungsmaterial geht folgendes hervor:

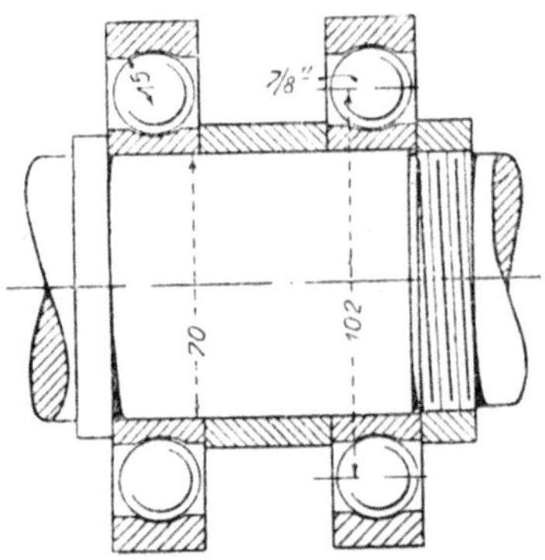

Fig. 5e.

a) Bei Belastungen von 1000—3000 kg und bei sämtlichen Versuchsgeschwindigkeiten — 65 bis 780 m/m — sowie bei Öltemperaturen von 18—40 Grad Celsius sind die Reibungskoeffizienten nur wenig verschieden. Im Mittel ist $\mu = 0{,}0015$.

b) Erst von 1000 kg an nimmt der Reibungskoeffizient mit abnehmender Belastung erheblicher zu. Von der Geschwindigkeit ist er auch bei diesen kleineren Belastungen fast unabhängig.

Da der Reibungskoeffizient innerhalb weiterer Grenzen von der Umgangszahl unabhängig ist, so lassen sich die Ergebnisse in den wenigen Zahlen der nachstehenden Tabelle wiedergeben.

Min.-Umdr.	65	385	785
Lagerbelastung 380 kg entsprech. $1{,}4d^{2\prime}$ μ =	0,0033	0,0035	0,0037
" 850 " " $3{,}1d^{2\prime}$ μ =	0,0020	0,0021	0,0022
" 1100 " " $4{,}0d^{2\prime}$ μ =	0,0017	0,0018	0,0019
" 1580 " " $5{,}8d^{2\prime}$ μ =	0,0016	0,0016	0,00165
" 2050 " " $7{,}5d^{2\prime}$ μ =	0,0015	0,0015	0,0015
" **3000** " " **$11{,}0d^{2\prime}$** μ =	**0,0015**	**0,0013**	**0,0013**
" 4900 " " $17{,}9d^{2\prime}$ μ =	—	—	0,0011

Die nur mässigen Schwankungen in den Beobachtungsergebnissen sind zuvor ausgeglichen worden.

Es ist anzunehmen, dass bei einer weniger sorgfältigen Bearbeitung der Ringe sowie bei überreichlicher Füllung des Lagers mit einem dickflüssigen Schmiermittel die Geschwindigkeit von grösserem Einfluss auf den Lagerwiderstand ist.

Für die Belastungen vom zulässigen bis auf halben Betrag, das ist von 3000 bis 1500 kg, schwankt μ_i nur zwischen 0,0013 und 0,0017.

Der Koeffizient der rollenden Reibung ist zu ermitteln aus

$$\mu_i P r = S f \frac{D_0}{d}$$

S bezeichnet hierbei die Summe aller Einzelbelastungen der Kugeln und ist nach Früherem = 1,2 P, wofern P die Lagerbelastung darstellt; also gilt auch

$$\mu_i r = 1{,}2 f \frac{D_0}{d}$$

und mit

$$r = 3{,}5 \text{ und } \frac{D_0}{d} = 4{,}4$$

$$f = \frac{3{,}5\mu_i}{1{,}2 \cdot 44} = \frac{2}{3}\mu_i\,;$$

für

$$\mu_i = 0{,}0013 \text{ bis } 0{,}0017; \quad \text{also } f = 0{,}0009 \text{ bis } 0{,}0011.$$

2. Fig. 5f. Das Lager wurde aus zwei Kugelringen gebildet. Es lief mit 65, 130, 190, 385, 580 und 780 u/min und unter Belastungen

von 380—3000 kg. Die Reibungskoeffizienten sind um rd. 15 v. H. grösser als für die Konstruktion Fig. 5e. Im übrigen war die Geschwindigkeit von gleich geringem Einfluss wie bei 1.

3. Fig. 5g. Das Lager, aus zwei Kugelringen bestehend, lief nur mit 380 und 780 Min.-Umdr. unter Belastungen von 380—1800 kg. Ein Einfluss der Geschwindigkeit war mit Sicherheit nicht festzustellen.

Es ergab sich für 380 kg Belastung μ_i = 0,0051, für 850 bis 1800 kg Belastung = 0,0033—0,0037.

Die Temperatur schwankte zwischen 30° und 45° Celsius.

Bei dem grössten Lagerdruck von 1800 kg haben gleitende und rollende Reibung ggleichen Anteil an der Reibungsarbeit; mit abnehmender Belastung nimmt der Anteil der gleitenden Reibung ab, der der rollenden Reibung zu.

Ein schweres Kugellager, das ein bestes Gleitlager zu ersetzen bestimmt ist, muss geringere Reibung als das Lager Fig. 5g besitzen.

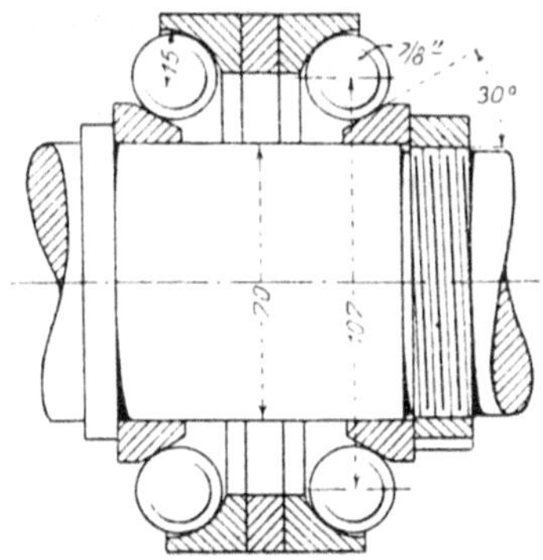

Fig. 5f.

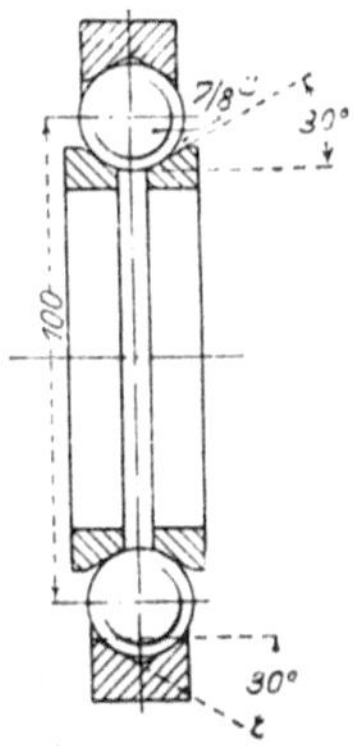

Fig. 5g.

Es eignen sich also diese Laufringformen für den praktischen Gebrauch nicht.

4. Fig. 5h. Das Lager bestand ebenfalls aus zwei Kugelringen. Bei 380 und 780 Min.-Umdr. und bei 1100—3500 kg Belastung war μ_i = 0,0052—0,0060. Bei einem Dauerversuch mit 3500 kg Belastung und 780 Min.-Umdr. stieg die Temperatur im Verlaufe von 3 Stunden von 84 auf 130 Grad Celsius, ohne dass sich der Reibungskoeffizient änderte.

Bei 3500 kg Lagerbelastung ist die Arbeit der gleitenden Reibung fast dreimal so gross und bei 1800 kg so gross wie die Arbeit der rollenden Reibung.

Was über den praktischen Wert des Lagers Fig. 5g bemerkt ist, gilt vom Lager Fig. 5h in besonderem Grade.

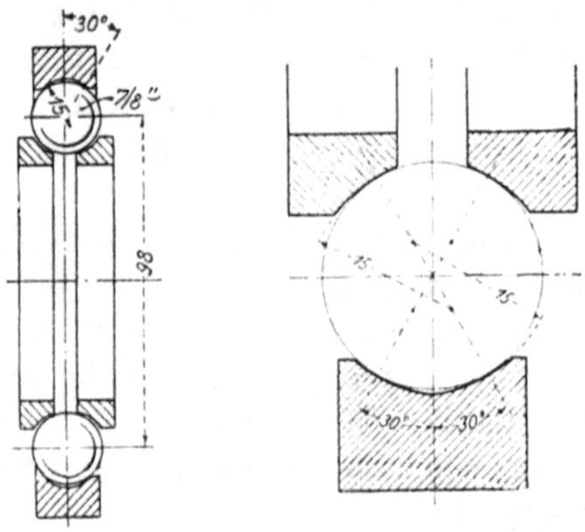

Fig. 5h.

5. Fig. 5i. Die Untersuching erstreckte sich auf zwei Lager. Das erste Lager war bereits vor Beginn der Versuche ausgeführt worden. Damals fehlte noch ein Anhalt über die zulässige Belastung und die Reibungswerte. Es wurde auch zuerst untersucht.

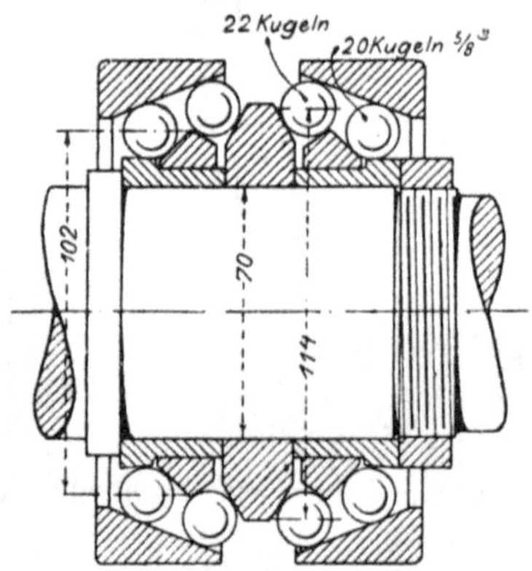

Fig. 5i.

Dem Umstand, dass inige Laufflächen dieses Lagers noch deutlich die Schleifrisse aufwiesen, verdankt man die Erfahrung, dass solche Lager längere Zeit zum Einlaufen brauchen. Das Lager wurde fünf Wochen hindurch, während welcher Zeit es täglich 2—9 Stunden lief, beobachtet. Es zeigte sich, wie bei den früheren Versuchen mit gusseisernen Schneckenradgetrieben, dass der Beharrungszustand (entsprechend einem unveränderlichen Reibungswert) bei einer bestimmten Belastung am schnellsten dadurch herbeigeführt wird, dass man das Lager während einiger Zeit unter einer erheblich grösseren Belastung laufen lässt. Bei dem Versuchsverfahren mit stufenweise zu- und abnehmender Belastung tritt der Beharrungszustand bei den kleineren Belastungen bald auf; länger dauert es bei den grossen Belastungen.

Die Untersuchungen wurden schliesslich bei 580 Min.-Umdr. und 4200 kg Belastung abgebrochen, weil zwei Laufringe Beschädigungen aufwiesen. Die Beobachtungen bei 780 und 1150 Min.-Umdr. reichen deshalb nur bis zur Belastungsstufe von 2050 kg. Es scheint, dass das Lager bei den höchsten Belastungen, die bei den einzelnen Geschwindigkeiten erreicht worden waren, noch nicht ganz eingelaufen war, infolgedessen in der nachstehenden Tabelle die Abnahme des Reibungskoeffizienten bei wachsender Geschwindigkeit zum Teil dem Einlaufen zuzuschreiben sein dürfte. Der Reibungskoeffizient dürfte also bei den kleineren Geschwindigkeiten und grossen Belastungen kleiner sein als angegeben. Die Tabelle enthält die aus den letzten Ablesungen gewonnenen Werte.

U/min		65	100	190	380	580	780	1150
für $P =$ 380 kg	$\mu_i =$	0,0095	0,0095	0,0093	0,0088	0,0085	—	0,0074
„ $P =$ 1100 „	$\mu_i =$	0,0065	0,0062	0,0058	0,0053	0,0050	0,0049	0,0047
„ $P =$ 1800 bis 4200 kg	$\mu_i =$	0,0055	0,0054	0,0050	0,0043	0,0041	0,0041	0,0040
							$P =$ 1800 bis 2500 kg	

Auf die Arbeit der gleitenden Reibung entfällt bei 1800 kg Lagerbelastung nur ⅕—¼ der gesamten Reibungsarbeit. Die Anordnung ist also hinsichtlich der Reibungsverhältnisse schlecht. Jedoch waren die Kugeln des Versuchslagers zu klein. Um annehmbare Reibungswerte zu erhalten, hätte man ⅞ zöllige Kugeln verwenden müssen.

Die Ringe des zweiten Lagers hatten sauber geschliffene und polierte Laufflächen. Sie bestanden aus anderem Stahl, und es sollte die Prüfung nur über dessen Geeignetheit Aufschluss liefern. Die Belastung wurde rasch über den zulässigen Betrag hinaus auf 4200 kg gesteigert. Unter der starken Belastung brach sodann ein Aussenring, noch bevor das Lager ganz eingelaufen war. Infolgedessen sind die erlangten Reibungswerte durchschnittlich ein wenig grösser als die hier mitgeteilten.

14. Zulässige spezifische Belastung.
(von Prof. Stribeck).

1. Fig. 5 e. Die Kugeln und Ringe verhielten sich unter 4900 kg Belastung bei allen Versuchsgeschwindigkeiten — bis 780 Min.-Umdr. — tadellos. Bei den Dauerversuchen mit 4900 kg und 780 Min.-Umdr. waren schon nach einigen Stunden auch geringe Unterschiede in der Härte auf den Laufspuren der Ringe deutlich wahrzunehmen. Die weicheren Stellen erschienen tiefer eingedrückt und dunkler als ihre Umgebung. (Bei längerer Betriebsdauer bilden sich an den weicheren Stellen flache Löcher, deren Ränder je nach den Materialeigenschaften mehr oder weniger scharf abgesetzt sind.)

Von den vier Lagern, deren Ringe je aus verschiedenem Stahl bestanden, gaben zwei zu solchen Beobachtungen Anlass. Die Ringe der beiden andern Lager erwiesen sich gleichmässig hart und bestanden die Probe. Während aber bei dem einen Lager die Laufspuren eben sichtbar waren, zeigten sie sich bei dem anderen Lager fühlbar ausgeprägt.

Diese Erfahrungen weisen darauf hin, dass 4900 kg schon eine unzulässige grosse Belastung ist. Nimmt man auf Grund der Beobachtungen 3000 kg als zulässige Belastung, so berechnet sich k wie folgt:

Die Belastung eines Ringes ist 1500 kg und bei 14 Kugeln nach Gl. 11 die grösste Belastung einer Kugel $1500 \cdot {}^5/_{14} = 536$ kg; mit $d = {}^7/_8''$ engl. wird $k \cdot 7^2 = 536$, $k =$ rd. 11.

Es möge $k = 10$ gesetzt werden. Damit ergibt sich für Kugel in hohler Rinne, deren Krümmungshalbmesser $= {}^2/_3 d$ ist:

$$P = 10 d^2 \quad (d \text{ in Achtelzoll englisch})$$

$$P = 100 d^2 \quad (d \text{ in cm})$$

2. Die Lager Fig. 5 i wurden zwar noch mit 4200 kg belastet, aber bei dieser Belastung auch schadhaft. Die Laufspur prägte sich schon bei kleinerer Belastung scharf aus, und man wird selbst bei gleichmässig harten Laufringen das Lager auf die Dauer nur mit etwa 1800 kg belasten dürfen. Von den Laufspuren sind die der Aussenringe am stärksten belastet, und zwar beträgt die Mittelkraft für jede der mittleren Spuren das 0,29 fache, für die seitlichen Spuren je das 0,23 fache der Lagerbelastung. Für die zulässige Belastung von 1800 kg sind die entsprechenden Beträge 522 kg und 414 kg. Die mittleren Kugelringe enthalten je 22 Kugeln; somit ist die grösste Belastung einer Kugel $522 \cdot {}^5/_{22} =$ rd. 120 kg.

Für die seitlichen Kugelringe mit je 20 Kugeln ergibt sich die grösste Kugelbelastung zu $414 \cdot {}^5/_{20} = 104$ kg.

Hiernach ist zu setzen:

$$k = \frac{120}{5^2} = 4{,}8$$

Dabei ist zu beachten, dass die Bewegung zwischen Kugeln und Aussenring, wo die grössten Belastungen auftreten, fast ausschliesslich eine rollende ist. An den Laufflächen des mittleren Innenringes, wobei überdies die Kugeln gleiten, und die nach ihrem Aussehen zu schliessen bei 1800 kg Lagerdruck auch hinreichend belastet sind, beträgt der grösste Druck auf einer Kugel rd. 90 kg.

Es ergibt sich deshalb für diese Laufspur:

$$k - \frac{90}{5^2} = 3{,}6$$

Wir setzen für ebene, kegelförmige und zylindrische Laufflächen

$$P = 3d^2 \text{ bis } 5d^2 \; (d \text{ in Achtelzoll englisch})$$
$$P - 30d^2 \text{ bis } 50d^2 \; (d \text{ in cm})$$

Die kleineren Werte gelten für den Fall, dass an den meistbelasteten Druckstellen neben der rollenden die gleitende Reibung auftritt, die grösseren Werte, wenn die Kugeln nur rollen. Die Belastung 5 d ist schon verhältnismässig hoch und liegt der Grenzbelastung, bei der sich Unvollkommenheiten des Materials unliebsam bemerkbar machen, jedenfalls näher als die für hohe Ringe angegebene Belastung 10*d*.

Überblickt man die Ergebnisse der Reibungs- und Belastungsuntersuchungen, so erkennt man, dass alle Laufringe für schwere Lager nur die in Fig. 5 e dargestellten voll befriedigen. Man erhält bei Verwendung solcher Ringe auch für Traglager mit 6000 und 10 000 kg Belastung durchaus brauchbare Abmessungen und Reibungswerte, die auch den höchsten Anfordnungen gerecht werden.

Die Untersuchungen, über welche hier berichtet ist, wurden im März 1899 abgeschlossen. Im Anschluss daran wurden gemeinschaftlich mit den Deutschen Waffen- und Munitionsfabriken, Berlin, Arbeiten zur weiteren Vervollkommnung der grösseren Stahlkugeln und Spurringe durchgeführt. Sie sind erfolgreich gewesen, indem es gelungen ist, Kugeln und Ringe herzustellen, die höher belastet werden dürfen als diejenigen, mit denen die obigen Ergebnisse erlangt wurden.

Bei der Prüfung solcher Spurringe wurde die Hälfte eines normalen Lagers nach Fig. 5e der grössten Belastung von 4900 kg, welche die Reibungswage zulässt, bei 780 u/min. längere Zeit hindurch ausgesetzt. Unter dieser Prüfungslast, die doppelt so gross ist als die frühere, haben sich die Laufspuren kaum merklich ausgeprägt und sich Unterschiede in der Härte nicht gezeigt. Nach den bisherigen Erfahrungen darf die zulässige Belastung dieser neuen Ringe und Kugeln 1½ mal grösser gewählt werden, als oben angegeben sind.

Bei den häufigen Prüfungen hat sich auch ergeben, dass die Kugelager hinsichtlich ihrer Reibung sehr beständig sind. Ob das Schmiermittel mehr oder minder zähflüssig ist, das beeinflusst die Reibung kaum.

II. TEIL.

Die Konstruktion der Kugellager.

15. Zur Entwicklung der Kugellager auf Grund der Stribeckschen Versuche.

Dic Arbeiten von Professor Stribeck, die mit Absicht nur mit einigen Abänderungen für den ersten Teil dieses Werkes benutzt wurden, haben offenbar den Grundstein gelegt zur systematischen Entwickelung der Kugellagerkonstruktionen.

Während man früher haltlos hin- und herschwankte, ob die zylindrische oder konische Kugellauffläche als Normalform für die Lauffläche eines Kugellagers gelten soll, war durch die Versuche Stribecks nachgewiesen, dass die gekrümmte Laufrille als Grundform für eine theoretische einwandsfreie Kugellagerkonstruktionen gelten müsse.

Zunächst weil bei der gekrümmten Laufrille eine statistisch bestimmte Spurebene besteht und die Kugel sich auch an die gekrümmte Lauffläche anschmiegt. Es ergibt sich bei der gekrümmten Lauffläche eine geringere spezifische Pressung als bei der zylindrischen Lauffläche. Neuerdings geben viele Kugellagerfabriken den gekrümmten Laufflächen bezw. den Krümmungsradien eine Form, die sich beinahe mit dem Kugellagerhalbmesser deckt.

Krümmungshalbmesser der Laufrille $= \frac{1}{2}D + 0{,}5 - 1$ mm

Natürlich gibt es auch Fabriken, welche Kugellager mit zylindrischen Laufrillen fertigen. Hierbei darf aber nur der äussere Laufring zylindrisch gehalten sein. Wollte man auch den inneren Laufring zylindrisch halten, so wäre dies falsch, weil dessen Anschmiegung an die Kugeln ohnedies geringer ist, als bei dem mit dem Innenradius laufenden Aussenring. Wo heute zylindrische Laufflächen gewählt werden, tut man dies nur in Rücksicht auf die billigere Fabrikation eines Kugellagers oder in Fällen, wo lange Wellenleitungen eine achsiale Beweglichkeit der Lagerung bedingen.

In Rücksicht auf die dauernde Betriebssicherheit werden aber Kugellager mit zylindrischer Lauffläche stets hinter den Lagern mit gekrümmten Laufflächen stehen. Immerhin wird man für manche Triebwerke mit geringen Belastungen, die ebene, kegelförmige oder zylindrische Lauffläche nicht ganz ausschalten, aber bei der Berechnung der Kugellager stets nur ein Drittel der Belastung, wie für Kugellager mit hohler Rille, als zulässige Belastung wählen dürfen. (Siehe Kapitel 14 über die zulässige spezifische Belastung.)

Aus den Versuchen von Professor Stribeck geht ferner hervor, dass das Lager aus mehreren Hilfsringen zusammengesetzt schlechter ist, als das einfache Ringlager. Am schlechtesten ist das Lager nach Fig. 5 i, bei dem die Kugeln auf mehreren Kugelflächen auflaufen.

Die Vielteiligkeit eines Maschinenelementes ist, wie überall, auch hier schädlich, ganz abgesehen davon, dass sich auch die Fabrikation eines Lagers durch Hinzutreten überflüssiger Teile verteuert.

Bei den Versuchen Stribecks ging man keinesfalls von einer Bevorzugung einer einfachen Kugellagerform aus, sondern liess nur die Resultate sprechen. Im Jahre 1898—1901 hätte man übrigens an komplizierten Bauformen weniger Anstand genommen, weil ohnedies die Kugellagerkonstruktionen der damaligen Zeit, besonders die des Fahrradbaues, wenig geklärt waren. Man war sich weder über die Wirkung einreihiger oder mehrreihiger Lager noch über die beste Form der Laufrillen klar.

Im Gegenteil, damals suchte man sich im Erfinden komplizierter Formen zu überbieten. Diese Unklarheiten liegen hinter uns, weil das Kugellager in vielen Zweigen des Maschinenbaues, insbesondere im Automobilbau, in grossem Stile zur Anwendung gelangte und sich das Unbrauchbare von selber ausscheiden musste.

Die Erfahrung hat unter anderem gelehrt, dass das Konuslager für höhere Belastungen unbrauchbar ist. Ferner, dass die Nachstellbarkeit eines Kugellagers nur einen beschränkten Wert hat. (Für starke Belastungen ist sie sogar direkt schädlich.) Das Auswechseln eines nicht nachstellbaren Ringlagers ist, nachdem es ausgelaufen ist, vorzuziehen. Ferner hat es sich herausgestellt, dass die Kugelreibung der Kugeln unter sich durch Scheidewände oder Rollkörper vermindert werden muss, was man vor Jahren nebensächlich behandelte.

Aber auch in der Fabrikation des Kugellagers sind Fortschritte zu verzeichnen, weil man heute in der Härtebehandlung und in der kalorischen Behandlung der Stahl überhaupt klar sieht. Die Härtungsgeheimnisse, die manche Betriebsleiter in ihrem Busen verschlossen hielten, haben sich bei näherer wissenschaftlicher Durchleuchtung als recht unzuverlässige Stützen erwiesen. Es gibt heute in der Härtebehandlung des Stahles keine Geheimnisse mehr, sondern wir schalten jeden Behandlungsfehler, der durch die wissenschaftliche Forschung klargestellt wurde, aus. Wir haben ferner durch den Chromstahl und Chromnickelstahl ein Edelmaterial erhalten, das weniger empfindlich in der Härtebehandlung ist, d. h. es ergibt sich bei kleinen Fehlern in der Behandlung doch ein brauchbares Arbeitsstück.

Man legt heute auch auf sorgfältig gebaute Glühöfen grossen Wert, insbesondere auf die Kontrolle der Glühtemperaturen und auf die Regenerationsperioden, die ein einzusetzendes Material nach seiner Entnahme aus dem Einsatzofen noch vor dem Eintauchen in die Härteflüssigkeit mitzumachen hat.

Endlich ist das Kugellager zum Massenartikel geworden. Eine wohl organisierte Grossfabrikation und eine Menge Spezialmaschinen geben heute die Gewähr für gleichmässige Erzeugnisse. Heute wird es sich für die meisten Betriebe kaum lohnen, die Kugellager selbst zu fertigen, da die Spezialfabriken auch Sonderausführungen zu mässigen Preisen liefern.

Wir können heute ruhig behaupten, dass sich das Kugellager zum Nebenbuhler des Gleitlagers entwickelte und vielen Maschinen eine höhere Betriebssicherheit brachte, falls es in sachgemässer Weise angewendet wurde.

Wir besitzen heute trotz der Beschränkung auf die einfache Hohlrille und auf einheitliche Bauformen dennoch eine ganze Menge Kugellagerkonstruktionen, die in ihren Einzelheiten von einander abweichen und trotz scheinbarer äusserer Gleichheit doch wesentlich verschieden wirken.

16. Allgemeines über die Arten der Kugellager.

Theoretische und auch praktische Gründe führen nun heute zur Bevorzugung der gekrümmten Laufrille, deren allgemeine Begründung im vorstehenden bereits gegeben wurde.

Professor Stribeck hat die Vorzüglichkeit der Hohlrille nur bei dem Ringlager nachgewiesen. Für das Spurlager konnten aber die Konstruktionsgrundsätze ohne weiteres übertragen werden.

Man kann heute bestimmt behaupten, dass in der Laufrillenform keine weiteren Konstruktionsverbesserungen mehr möglich sind. Alle weiteren Fortschritte werden nur darin liegen, noch bessere Stahlsorten für den Kugellagerbau ausfindig zu machen.

Die Zweipunktberührung des Kugellagers in der Hohlrille hat sich so vorzüglich bewährt (trotz der Tatsache, dass wir praktische ellipsoidische Berührungsflächen für die gedrückten Kugeln auf ihrer Unterlage haben), so dass heute diese Erfahrungen auch auf die nebensächlicheren Organe des Kugellagers, das sind die Kugelkäfige, übertragen werden.

Man darf sogar ruhig sagen, dass nachdem durch die D. W. M. F. und durch Professor Stribeck die Form des Ringlagers gegeben war, eigentlich für die Kugellagerfabriken die Kernfrage der Kugellagerkonstruktion gelöst war. Nach dieser Richtung war die Konstruktion des Kugellagers abgeschlossen und die Entwickelung der Kugellagerkonstruktion bewegte sich mehr in der Schaffung von Kugellagerkäfigen oder in Kugellagerformen, die den vorteilhaften Einbau der Lager in ihre Gehäuse oder bequeme Einfüllmethoden der Kugeln in die Laufringe betreffen.

Nachdem die D. W. M. F. ausserdem noch eine sinngemässe Normaliserung der Kugellagerabmessungen getroffen hatte, die den Hauptabmessungen der Lager eine vorzügliche Grundlage gegeben hatte, war dem Kugellager eine allgemeine Anwendung gesichert.

Neuere Belastungsversuche, die man mit Kugellagern, die einen Kugelkäfig enthalten, anstellte, werden voraussichtlich noch einen günstigeren Wirkungsgrad als im Jahre 1898—1901 geben, da Prof. Stribeck nur Ringlager mit voller Kugelzahl probierte. Es sind auch neuerdings Versuche mit neueren Kugellagerungen, die verbesserte Laufringkäfige enthalten, im Gange, über deren Resultate der Verfasser gesondert berichten wird.

Der Gedanke der systematischen Normalisierung der Ringlager ist fast soviel wert, wie die wissenschaftliche und experimentelle Grundlage, die Prof. Stribeck den Kugellagerkonstruktionen gegeben hat.*) Dank dieser verdienstvollen Vorarbeiten ist das Kugellager

*) Die D.W.M.F. Berlin, schuf als erste Firma brauchbare Kugellagernormalien, die für alle andere Firmen vorbildlich wurden.

zum normalen Maschinenelement geworden, das heute in folgenden einbaufertigen Spielarten auf den Markt gebracht wird.

1. Konuslager a) fest oder nachstellbar und einreihig (meist mit voller Kugelzahl), b) mehrreihig (meist mit voller Kugelzahl).
2. Ringlager a) für Radialdruck einreihig ohne Käfig mit voller Kugelzahl im Ringraum.
3. Ringlager für Radialdruck mehrreihig ohne Käfig mit voller Kugelanzahl im Ringraum.
4. Ringlager für Radialdruck einreihig mit Käfig und Kugeln, die den Ringraum teilweise ausfüllen.
5. Ringlager mehrreihig mit Käfig und Kugeln, die den Ringraum nur teilweise ausfüllen.
6. Spurkugellager für Achsialdruck von meist einheitlichen Bauformen.
7. Zusammengesetzte Lager, Ringlager und Spurkugellager für Radial- und Achsialdruck im übrigen nach Art 2, 3 und 4 ausgebildet.

Die Rollenlager finden absichtlich keine Erwähnung, weil sie sich durchweg schlechter als Kugellager bewährt haben. Das Schränken der Rollen, die unbestimmte Auflage auch bei exakter Stellung der Rolle infolge eigenartiger Spannungserscheinungen im Lager selbst, endlich auch die komplizierten Konstruktionen der Rollenlager sind die Gründe, warum sie heute hinter den Kugellagern stehen.

In dem folgenden Kapitel werden nun die gebräuchlichsten Bauformen aller ausgeführten Kugellager beschrieben und zwar mehr in entwickelungsgeschichtlicher Reihenfolge. Von der Aufzählung aller jeweils erfundenen Konstruktionen hat der Verfasser abgesehen, denn eine Patentschau zu geben, hat mehr für den Kugellagerfabrikanten Interesse.

Die Ausführungen sind mehr auf den Grundton gestimmt, eine elementare Übersicht über brauchbare Bauformen zu geben und dem Konstrukteur, der eine Maschine auf Kugellager lagern will, eine Anleitung über den sachgemässen Einbau zu geben.

17. Konuslager.

Diese werden bei Fahrrädern angewendet oder bei Kugellagerungen, wo keine hohen Anforderungen an das genaue Rundlaufen gestellt werden. Ein kleiner Zimmerventilator kann ganz gut, wie die spätere Abbildung nach Fig. 6 zeigt, mit Konuslagern ausgerüstet werden. Die Laufstellen für die Kugeln sind ausnahmslos gehärtet und geschliffen. In vielen Fahrradfabriken wird aber die

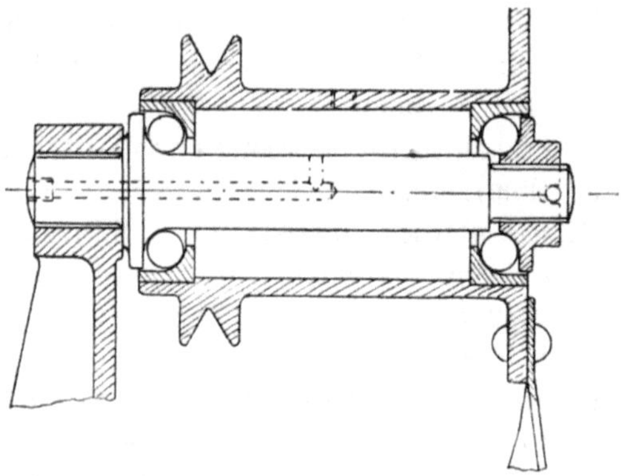

Laufrille nicht auf der Maschine rund geschliffen, sondern nur die Zunderschicht durch Schmirgelleinwand oder Schmirgelhölzer ent-

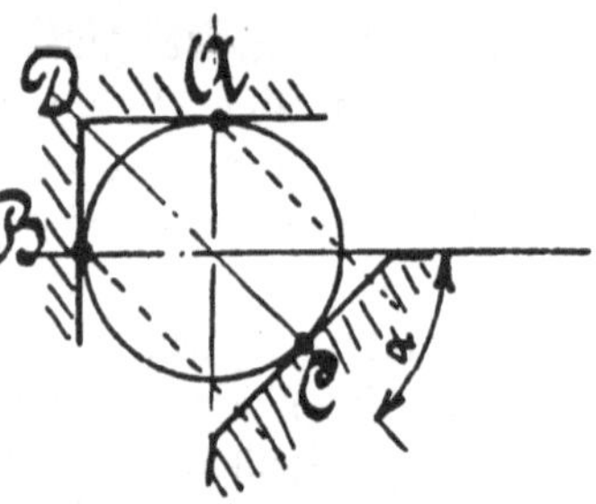

fernt. Die Laufrillen der Konuslager werden nach den Fig. 7, 8 und 9 ausgestaltet. Bei den doppelseitig profilierten Lagerschalen sind

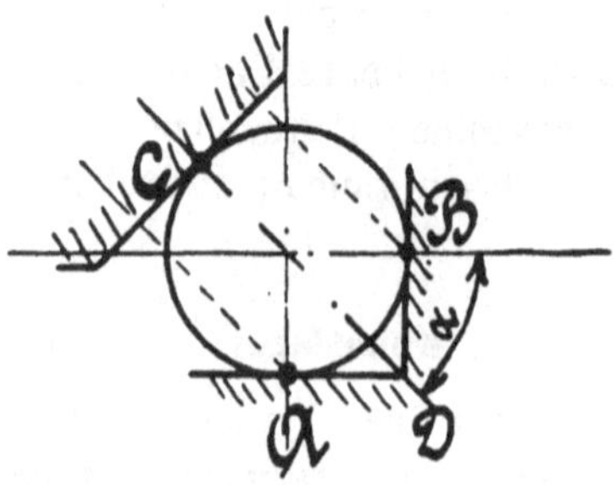

die Neigungswinkel der Konusse so zu wählen, dass die Senkrechte C nach Fig. 7 und 8 den von den Dreieckseiten eingeschlossenen

Winkel ABD halbiert. Die Ausbildung nach Fig. 7 und 8 ist wohl zulässig, aber je nach der Belastung rollen die Kugeln doch nur auf einem Kreise A oder B ab, während sie auf dem zweiten Berührungskreise schleifen werden. Richtig ist nur die Ausbildung der Rillen nach Fig. 9. Hier haben wir die stets richtig abrollende Zwei-

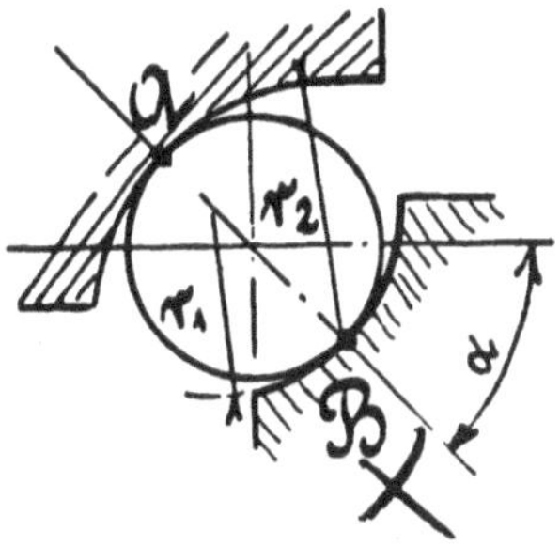

punktberührung auf den zwei bestimmten Laufkreisen A und B. Die Bestimmung des Laufkreises geschieht nach der Formel für die Benehmen ist. (Siehe Fig. 10.)

R = Radius des umschriebenen Kreises.
n = Anzahl der Kugeln.
a = Durchmesser der Kugeln.
b = Spiel zwischen den Kugeln.

$$U = n \cdot a$$
$$U = 2\,nR \sin \frac{\pi}{n}$$
$$D_k = \frac{a}{\sin \frac{180^0}{2n}} + n \cdot b$$

Zur Berechnung der Kugeldrücke im Konuslager ist anzufügen, dass sich sowohl Radialdrücke als auch Achsialdrücke in zwei Komponenten zerlegen.

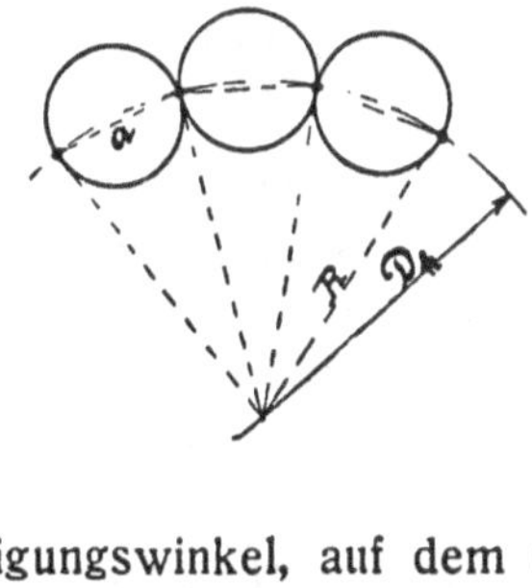

Beträgt der Neigungswinkel, auf dem die Kugelradien r der Fig. 13 liegen = α, so ist, wenn P als Radialdruck wirkt, der wirkliche Druck Pcon, der auf die Konusrille wirkt.

$$P\,\text{con} = \frac{P}{\sin \alpha}$$

Die achsiale Druckkomponente ist, wenn α grösser als 45° ist, kleiner als Pcon.

$$P(\text{achsial}) = \frac{P}{\operatorname{tg}\alpha}$$

Die maximale Einzelbelastung der Kugeln des Konuskugellagers berechnet sich demnach:

$$P_0 = \overset{10}{\frac{P\,\text{con}}{2}} \quad \overset{15}{\frac{P\,\text{con}}{3}} \quad \overset{20}{\frac{P\,\text{con}}{4}}$$

Vergl. Gleichung 12 nach Kapitel „Die Reibungsarbeit des Kugellagers".

Die Erfahrung hat ergeben, dass das Kugellager desto ruhiger läuft, je weniger Spiel man zwischen den Kugeln zulässt. Ein Mindestspielraum von ca. 0,1—0,2 mm zwischen jeder Kugel lässt sich für ein Kugellager (wenn wir Ausführungsfehler berücksichtigen) noch durchführen. Eine weitere Erfahrungstatsache ist die, dass grosse Kugeln bei gleichem Laufkreisdurchmesser weniger Reibung verursachen, als eine grosse Anzahl kleinerer Kugeln. Man hat z. B. vor Jahren bei Tretkurbellagern der Fahrräder ¼" Kugeln genommen und geht heute bis auf ⅜" Engl. Die Kugeln werden leider alle nach Zollmassen gefertigt. Millimeterkugeln sind fast nicht gebräuchlich.

Ganz leichte Kugellager für Fahrräder werden mit Kugeln ausgerüstet, die einen Durchmesser von ⅛"—⅜" haben.

⅛"—3/16" für Pedalachsenlager,
5/16"—⅜" für Nabenlager,
⅜"—½" für Tretkurbellager.

Im Automobilbau sind die Bedürfnisse mannigfaltiger. Hier kommen Kugeln zwischen ¼"—¾" vor. Für den Maschinenbau sind Kugeln von 2" Durchmesser wohl die oberste Grenze. Grössere Kugeln machen im Härten Schwierigkeiten. Es gibt viel Ausschuss infolge von Härterissen usw. In Fig. 11, 12, 13, 17, 18, 19, 20, 21, 22 sind nun die verschiedenen Konuslager, wie sie der Fahrradbau und die feinmechanischen Werkstätten verwenden, abgebildet. Bei den Konuslagern sind die Kugellaufrillen so auszubilden, dass der Abrundungshalbmesser auf einer Richtungslinie A—B Fig. 9 und 12 liegt. Der Winkel α, unter welchem diese Richtungslinie zu der Achse liegen soll, richtet sich nach der Art der Belastung. In der Regel ist = 45°. Überwiegt aber die Achsialbelastung und ist P 1 grösser als P, so empfiehlt es sich = 30°—35° zu machen. (Siehe Fig. 13.) Es empfiehlt sich, den Abrundungshalbmesser des Konusses kleiner zu halten, als den des Kugeltellers.

Man macht vorteilhaft $r = \frac{D}{2} + \frac{D}{5}$ für den Conus

$r = \frac{D}{2} + \frac{2}{3} D$ für den Teller.

Jedes Kugellager verschleisst mit der Zeit. Es laufen die Rillen nach Fig. 14 oder 15 ein. Hier führen dann die Kanten aa_1, bb_1, nach

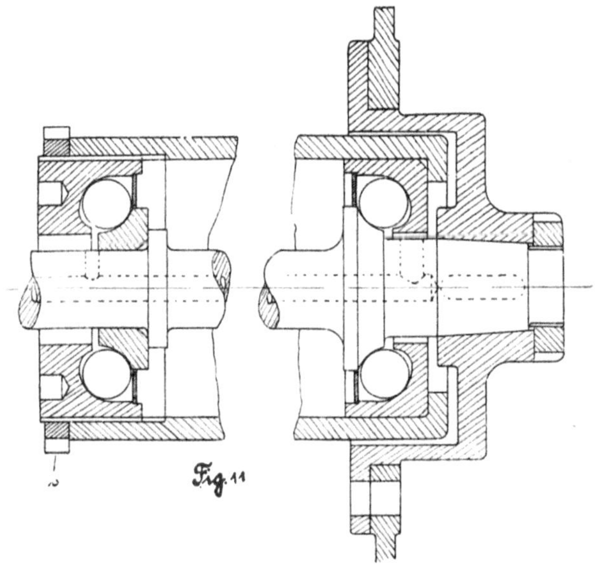

Fig. 11

Fig. 15, oder aa_1, bb_1, cc_1, nach Fig. 14, leicht einen Kugelbruch herbei. Diese Kanten sind um so spitzer und gefährlicher, je mehr sich die

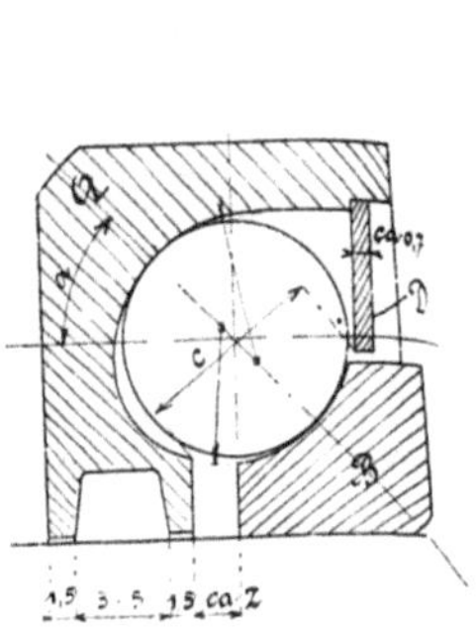

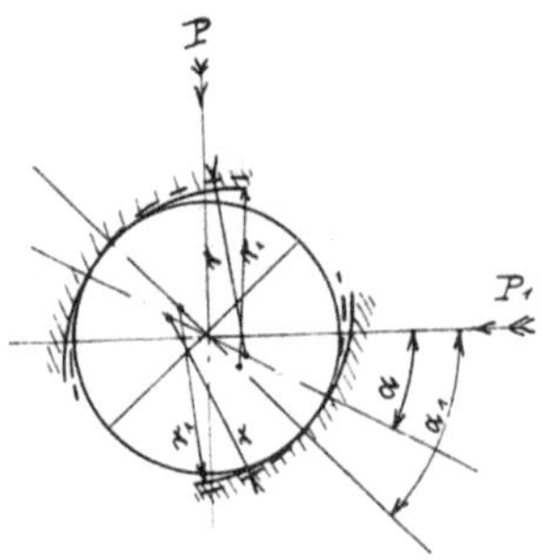

Laufrille der Geraden nähert; sie sind um so stampler und ungefährlicher, je kleiner der Laufrillenradius ist. (Siehe Fig. 15.) Dieses

ist der Hauptgrund, warum man die geraden Laufflächen bei Kugel läufen vermeidet. Verschärft wird die Bruchgefahr, wenn auch di

Kugeln noch unrund geworden sind. Es ist deshalb bei allen Kugel lagern ohne Ausnahme erwünscht, dass die Kugel auch in der Quer ebene zur Laufrille fortwährend ihre Lage verändert. Ein Nachtei der Konuslager ist, dass bei dem Verschleissen der Lager die Well ihre Lage verändert. (Siehe Fig. 16.) Ein Konuslager muss deshal

immer zeitig nachgestellt werden. Dieses Nachstellen erfolgt durc Gewindekonen oder Gewindeteller und in der Regel nur auf eine Seite. (Siehe Fig. 11 und 17.) Diese Gewinde haben den Nachteil

Fig. 19.

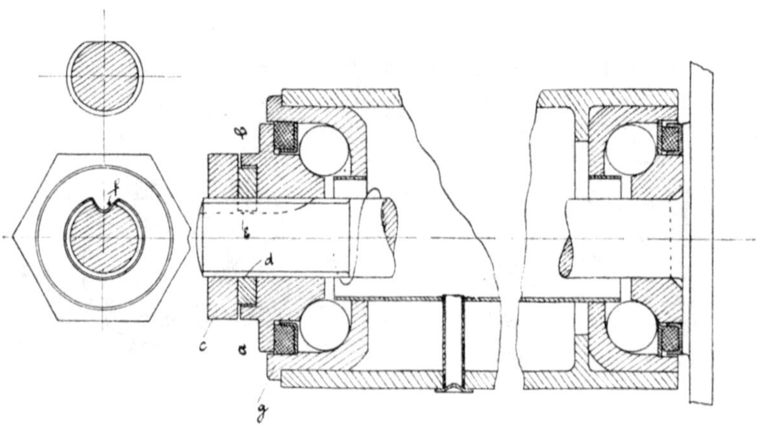

dass die Konen oder Teller nie zentrisch laufen und dadurch die Ab wälzung der Kugeln keine genaue ist. Bei grösseren Kräften komm es zuweilen vor, dass sich die Konen oder Teller trotz der Gegenmutter c nach Fig. 11 und 17 lösen. Ist die Gewindeart unrichtig gewählt, so kann sich das Konuslager von selbst festschrauben. In Fig. 17 ist bei der für die Welle durch Pfeil angegebenen Drehrichtung ein linkes Konusgewinde zu wählen. Ferner ist es unerlässlich, eine besondere Sperrscheibe d zu geben, damit sich der einmal eingestellte Konus nicht beim Anziehen der Gegenmutter verstellt. Die Form dieser Sperrscheibe nach Fig. 18 ist rationeller als die nach Fig. 19, weil durch die Nase f weniger Gewinde von der Welle weggenommen wird und der Konus besser auf der Achse sitzt, als bei der Abflachung nach Fig. 19.

Damit die Kugeln nicht herausfallen, sind bei jedem Kugellager Haltevorrichtungen oder Haltekäfige zu machen. Deshalb wird in die Kugelschalen ein Halteblech d, Fig. 12, eingebracht, das so dimensioniert wird, dass die einzelnen Kugeln nicht herausfallen können. Die Entfernung c wird kleiner gehalten als der Kugeldurchmesser. Diese Haltescheiben sind meistens aus Blech. Sie werden mit Spannung eingepresst; gleichzeitig dienen sie als Staubschutz und Ölhaltung. (Siehe auch Fig. 17.) Der Ölbedarf eines Kugellagers ist gering. Die Schmiermittel dringen in die Lücken, und es erfolgt von da aus immer eine Benetzung der Laufrinnen und Kugeln durch zulaufendes Fett oder Öl. Bei feststehenden Wellen und umlaufenden Naben ist die Ölzuführung durch den Nabenkörper oft unmöglich, weil die zentrifugalen Kräfte das Öl wieder abschleudern. Man bohrt deshalb Öllöcher in die Wellen und ölt zentral. Ist das Kugellager mangelhaft abgedichtet und dringt Staub in die Lücken, so bildet sich dort mit Öl zusammen ein Schmirgelbrei, der das Kugellager rascher zerstört, als ein Gleitlager, das wegen der genauen Passung zwischen Welle und Lagerschale stets nur eine Ringfuge darbietet. Es ist deshalb der Umkapselung eines Kugellagers stets eine grosse Sorgfalt zuzuwenden. Wie die Fig. 17 zeigt, gibt man Filzringe g zwischen Konus und Haltescheibe, die mit leichter Pressung auf den Konusflächen schleifen dürfen. Die Filzpackung verschleisst und muss dieselbe von Zeit zu Zeit erneuert werden. Die Staubkörperchen werden vielfach dadurch von den Laufrinnen ferngehalten, indem man Labyrinthwege schafft. (Siehe Fig. 12.) Man gibt der Schmierung mittels dünnflüssigem Öl den Vorzug vor dem Fett, weil das Fett den Staub in sich aufnimmt (durch Adhäsion), und es dem Ausspülen des Lagers mittels Petroleum grösseren Widerstand entgegensetzt als die flüssigen Schmiermittel. Hier findet bei der Zuführung neuen Schmieröles stets ein gewisser natürlicher Spülvorgang statt, bei dem schwere Staubkörper sich an irgend einem tiefsten Punkt niedersetzen. Die Labyrinthdichtung nach Fig. 12 ist im Automobilbau sehr verbreitet. Auf sie wird später etwas näher eingegangen.

Meist ist aus Härterücksichten der Lagerkonus besonders angefertigt und auf die Welle gesetzt. Nur wo die Maschinenglieder klein sein müssen (siehe Fig. 6) wird die Welle direkt mit einem Kugellauf ausgebildet. Für die Kugelteller und Konen wird meist eine gute Gusstahlsorte von ca. 80 kg Festigkeit und 15—20 Prozent Dehnung verwendet. Die Kugelteller werden oft aus Gussstahlblech gepresst. Bei den Konen dürfen keine dünnen scheibenartige Fortsätze bestehen, da solche beim Härten springen. Die Konen und Lagerschalen werden, falls sie dünne Ränder enthalten, meist nur örtlich an der Laufrinne gehärtet, um neben dem Springen auch das Verziehen einzuschränken, dass bei der Abkühlung des ganzen Teiles entstände. Es ist erforderlich, dass das Material auch hohe Druckfestigkeit aufweist. Konusachsen, welche aus Ersparnisrücksichten oft aus Einsatzmaterial gefertigt werden, sind nur für geringe Belastung zulässig. Bei einer grösseren Kugelbelastung drückt die Kugel die Härteschicht in das weiche Materialunterbett ein. Dabei zerspringt gewöhnlich die harte, 0,5—1 mm dicke Einsatzhaut. Gewöhnlich werden alle Konen und Kugelteller gelb angelassen. Glasharte Kugellaufrinnen sind nicht zu empfehlen, da sie bei Überlastung gerne ausspringen.

18. Die mehrreihigen Konuslager und das Aeoluslager.

Die mehrreihigen Kugellager haben sich nicht gut bewährt, weil es der Werkstatt fast unmöglich ist, Lager zu fertigen, bei denen zwei Reihen zugleich tragen. Die beiden Arten nach Fig. 20 und 21 taugen gar nichts. Höchstens die Art nach Fig. 22, wie sie Fichtel & Sachs vor einigen Jahren baute, lässt sich ausführen; obwohl auch hier der Gewinde tragende Kugelteller keinen guten Kugellauf garantiert. Das Aeoluslager nach Fig. 23, 23a und 23b bildet eigentlich den Übergang zu den modernen Ringlagern. In dieser Figur sind zwei Ausführungsformen gezeigt. Einmal werden die äusseren Kugelteller durch Klemmung gegen Aufdrehen gesichert (siehe die eine Hälfte der Fig. 23a), das andere Mal dient ein Stellzahn b zur Sicherung gegen Aufdrehen. Diese Lager werden noch bei Dreirädern verwendet. Der Konus a wird nur mittels eines konischen Stiftes auf der Welle befestigt. Die zwei Lagerteller c müssen denselben Neigungswinkel der Rille haben, als der Konus. Ein Teller c_1 liegt ge-

Fig. 20

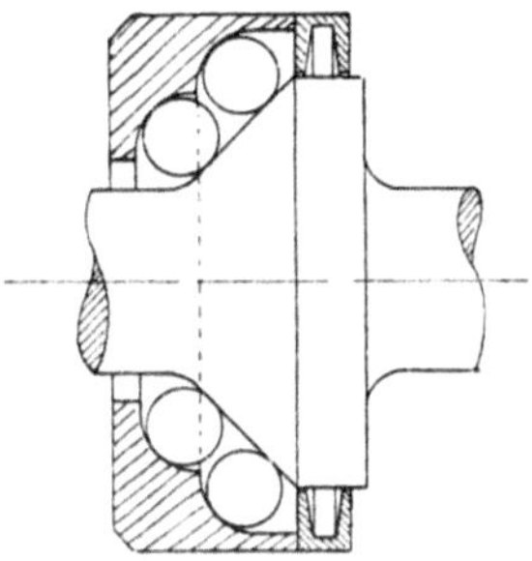

Fig. 21

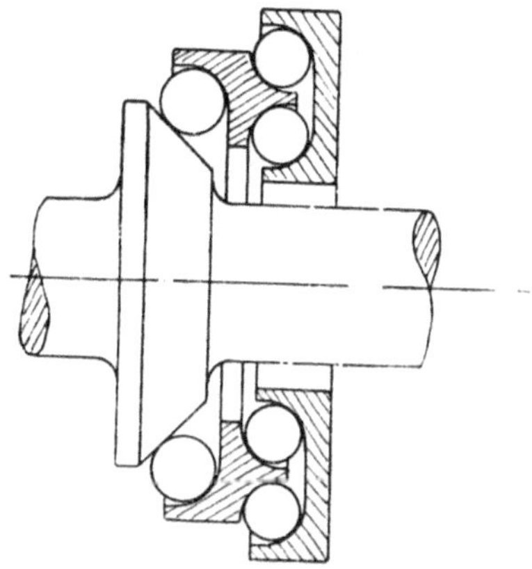

wöhnlich fest an dem Kugellagergehäuse an. Der andere Teller c ist nachstellbar. Das Auge d dient zur Haltung des ganzen Lagers.

Fig. 22

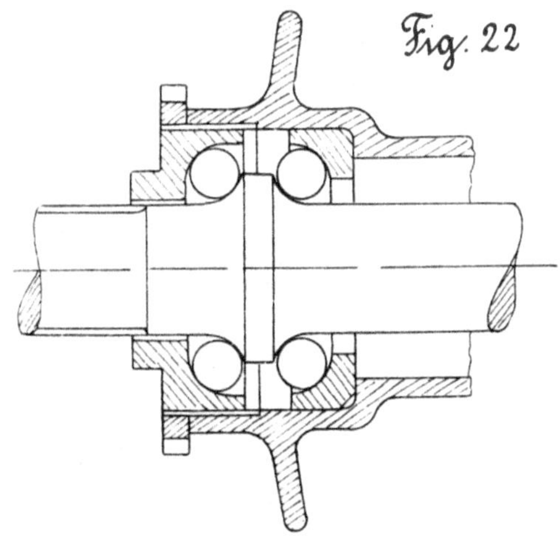

Man kommt immer mehr von diesen verstellbaren Lagern ab, weil alle Gewinde tragenden Kugellagerschalen nicht zentrisch sitzen, und man auch die Teilzahl des Kugellagers möglichst beschränken will. Dann gibt man auch durch die Verstellbarkeit dem Unachtsamen die Möglichkeit in die Hand, ein Kugellager zu verderben.

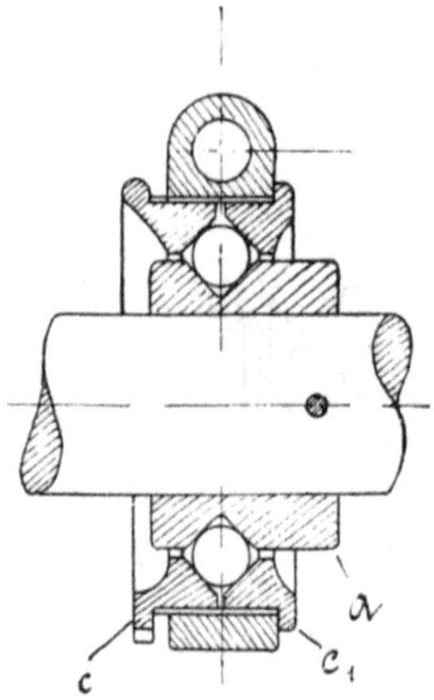

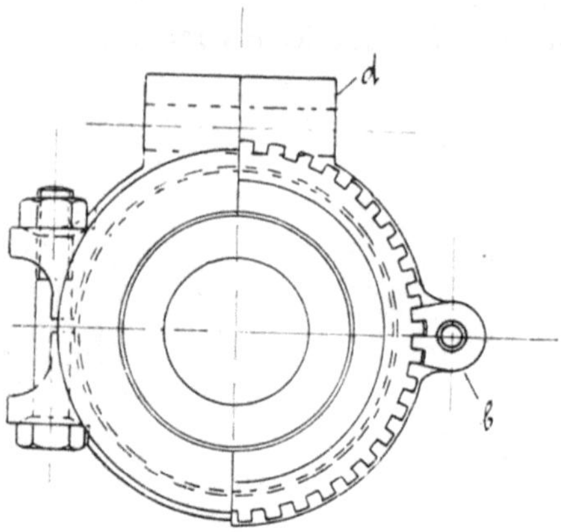

19. Die Konstruktion des Ringlagers und die Entwicklung desselben.

Die Entwicklung des Ringlagers charakterisiert sich dadurch, dass sich die Zweipunktberührung durchsetzte und das moderne Ringlager nur 4 Hauptteile: Kugeln, äusserer Ring, innerer Ring und eine Kugelhaltung (Kugelkäfig oder seltener Distanzstücke) enthält.

Die einfachste Form eines Ringkugellagers wäre wohl die nach Fig. 26. Hier laufen die Kugeln direkt auf der Welle a und in einem

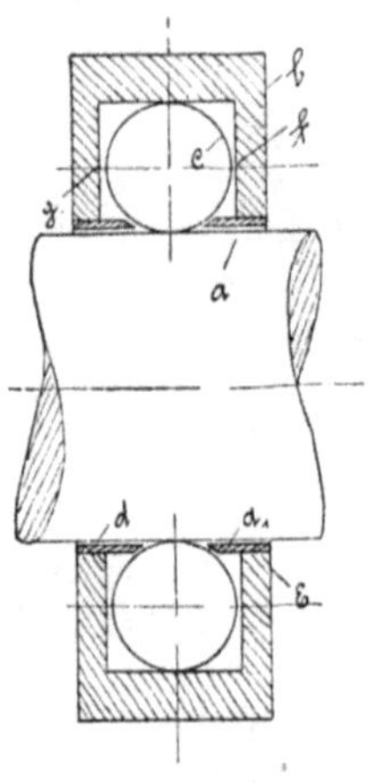

Fig 26.

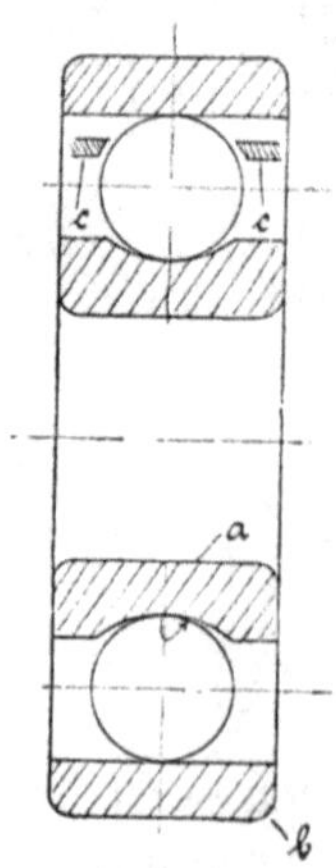

Fig. 27

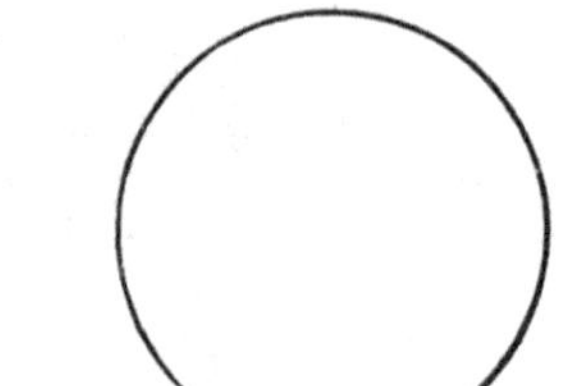

Fig. 28.

äusseren Ringe b, der eine Nute gr zur Aufnahme der Kugeln c enthält. Zwei Rohrstücke dd werden in die Bohrung e eingepresst und halten die Kugeln zusammen, falls die Welle entfernt würde. Der Ring b lässt sich aber nicht ausschleifen; wenigstens nicht ohne komplizierte Sondervorrichtungen. Ferner ist ein richtiges Abrollen der Kugeln dann nicht möglich, wenn dieselben infolge achsialer Drücke bei f oder g zur Anlage kämen und dort schleifen müssten. Die Welle müsste hart sein; aber eine örtlich gehärtete Stelle an einer Welle lässt sich praktisch schlecht durchführen, wesshalb man das Laufringsystem als ein für sich abgeschlossenes Konstruktionselement behandelt und auch einen besonderen inneren Laufring a nach Fig. 27 gibt, der heute ausnahmslos eine ausgedrehte Laufrille enthält, wodurch die Spurebene der Kugellagerung bestimmt ist. Man fertigt den äusseren Laufring oft ohne Laufrille (siehe Fig. 27) an. Diese Methode ergiebt Montagevorurteile, weil der äussere Laufring b direkt über die Kugeln geschoben werden kann; eine besondere Vorrichtung zum Zusammenhalten der Kugeln, die an Stelle c schematisch angedeutet wurde, ist aber erforderlich. Die Laufringe b mit zylindrischer Laufrille haben offenbar Fabrikationsvorteile; sie werden von Norma & Co. in Cannstatt ausgeführt. Für die Aufnahme von Achsialdrücken sind sie aber nicht geeignet. Ausserdem läuft sich die zylindrische Laufläche selbst bei bestem Material und bei der besten Härtung schneller ein als die gekrümmte Laufrille. Wir haben hier ebenfalls mit dem Missstand zu rechnen, dass nach eingetretenem Verschleiss spitzere Kanten auf die Kugeln auftreffen, als bei der gekrümmten Laufrille (siehe Fig. 28), welcher Missstand sich mit den früher gemachten Betrachtungen über Konuslagerrillen nach Fig. 14 und 15 deckt. Die zylindrischen Laufflächen haben nur für vielreihige Ringlager nach Fig. 30 Vorteile, weil dort das genaue Zusammen-

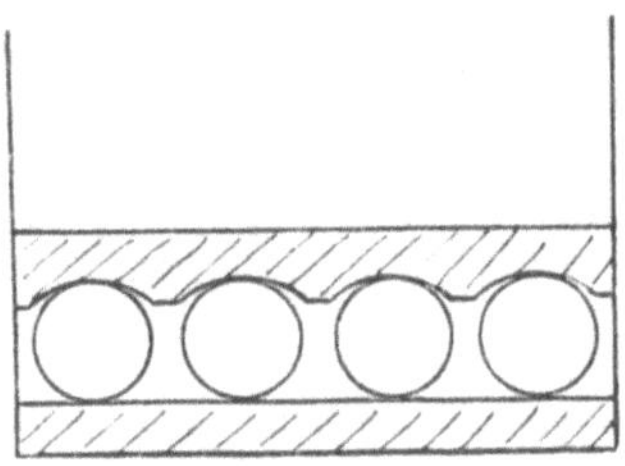

Fig. 30.

passen der Rillenkrümmungen der äusseren Laufringe zu denen der inneren praktische Schwierigkeiten in der Fabrikation verursacht.

Sind aber die Laufrillen der beiden Laufringe gekrümmt, so müssen besondere Vorrichtungen zum Einfüllen der Kugeln geschaffen werden. Naheliegend war, das Ringlager zweiteilig zu gestalten, wie dies fast bei allen Gleitlagern der Fall ist. Die Stossfugen bei einer Lagerteilung nach Fig. 31 und 32 üben aber bei Kugellagern eine gänz-

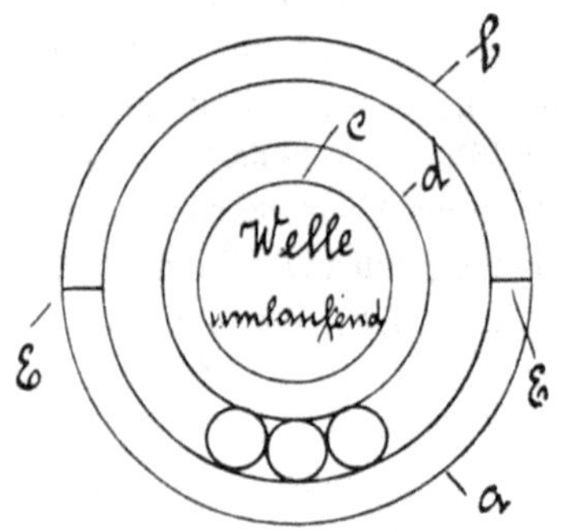

Fig 31.

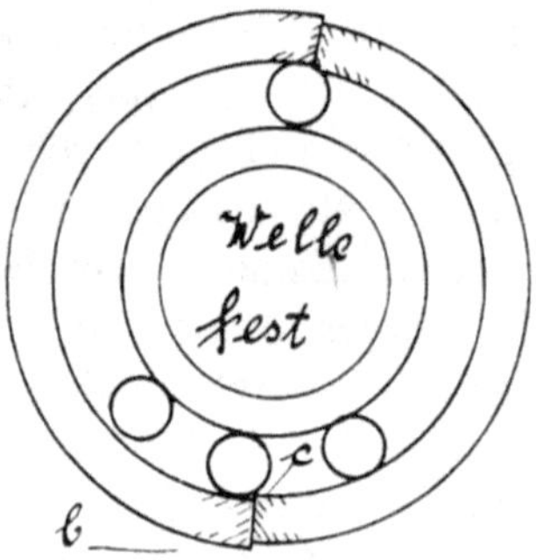

Fig. 32.

lich andere Wirkung aus. Hier wird die Kugel, ähnlich wie bei den Eisenbahnrädern das eine Ringende b, Fig. 32, zuerst niederdrücken, um dann erst auf den vorstehenden Absatz c des weniger belasteten Ringendes hinaufzuhüpfen. Dieses hauptsächlich dann, wenn der geteilte Laufring umläuft, und die Stossstelle zweimal die maximal belastete Stelle passieren muss. Eine Teilung des einen Laufringes kommt nur dann in Frage, wenn die Welle umläuft und die Teilfuge in die am schwächsten belastete Ringzone gelegt wird, wie dies in Fig. 31 gezeigt ist. Dort stehen die Laufringhälften a und b fest; die Welle c samt dem inneren Laufring d rotiert. Die Teilung ist in die unbelastete Ringzone e verlegt. Man vermeidet aber grundsätzlich geteilte Kugellager, weil das Schleifen nur mittels Sondervorrichtungen möglich ist und ein geringer achsialer Versatz der beiden Ringhälften gegeneinander bei gekrümmten Laufrillen schädlich wirkt. Dieser muss durch besondere Befestigungseinrichtungen verhindert werden. Eine andere naheliegende Art, die Kugel bequem einzuführen, ist eine Teilung des äussersten.Laufringes nach Fig. 33, die sich an die Konstruktion des Aeoluslager anlehnt. Die beiden äussersten Laufringhälften a und b müssen durch Muttern oder auch durch das Gehäuse selbst zusammengedrückt werden. Es liegen mehrere dünne Metallscheiben c zwischen den Laufringen. Durch Herausnehmen einer Scheibe ist eine rohe Nachstellung möglich. Die Konstruktion unterscheidet sich nur dadurch wesentlich von dem Aeoluslager, dass die Laufringshälften a und b keine Gewinde besitzen und infolge ihrer genau kalibierbaren Abmessungen gut zentrieren. Eine praktische

Bedeutung erlangte diese Konstruktion infolge ihrer Vielteiligkeit ebenfalls nicht. Sie gilt, wie das geteilte Lager nach Fig. 31, nur als Sonderkonstruktion. Nun gibt es wohl noch ein elegantes Mittel, die

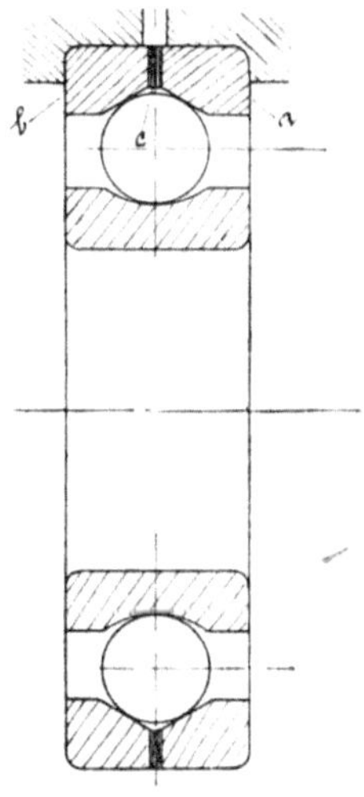

Fig. 33.

Kugeln einzufüllen, ohne die Laufringe zu teilen, und zwar dadurch, dass man den äusseren Laufring sphärisch gestaltet (siehe Fig. 34).

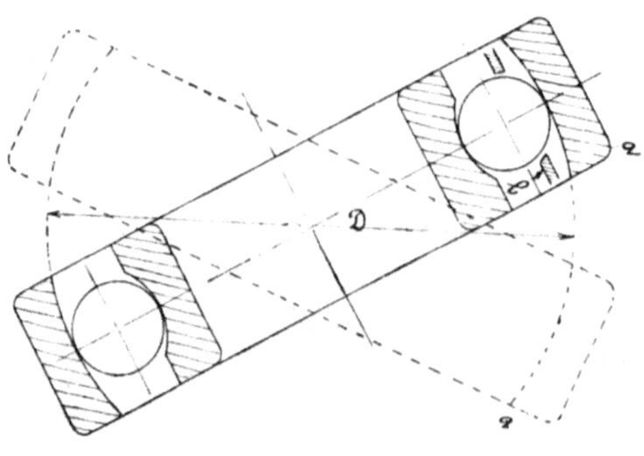

Fig. 34.

Durch entsprechendes Verdrehen des äusseren Laufringes a lassen sich hier die Kugeln einfüllen. Die Kugeln müssen dabei durch eine schematisch angedeutete Vorrichtung b zusammengehalten werden. Die kugelige Laufrille ist aber nicht leicht ausführbar. Ausserdem ist die Krümmung der Laufrille bei grossen Kugellagern zu gering. Die Krümmung soll stets in einem bestimmten Verhältnis zum Kugeldurchmeser stehen; während bei sphärischen Ringen die Krümmung durch den lichten Durchmesser des äusseren Laufringes bestimmt ist. Auch diese Konstruktion vermochte sich trotz ihrer offenbaren Einfachheit nicht durchzusetzen. Interessant ist die Entwickelung der Kugellager der Deutschen Waffen- und Munitionsfabriken aus dem Jahre 1901—1903. Die Kugellager des Jahres 1901—03 kennzeichnen sich dadurch, dass zur Einbringung der Kugeln eine Einfüllöffnung in dem inneren oder äusseren Laufring angebracht wurde. Diese Einfüllöffnung wurde durch ein Füllstück a nach Fig. 35 verschlossen. Das Füllstück wurde durch eine Schraube b festgehalten (D. R. P. No. 110 908). Eine zweite Art Einfallöffnung nach Fig. 36 und 37

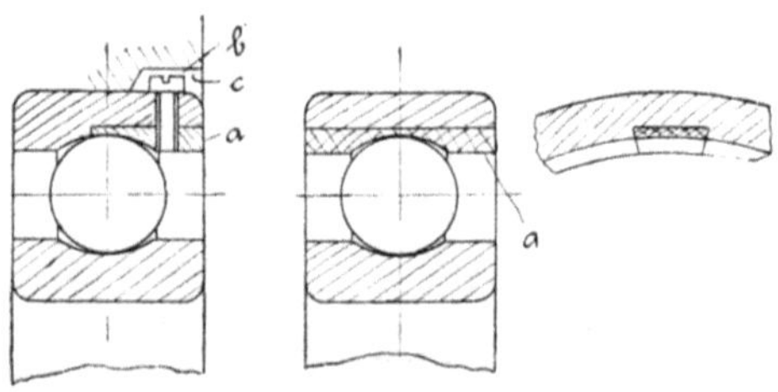

Fig. 35. Fig. 36. Fig. 37.

mittels des durchgehenden Füllstuskes a, das schwalbenschwanzartig in dem Laufring sass (D. R. P. No. 148 683), wurde nicht fabrikationsmässig ausgeführt. Die Füllöffnungen verschwächten offenbar den Ring. Es mussten diese Öffnungen stets an eine drucklose Stelle gelegt werden. Stand die Welle fest, so war das Füllstück an dem inneren Laufring anzubringen. Lief die Welle um, so musste der äussere Laufring das Füllstück erhalten. Der vorspringende Schraubenkopf c war in eine entsprechende Nute des Gehäuses oder der Welle eingelassen und sicherte das Laufringsystem gegen Drehen. Das schieberartige Füllstück a nach Fig. 36 kam deshalb nicht zur Anwendung, weil die durchgehende Nute den Laufring noch mehr geschwächt hätte, als das einseitige Füllstück nach Fig. 35. Diese Verschwächung war nicht allein unkonstruktiv, sondern brachte auch Härteschwierigkeiten, weil sich jeder Ring an der geschwächten Stelle ausbog; ein Nachteil, der allen ausgenommenen Ringen gern anhaftet. Die nächste Veränderung des Ringlagers der D. W. M. F. bestand darin, Verschwächungen des Ringes überhaupt zu vermeiden und die Kugel nach den Fig. 38, 39, 40, 41, 42 und 43 einzubringen. Diese Art bestand darin, dass der äussere Ring in Fig. 38 bis zum halben Umfang mit Kugeln ausgefüllt wurde. Der innere Ring wurde excentrisch eingeschoben. Hierauf wurden die Kugeln im ganzen Umfange verteilt (siehe Fig. 39). Die Räume zwischen den Kugeln

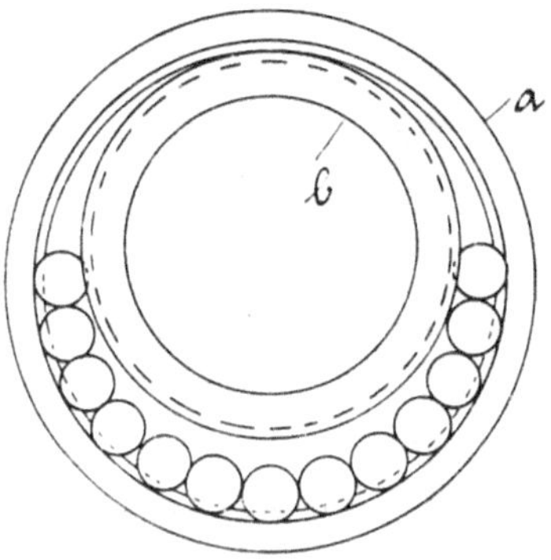

Fig. 38.

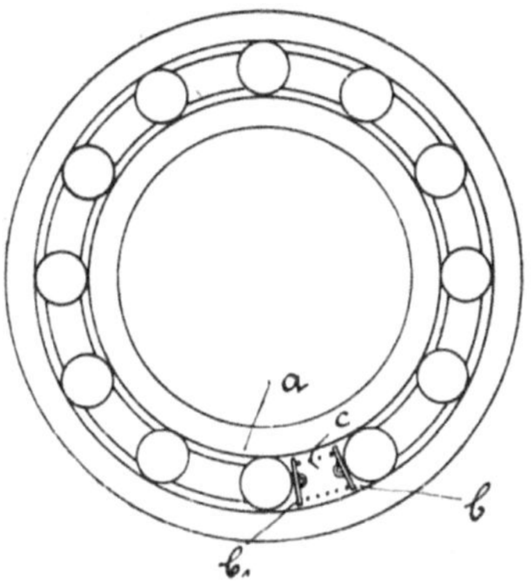

Fig. 39.

wurden durch besondere Distanzfedern c ausgefüllt. Die Federenden waren in Ösen (siehe Fig. 42) eingehängt. Um aber auch die Blechplatten, die fast so gross wie die Kugeln sind, einbringen zu

Fig. 40.

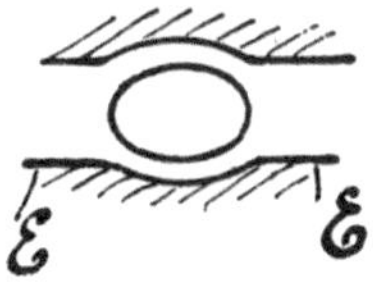

Fig. 41.

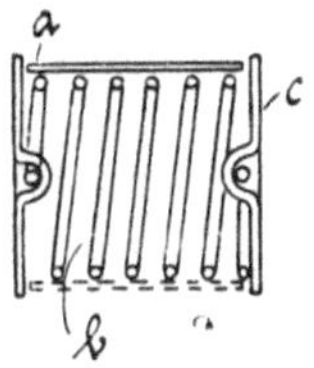

Fig. 42.

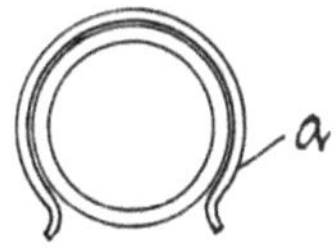

Fig. 43.

können, wurden dieselben schief verdreht nach Figg. 40 und 41. und die Feder etwas zusammengepresst. Die Platten gingen dann über die Rillenschulter e der Laufringe hinweg und sprangen nach dem Einbringen in den Laufrillenraum wieder in die normale Stellung der Fig. 39 zurück. Es kam aber oft vor, dass sich die Platten infolge der drehenden Einwirkung der Kugeln etwas schräg legten. Um die Platten in der Geraden zu halten, gab man ein Distanzstück a nach Fig. 42 und 43 (D. R. P. No. 176 898). Dieses klammerartige Stück wurde federnd über die Feder b gehoben, nachdem die Feder b samt Platten c nach Fig. 42 zwischen den Kugeln sass. Diese starre Distanzstücke hatten noch den Vorzug, dass sich die Federn nicht mehr zusammendrückten, was ebenfalls oft vorkam. Infolge der unvermeidlichen ungleichartigen Belastung der Kugeln, eilt die eine Kugel der anderen etwas voraus, weshalb sich die Zwischenräume fortwährend verändern. Kam noch ein Schrägstellen der Platten dazu, so legte sich oft die Platte wie ein Sperrkeil zwischen Kugel und Laufrille. Ein vollständiges Zerfallen des Kugellagers war die Folge. Das starre Distanzstück beseitigte nun diesen Mangel. Im Übrigen hatten aber die Zwischenfedern, die im Innern mit Filz ausgefüllt waren, den Vorteil, dass sie ein gewisses Quantum Schmiermaterial im Innern aufnahmen und dadurch das Kugellager fortwährend schmierten. Brach eine Kugel, so wirkte die Platte bb in Fig. 39 als Bahnräumer. Infolge der federnden Zwischenstücke schloss sich die Lücke von selbst. Aber das dauernd federnde Anliegen der Zwischenstücke verhinderte das regelmässige Abrollen der entlasteten Kugeln. Bei diesen trat ein teilweises Schleifen ein. Neuerdings baut die D. W. M. F. auch Kugellager mit festen Käfigen (D. R. P. No. 168 499 und 16 371), wie sie später näher beschrieben werden. Durch ein neueres Verfahren (D. R. P. No. 184 024 und 184 025) bringt die D. W. M. F. auch mehr Kugeln ein. Sie erwärmt den äusseren Laufring und kühlt den inneren Laufring ab. Ausserdem weitet sie nach den federnden äusseren Laufring durch einen inneren Anpressungsdruck auf und bringt mehr Kugeln als bis zur Hälfte des Umfanges unter. Nun verursachen aber auch die Kugeln, die den ganzen Ringraum unter sich einfüllen, untereinander Reibung. Die Beseitigung dieses Missstandes erfolgt teilweise durch die Anordnung kleinerer Zwischenkugeln aa_1 nach Fig. 44 zwischen den eigentlichen

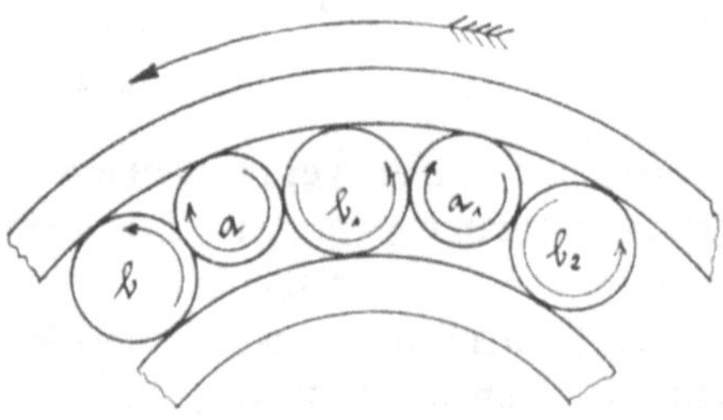

Fig. 44.

Tragkugeln bb_1b_2. Aus der Pfeilrichtung der Zwischenkugeln sieht man aber, dass diese Zwischenkugeln zum Laufring noch eine gegenläufige Bewegung machen. Die Kugellager rollen also noch nicht vollständig ab. Es müssen auch noch Einfüllöffnungen für die Zwischenkugeln geschaffen werden, da dieselben nur wenig kleiner sein dürfen, als die eigentlichen Tragkugeln. Dieser Weg zur

Schaffung eines reibungslosen Kugellagers ist zwar im Prinzip richtig, weil man alle Unterorgane auf der Basis der rollenden Reibung weiter ausbildet. Fichtel & Sachs nehmen in ihrem Patent (D. R. P. No. 165 460) statt Zwischenkugeln nun Zwischenrollen nach Figg. 45

Fig. 45.

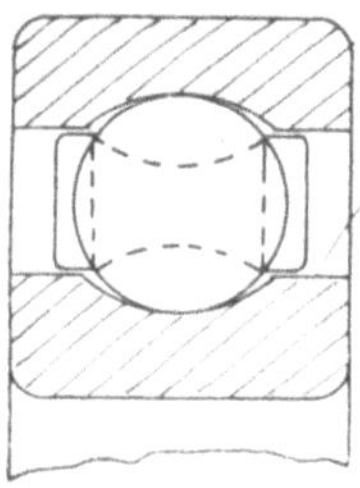

Fig. 46.

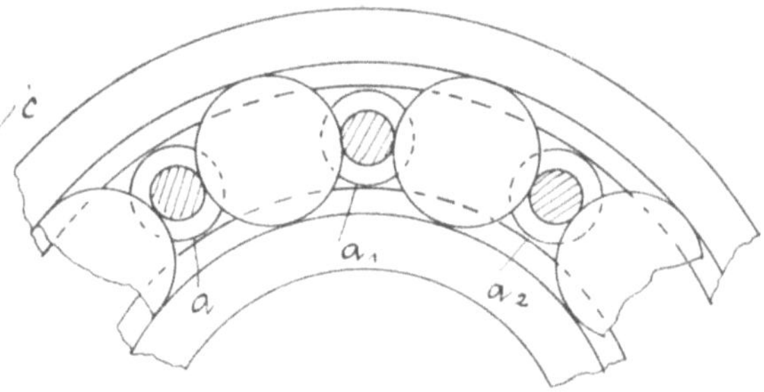

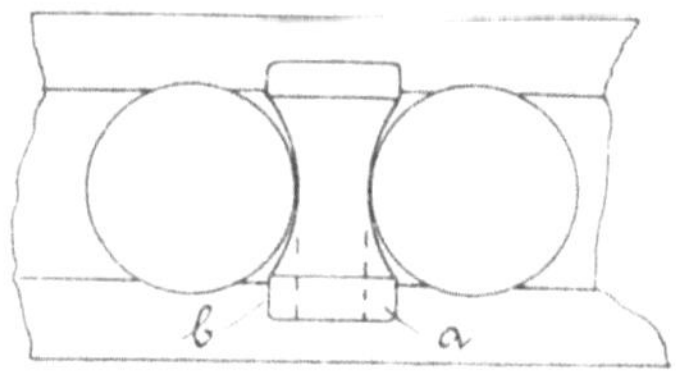

Fig. 47.

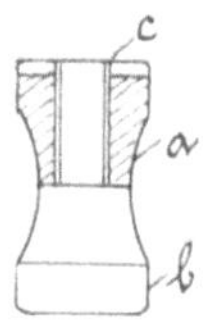

Fig. 48.

und 47. Man legt je eine Rolle aa zwischen eine Tragkugel und nimmt die letzte Rolle a nach Fig. 47 an Stelle a und b aus, um sie einführen zu können. Diese Rollen laufen auf den Rillenschultern c der Fig. 45. Die letzte Rolle nach Fig. 47 könnte aber noch herausfallen. Um dieses zu verhindern, wird sie nach einem zweiten Patent (D. R .P. No. 165 381) nach Fig. 48 ausgebildet. Hier setzt sich die Rolle aus dem Bolzen b und der Mutter a zusammen. Durch einen Körnerschlag an Stelle c sichert man die Mutter gegen Aufgehen. Die Kugellager nach diesen Patenten sind nicht zur Ausführung gelangt, mit Recht, denn die Konstruktion ist direkt gefährlich. Bricht eine Rolle oder eine Kugel, so fallen alle Rollen heraus und das Kugellager zerfällt in sich. Nicht viel besser ist die Konstruktion D. R. P. No. 170 379 der The Chapman Double Ball Bearing Co. Cumberland nach Fig. 49. Hier verwendet man wieder Zwischenkugeln a, die in einer geschlitzten Hülse b stecken. Diese Hülsen sind tulpenförmig erweitert und führen sich an den Kugeln. Sie verursachen aber auch Reibung. Bricht eine Tragkugel, so fallen auch alle Zwischenkugeln samt den Hülsen heraus und das Kugellager zerfällt in sich. In neuerer

Zeit setzen sich nun zusammenhängende Kugelkäfige, die den Ringraum ausfüllen, fast allgemein durch. Die einfachste Ausführungsform eines Käfigs ist wohl die nach Fig. 50 und 51. Ein aus zwei

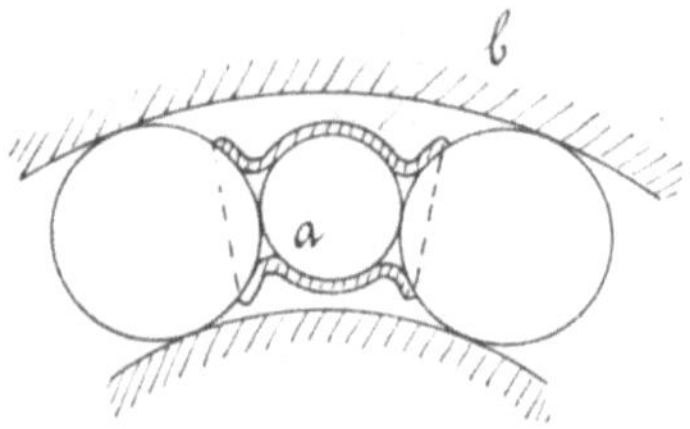

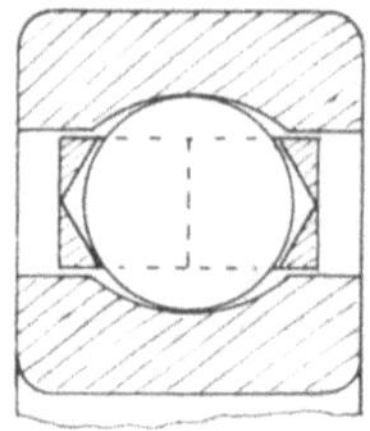

Fig. 50.

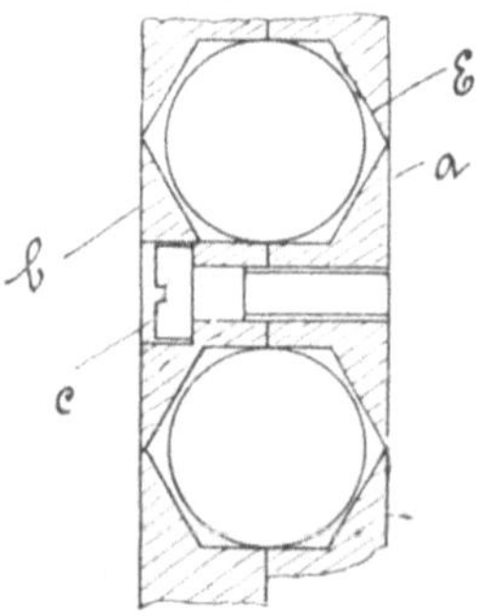

Fig. 51.

Teilen bestehender Ring a und b wird durch Schrauben c zusammengehalten. Die Kugeln laufen in der Aussenkung e, die den Ring natürlich stark schwächen. Beim Zusammenschrauben stützen sich aber diese Ringe wieder gegenseitig. Ein prinzipieller Nachteil dieser Konstruktion ist das grosse Gewicht dieses Käfigs, das von den Kugeln getragen wird. Die Ringe a und b sollen nicht an den Rillenschultern reiben, obwohl dies bei eingetretenem Verschleiss zwischen Ring und Kugeln doch geschieht. Man ist daher bestrebt, diese Käfige möglichst leicht zu machen und bedeutet die Konstruktion nach Fig. 52 in der Hinsicht bereits eine Verbesserung. Zwischen zwei Blechringen a und b sitzen die Zwischenrollen c. Diese Rollen laufen auf Stiftschrauben d, die auf einer Seite durch Nietung mit dem Ring b verbunden werden, während der andere Ring a auf die Stiftschrauben aufgesetzt und durch Muttern E befestigt wird. Diese Konstruktion bedeutet eigentlich nur eine Verbesserung der Rollenlagerung, wie sie in Fig. 45, 46 und 47 bereits beschrieben wurden. Es werden nur die Rollen durch einen Rahmen miteinander verbunden. Bei dem Bruch einer Rolle zerfällt das Kugellager nicht. Nur die zersprungenen Kugelreste wandern im Ringraum mit herum.

Den Fehler, dass die Zwischenkugeln am Laufringe reiben und beim Bruch einer Kugel das Laufringsystem in sich zerfällt, vermeidet man auch bei der Konstruktion nach Fig. 67 und 67 a, welches Lager

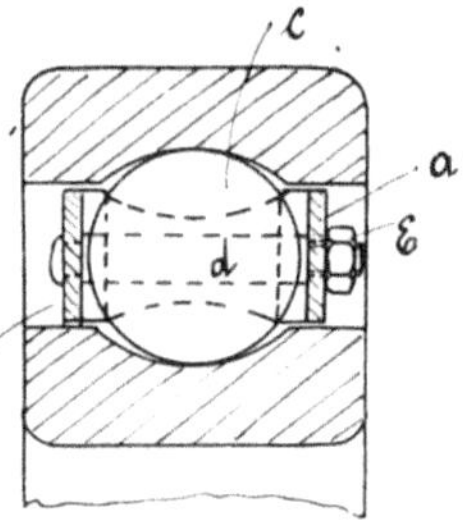

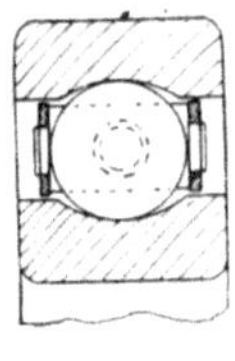

Fig. 67a.

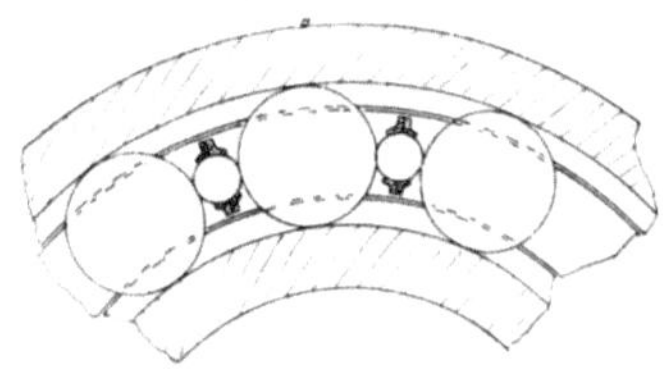

Fig. 67.

Fig. 52.

von der Maschinenfabrik Altenessen gebaut wird. Hier befinden sich wieder Rollkugeln zwischen den Tragkugeln. Diese Rollkugeln werden durch zweiteilige Verbindungsstege zwischen den Kugeln gehalten. Diese Verbindungsstege enthalten Absätze und treten durch die zwei Blechringe hindurch. Die Enden dieser Verbindungsstege werden umgebogen und stellen einen guten sicheren Verband mit den Ringen her. Eine typische Käfigkonstruktion nach Fig. 53—57,

Fig. 53.

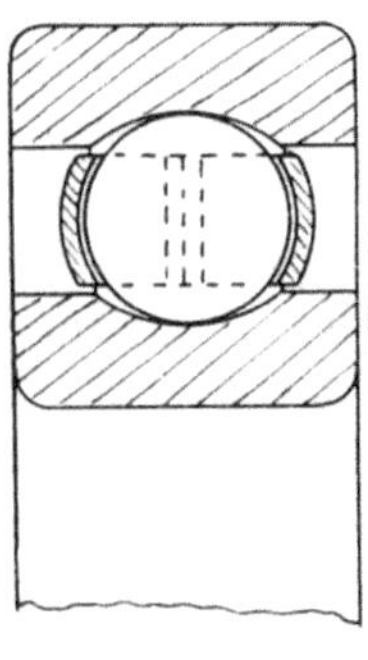

Fig. 54.

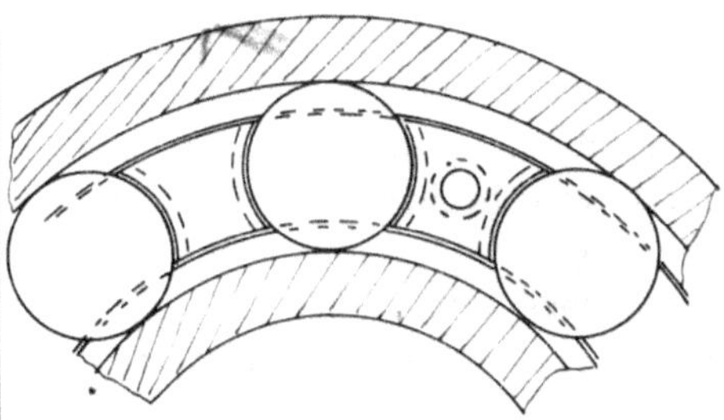

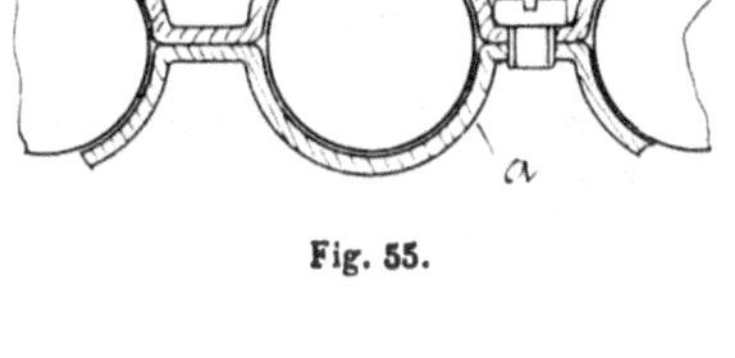

Fig. 55.

die sich in der Praxis gut bewährt hat, ist die von Fichtel & Sachs nach dem D. R. P. No. 165 095, die im Zusammenhang mit der Vor-

Fig. 56.

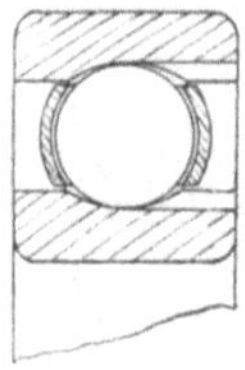

Fig. 58.

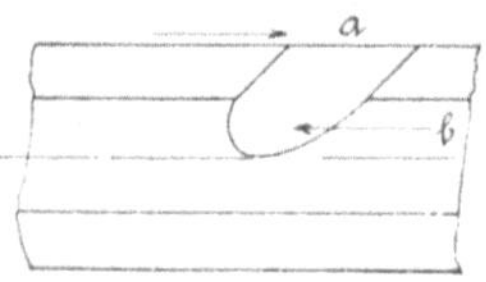

Fig. 57.

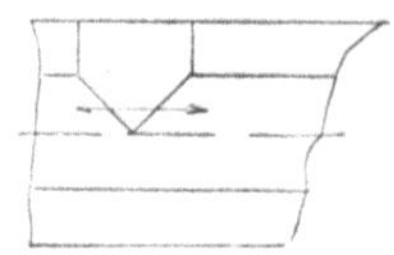

Fig. 59.

richtung für das Einbringen der Kugeln nach dem D. R. P. No. 151 483 für viele Kugellagerfabriken vorbildlich wirkte. Zur Verminderung des Käfiggewichtes ist dasselbe aus zwei symetrischen Ringhälften a und b aus Blech zusammengesetzt, die sich nur dadurch von einander unterscheiden, dass die eine Ringhälfte Gewinde für die Schrauben c enthält, während die andere nur ein Loch besitzt. Die Kugeln werden von dem Käfig umschlossen. Bei einem etwaigen Kugelbruch verbleiben die Bruchstücke im Käfig, was, so lange die Bruchstücke gross sind, nichts schadet, nur kleinere Bruchstücke können Schaden anrichten d. h. sich keilen. Zum Einbringen der Kugeln wird eine schräg verlaufende Ausnehmung a nach Fig. 56, 57 und 58 angebracht. Diese Schrägstellung der Laufrille soll das Verlaufen der Kugeln in ihrer Laufrille bezw. das Austreten verhindern. Die Ausnehmung des inneren Laufringes ist der des äusseren Laufringes entgegengerichtet. Eine Neigung zum Ablenken aus der Spurebene ist aber trotzdem vorhanden und findet dies dann statt, wenn die Kugeln gegen die Spitze a in Fig. 57 laufen. Laufen die Kugeln in der Pfeilrichtung b, Fig. 57, so tritt natürlich keine Ablenkung ein. Die schräge Ausnehmung kann unter Umständen wie eine Eisenbahnweiche wirken, besonders, wenn das Kugellagers einmal stark ausgelaufen sein wird, und die Kugeln nicht mehr in der normalen Spurebene verharren*). Die gerade Ausnehmung nach Fig. 59 erweist

*) Neuerdings besitzt Fichtel & Sachs ein Patent, nach dem die Einfüllöffnung für die Kugeln kleiner als die Kugeln selbst gehalten werden. Die Kugeln werden dann mit Spannung durch die Einfüllöffnung gepresst.

sich deshalb als besser, weil ja der Käfig ohnedies die Kugeln in ihrer Bahn hält. Die Ausnehmung darf nicht scharfkantig, sondern muss stark abgerundet sein. Man kann bei dieser Art der Einfüllöffnung natürlich so viel Kugeln unterbringen, als es die Konstruktion des Käfigs erlaubt. Hier ist ein Minimalzwischenraum für die Unterbringung der Schraube c nach Fig. 55 massgebend. Ein zweiteiliger Kugelkäfig, der in der Wirkung dem Käfig von Fichtel & Sachs nahe kommt, ist der nach Fig. 71 und 71 a von Wilhelm Westebbe in Solingen. Hier sind zwei winkelförmig profilierte Ringe einander zugekehrt und miteinander verschraubt. Die Ringe sind für jede einzelne

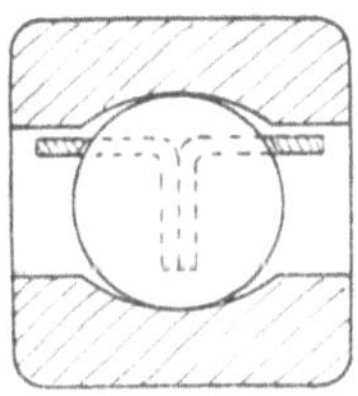

Fig. 71.

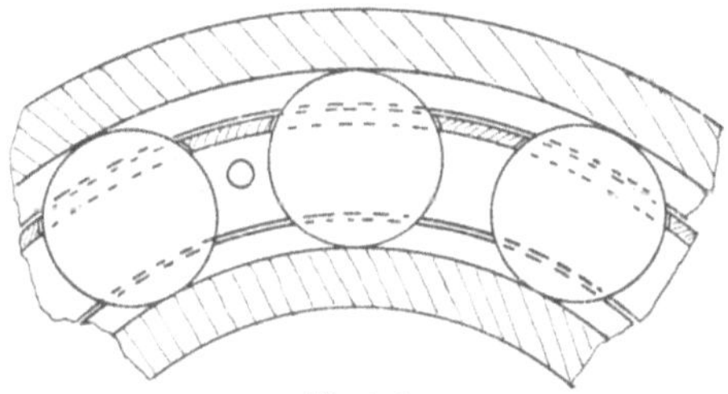

Fig. 71b.

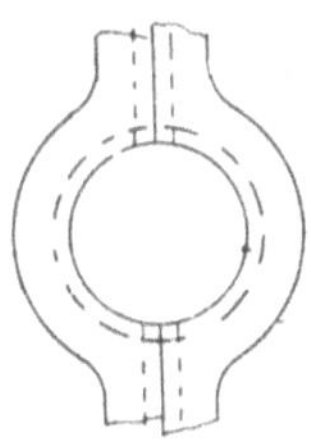

Fig. 71a.

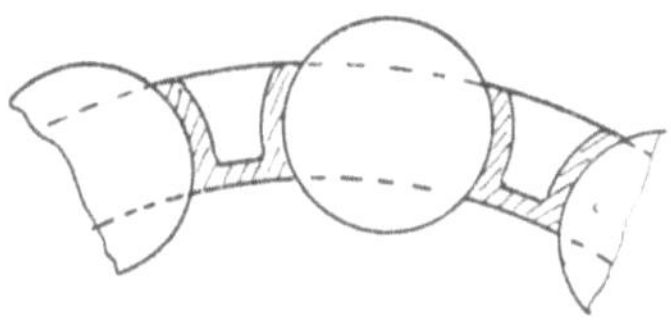

Fig. 71c

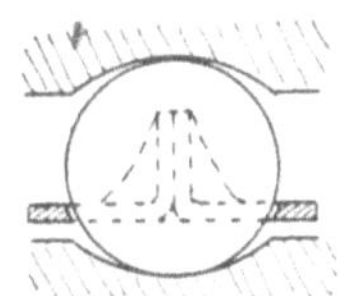

Fig. 71d.

Fig. 71e.

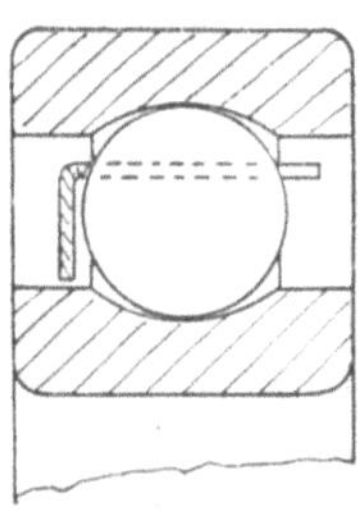

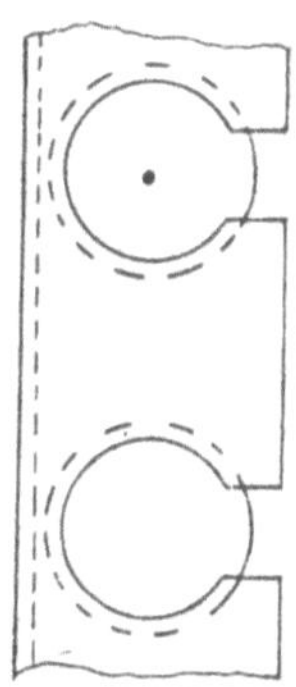

Fig. 71f.

Kugel entsprechend ausgenommen. Es scheint aber doch eine geringe Haltefläche für die Kugel zu bestehen, und dürften sich derartige

Kugelkörbe, bei denen nur die Profilflächen tragen und die Kugelhaltung an Stellen erfolgt, wo die maximale Umfangsgeschwindigkeit auftritt, als weniger dauerhaft erweisen. Dasselbe gilt auch von dem Kugelkäfig nach Fig. 71 c und 71 d, der nur eine Umkehrung des Winkelsteges darstellt. Die Deutsche Waffen- und Munitionsfabriken Berlin haben auch einen im Prinzip ähnlichen Kugelkäfig nach Fig. 71 e und 71 f vorübergehend gebaut, bei dem ein winkelförmiger Steg die Kugel aufnimmt und die Distanz zwischen den Kugeln herstellt. Die Löcher sind, um die Kugeln einbringen zu können, aber nach einer Seite geschlitzt. Die entstehenden Ringfortsätze werden aufgebogen und nach dem Darüberstecken des ganzen Ringes wieder zusammengebogen. Neuerdings bauen die D. W. M. F. aber zweiteilige Kugelkäfige, ähnlich wie Fichtel & Sachs. Die Kugellager der Berliner Kugellagerfabrik G. m. b. H. (Dellschau) machen nun den Käfig nach den Fig. 60, 61 und 62 aus einem Stück. Der Blechring ist

Fig. 60.

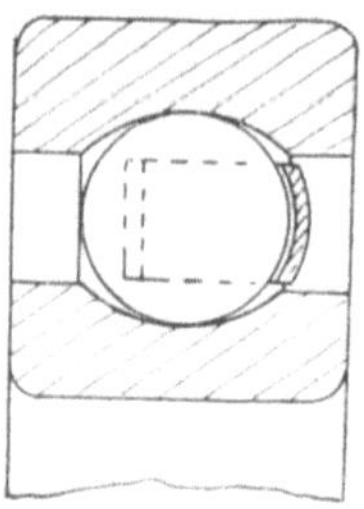

Fig. 61.

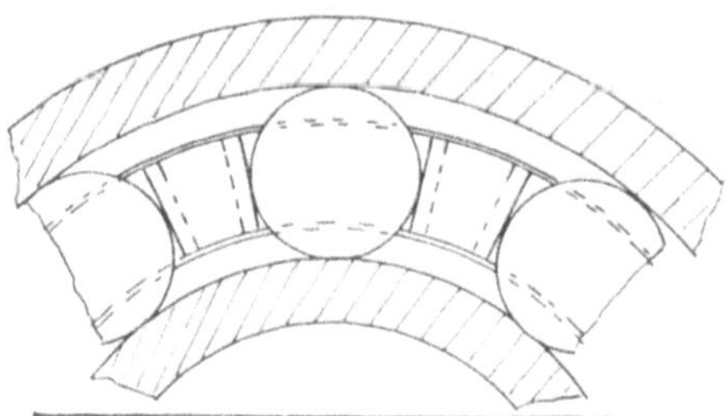

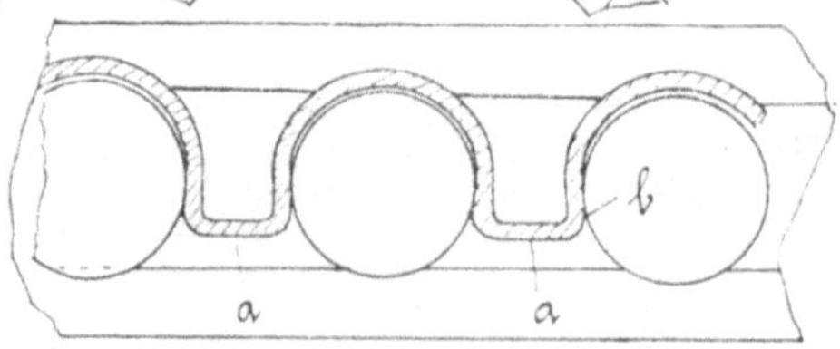

Fig. 62

an den Stellen aa in Fig. 62 durchgedrückt, an Stelle b sogar etwas grösser als der Zwischenraum zwischen den Kugeln gehalten. Der Käfig wird federnd zwischen die Kugeln eingepresst und fällt nach dem Einpressen nicht mehr heraus. Bricht eine Kugel, so können hier die Bruchstücke entweichen. Die Ausnehmung zwecks Einbringung der Kugeln ist nur an einer Stelle des äusseren Laufringes vorgenommen, der diese Ausnehmung besser verträgt als der innere Laufring. Insofern ist das Kugellager der Berliner Kugellagerfabrik noch besser als das Sachs-Lager, indem letzteres zwei Ausnehmungen benötigt.

Von den bisherigen Kugellagersystemen weichen die Norma-Kugellager nach Fig. 63, 64 und 65 wesentlich ab. Bei diesen ist eine

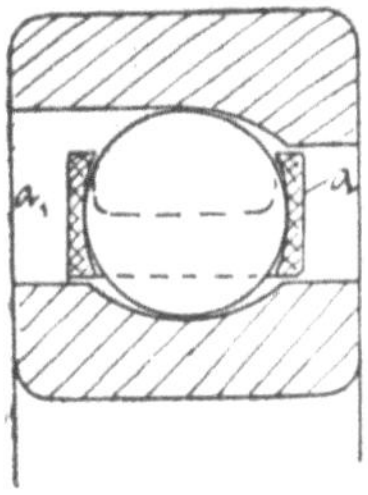

Fig 64.

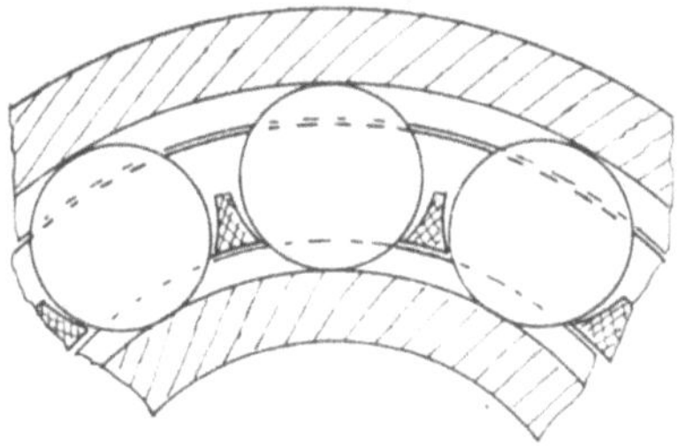

Fig. 65.

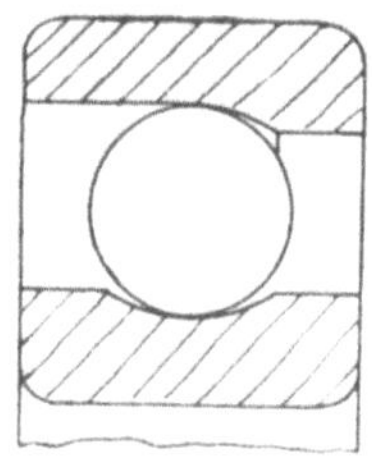

Fig. 63.

Rillenschulter des äusseren Laufringes ganz weggenommen. Mar hat also hier praktisch nur eine zylindrische Lauffläche, sobald nicht ein Achsialdruck eine Anpressung der Kugeln an den einseitigen Rillenradius bewirkt. Man bringt hierdurch die volle Kugelzahl in den Ringraum unter, so weit man keinen Käfig anwenden will. Man verwendete aber bei den älteren Kugellagern einen gegossenen Kugelkäfig nach Fig. 64 und 65 mit ⊔förmigem Profil. Die Kugeln liefen in kugeligen Höhlungen der beiden Stege aa; der Steg enthielt lochförmige Durchbrüche für die Tragkugeln. Diese Höhlung war etwas flacher als die Kugelrundung selbst. Die Kugeln wurden mit Spannung in den Käfig hineingedrückt, bezw. die Stege aa später nach dem Einbringen

Fig. 65a.

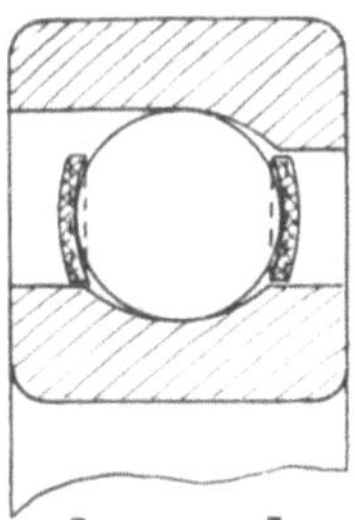

Fig. 65b.

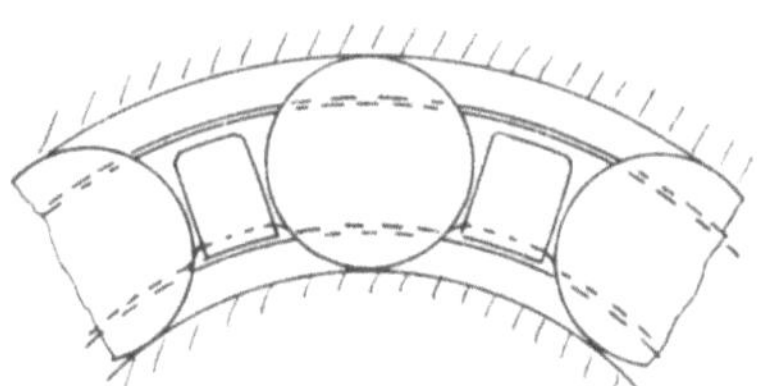

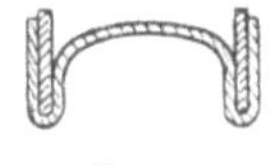

Fig. 65c.

der Kugeln wieder zusammengedrückt. Die Kugeln wurden in den Pohlen ihrer Drehachsen geführt. Sie werden also theoretisch an ihren stellstehenden Punkten federn gefasst und geführt und laufen reibungsloser als die bisher beschriebenen Kugelkäfige. Dieser Kugelkäfig war aber zu schwer und verursachte zu viel Reibung. Die neueren Kugelkäfige nach Fig. 65 a, 65 b und 65 c der Norma & Co. bestehen aus zwei Blechringen, die für die Tragkugeln örtliche Durchbeulungen enthalten. Der Anschmiegungsradius ist grösser als der Kugelhalbmesser, sodass die Zweipunktberührung gewahrt bleibt. Zwischen jeder Tragkugel sind Halteklammern n nach Fig. 65 c angeordnet, die die beiden Blechringe federnd zusammenhalten, falls die Tragkugeln aus der Höhlung der beiden Ringe heraustreten sollten. Die Fig. 66 zeigt ein doppelreihiges Lager der Norma & Co. Dieses Lager enthält zwei Laufringe a und b, wie sie für einreihige Lager

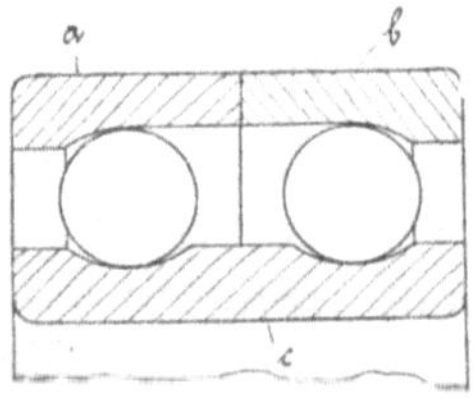

Fig. 66.

auch benutzt werden. Die zylindrischen Rillenschultern sind einander zugekehrt. Der innere Laufring enthält zwei gekrümmte Laufrillen. Dieses Doppellager vermag nach jeder Seite hin Axialdrücke aufzunehmen. Anstatt der Zwischenkugel wendet man auch öfters feste Rohrstücke nach Fig. 68 und 69 an. Die Ringe sind C-förmig

Fig. 68.

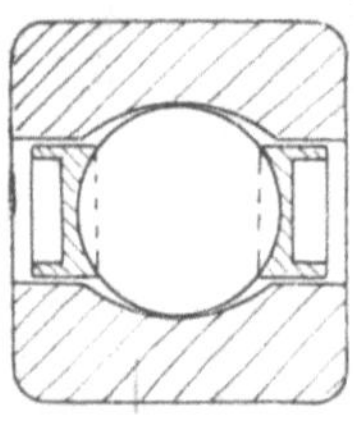

Fig. 69.

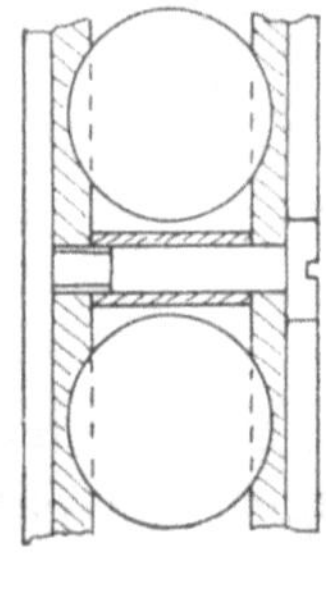

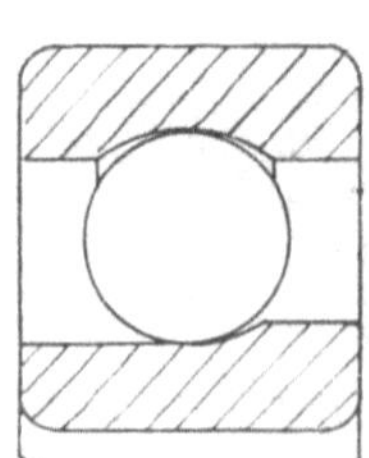

Fig. 70.

profiliert. In jeder Kugellücke befindet sich eine Schraube und ein Rohrstück, das aber nur zur Wirkung gelangt, wenn sich die Höhlung des Kugelringes verschleisst haben sollte. Wir haben hier den prinzipiellen Unterschied, dass der Käfig im regulären Betrieb die Kugeln an die neutralen Pole führt und die Rohrstücke nur als Sicherheitsglieder und als Verbindungsglieder für die beiden Ringe zu betrachten sind. Vor einigen Jahren brachte Fischer & Co. ein Kugellager nach Fig. 70 auf den Markt, das eine Umkehrung der Norma-Konstruktion bedeutet. Hier waren die Rillenschultern des inneren Laufringes stark abgenommen. Die Kugeln wurden in den äusseren Ring eingebracht. Dieser Ring wird hierauf erwärmt und dann der innere Ring eingepresst. Die Kugeln schmiegen sich aber schlecht dem kleinen Laufrillenradius des inneren, einseitigen, zylindrischen Laufringes an. Ungleich besser schmiegen sich die Kugeln an den Innenradius des äusseren Laufringes an. Die Firma baut auch diese Konstruktion nicht mehr. Eine originelle, wenn auch nicht ganz einwandfreie Lösung, die Kugeln in voller Stückzahl in den Ringraum einzubringen, wird durch die Konstruktion Gawron erreicht. Dieser durchbohrt die letzten Kugeln. Die Lochkanten entsprechen einem Kugelschnitt und ist eine Einbringung der Kugeln an den abgeschnittenen Kugelkanten, siehe Fig. 76. möglich. Sind diese letzten Kugeln ein

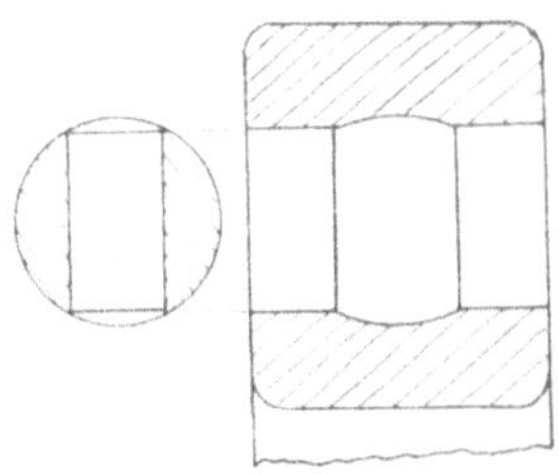

Fig. 76.

gebracht, so werden dieselben gedreht und die Löcher durch kugelige und gehärtete Stifte verschlossen. Natürlich ist die Festigkeit der durchbohrten Kugeln geringer als die der ganzen Kugeln. Auch das Herausfallen der nicht festeingeschlagenen Kugelstifte ist zu befürchten und sind dies die Fehler dieser an sich originellen Idee. Die Kugellager der Fabrik Rheinland in Düsseldorf besitzen gar keinen Käfig. Man presst den äusseren Laufring über die Kugeln. Die Konstruktion nach Fig. 73 und 74 ähnelt etwa der Norma-Konstruktion; sicher ist sie aber die reine Umkehrung der früheren Fischerlager. Die Laufrille ist nur wenig tief und beinahe sphärisch gehalten. Auch hier wird der äussere Laufring angewärmt; der innere abgekühlt und das Kugellager durch Aufpressen des Aussenringes fertig montiert.

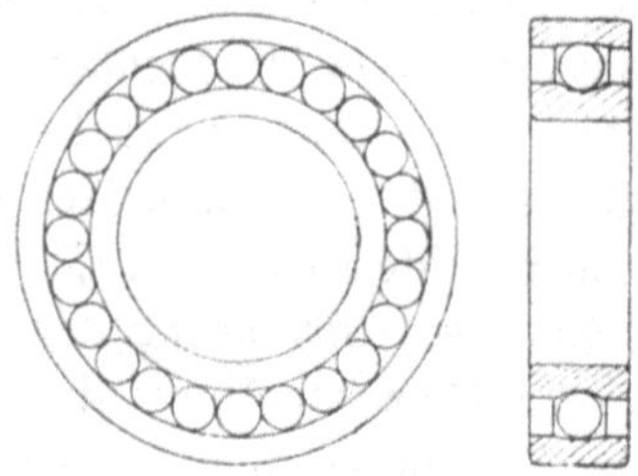

Fig. 74 Fig. 73.

Man füllt bei diesen Lagern die volle Kugelzahl in den Ringraum ein. Für kleinere Lager mag der Käfig gut entbehrlich sein. Bei grossen Tourenzahlen und bei grossen Kugeln werden aber auch Laufkörbe am Platze sein. Das Rheinland-Lager vermag achsiale Drücke nur in geringem Masse aufzunehmen. Es folgen noch einige Sonderkonstruktionen von Kugellagern. Fig. 75 ist ein Ringlager für Trans-

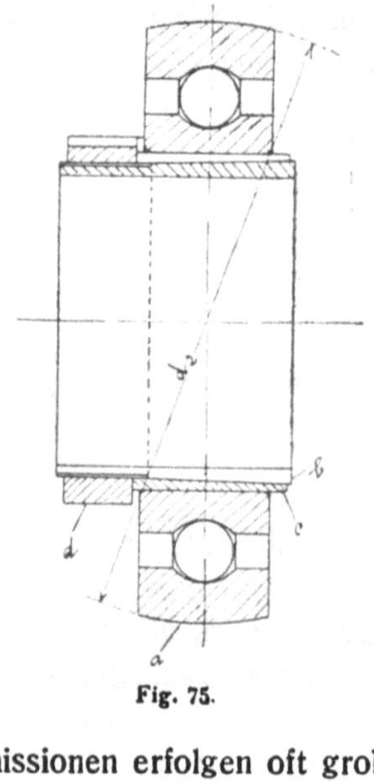

Fig. 75.

missionen. Bei Transmissionen erfolgen oft grobe Verlagerungen, bei denen das in den Lagern vorhandene Spiel nicht mehr ausreicht. Eine weitere Beweglichkeit und Einstellbarkeit ist durch die äussere kugelige Ausbildung des Laufringes möglich. Diese Beweglichkeit wäre auch möglich bei Anwendung der sphärischen Laufrille nach

Fig. 34, aber diese Laufrillenform ist nicht zweckentsprechend. In derselben Fig. . 75 ist mit Absicht eine ältere Spannhülsenkonstruktion eingezeichnet, die durch die moderne der späteren Tabelle IV (22 d) neuerdings ersetzt wurde. Diese Spannhülse besteht aus einer konischen Gewindehülse b, aus einer Gegenmutter d und einem Ringkeil c. Die Gewindehülse samt dem Ringkeil sind geschlitzt. Bei dem Anziehen der Mutter wird ein fester Verband zwischen Welle und innerem Laufring hergestellt. Es steht aber für die beiden Teile c und d wenig Material zur Verfügung; insbesondere wird die Gewindehülse am Gewinde zu dünn, weshalb man diese Konstruktion, die auch teurer als die der Tabelle IV ist, vermeidet. Die Konstruktion ist nur dort von Vorteil, wo man ein Kugellager mit zylindrischer Bohrung des Laufringes gelegentlich auf eine Wellenleitung setzen will.

Wohl eine der letzten Entwickelungsmöglichkeiten, die in der Konstruktion des Ringlagers noch getroffen werden können, ist, in den Ringlagern von Denes & Friedmann ausgeprägt. (Siehe Fig. 72, 72 a, 72 b.) Es wird hier nur ein Käfigring auf einer Kugel-

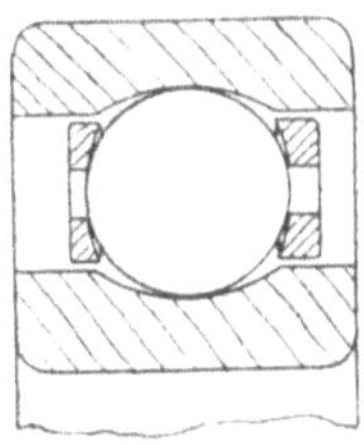

Fig. 72a.

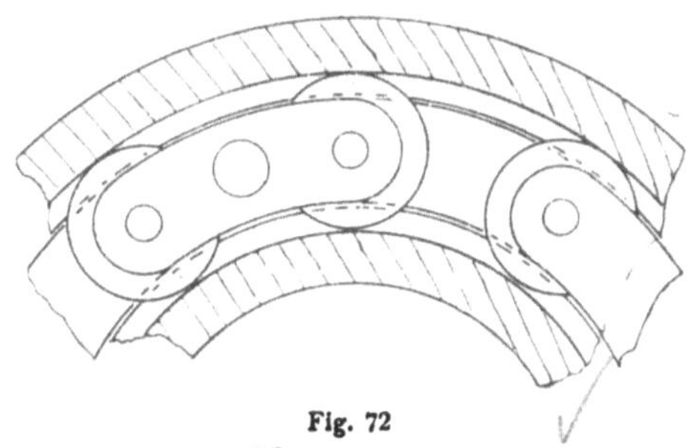

Fig. 72

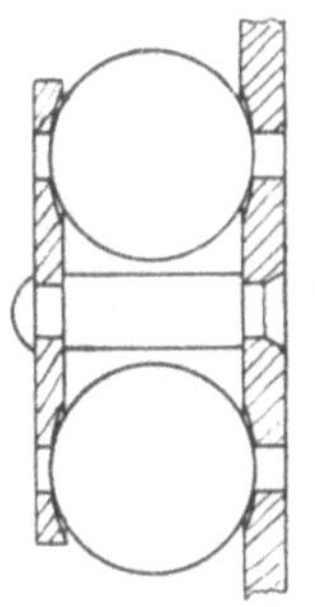

Fig. 72b.

seite eingebracht. Zwischen jeder Tragkugel ist ein in den Ring eingenieteter Stehbolzen angeordnet. Die Kugeln werden mittels Ausnehmungen an dem inneren und äusseren Laufringe hindurchgesteckt.

Nach dem Einbringen werden diese durch gewölbte Federplättchen derart federnd an den Ring gepresst, dass die Tragkugeln ebenfalls an ihren neutralen Drehpolen geführt werden. Kleine Löcher dienen zur besseren Zugänglichkeit des Schmiermaterials. Die Federplatten sind aufgenietet, schliessen aber den Ringraum nicht völlig ab, sondern geben noch so viel Raum frei, dass sich die Bruchstücke zerbrochener Kugeln entfernen können. Sollte eine Federplatte schlaff werden, so wirkt der feste Stehbolzen als Sicherheitsdistanzhalter zwischen den einzelnen Kugeln. Der Ersatz gebrochener Kugeln ist durch Lösen der einzelnen Federplatten leicht durchführbar.

Es sei die Konstruktion der Ringlager durch folgende Zusammenfassungen charakterisiert.

1. Wendet man geschlossene Laufringe an, so muss
   a) ein Laufring eine ganz zylindrische oder auch nur einseitig zylindrische Laufstelle tragen. Hierbei ist die Einbringung einer vollen Kugelzahl in den Ringraum möglich. Aber es tritt ein höherer Verschleiss an der zylindrischen Laufstelle ein, als an gekrümmten Laufrillen. Die zylindrischen Laufrillen sollen leicht passend über die Kugeln hinweggehen. (Norma & Co.)
   b) Man presst den einen Laufring über die Kugeln und erhält eine schwach vertiefte Laufrille in demselben, deren Tiefe von der Elastizität des ganzen Ringsystems abhängt. (Rheinland-Lager.)

Im Falle a + b können axiale Drücke von einem einzelnen Lager nicht oder nur auf einer Seite mit Sicherheit aufgenommen werden. (Norma-Lager.) Es ist dabei die Einbringung einer vollen Kugelzahl möglich. Die ganzen Ringe verziehen sich beim Härten weniger leicht.

   c) Man füllt in den Ringraum nur etwas mehr als den halben Umfang mit Kugeln. Man muss aber hier einen Kugelkäfig oder sonstige Distanzkörper anwenden. Dafür sind vertiefte Rillen in beiden Laufringen möglich, die weniger rasch verschleissen.

2. Wendet man Ringe mit Annehmungen an, so tritt folgendes ein:

   a) Ausnehmungen an beiden Laufringen. Hier ist die Einbringung einer vollen Kugelzahl möglich; auch die Schaffung tiefer Laufrillen. Ein Käfig könnte meist entbehrt werden. Zur sicheren Kugelhaltung und zur Verminderung der Kugelreibung wendet man aber einen solchen an, wodurch die Einbringung der vollen Kugelzahl wieder unmöglich gemacht wird. Die Ausnehmung am kleineren inneren Laufring ist vielleicht im allgemeinen weniger gut als im Aussenring, in der Praxis hat sich aber kein fühlbarer Mangel dadurch herausgestellt.

b) Nur eine Ausnehmung im Aussenring erlaubt noch die Schaffung tiefer Laufrillen und noch die Einbringung einer gleichgrossen Kugelzahl, wie bei zwei Ausnehmungen, insbesondere da ja die Anzahl der einzubringenden Kugeln von dem Raumbedarf des Käfigs abhängt. Die Festigkeit des inneren Laufringes wird durch Fehlen der Ausnehmung erhöht.

3. Über die Konstruktion der Kugelkäfige ist folgendes zu bemerken:

a) Einzelne federnde Distanzstücke, die zwischen Tragkugeln geschaltet werden, kommen der Wirkung der Kugelkäfige mit Scheidewänden hinsichtlich der erschwerten Abrollung gleich. Nur die Rollkörper zwischen den Tragkugeln verursachen weniger Reibung als Scheidewände, soweit sie in der Verbindungslinie zwischen je zwei Tragkugeln zwangläufig geführt werden. Lose Rollkörper (ob Kugeln oder Rollen) ohne besondere Haltung sind prinzipiell falsch, weil das Kugellager bei dem Bruche einer Kugel zerfällt.

b) Zweiteilige Kugelkäfige, die die Kugel umschliessen, bieten grosse Lagerflächen und gewährleisten grössere Lebensdauer der verschleissenden Flächen. Aber gebrochene Kugeln können nicht entweichen. Die Zweiteiligkeit bedingt Verbindungsglieder, welche die Betriebssicherheit des Käfigs herabsetzen.

c) Ganze ungeteilte Kugelkörbe sind meistens nach irgend einer Seite offen und gestatten ein Entweichen gebrochener Kugeln. Sie sind als Käfig betriebssicherer. Werden für die Kugelanlage grosse Laufflächen geschaffen, so sind sie in dieser Form als gute Konstruktion zu betrachten.

d) Fasst man die Kugeln mittels Ringe an den neutralen Drehpolen an, so tritt dort wohl die geringste Reibung auf. Die gebrochenen Kugeln bei Ringen, wie es die Norma & Co. anwendet, können nicht entweichen.

e) Distanzfedern, die die Kugeln an den neutralen Drehpolen federnd andrücken, sichern für jede Kugel eine bestimmte Festhaltung. Es ist ein freier Raum zum Entweichen von Kugelbruchstücken vorhanden. Dafür ist aber wieder eine grössere Vielgliedrigkeit vorhanden.

Im Fall d und e tritt als gemeinsamer Vorteil ein geringerer Verschleiss als bei dem Käfig nach Fall a, b und c ein. Auch die gute Ölbenetzung der gedrückten Kugelzone ist im Fall d und e gesichert.

4. Das einreihige Kugellager ist dem mehrreihigen vorzuziehen, weil ersteres stets in bestimmter Weise belastet wird, während mehrere Kugelreihen praktisch nie gleich zum Tragen zu bringen sind. Die mehrreihigen Kugellager sollen mehr die Rolle als Sicherheitsglieder bei einer etwaigen Überbelastung spielen.

20. Die Spurkugellager (oder Achsiallager).

Die Spurkugellager haben im Gegensatz zu den Ringlagern Achsialdruck aufzunehmen. Die primitivste Form eines Kugellagers ist die, dass zwischen zwei Flächen eine einzelne Kugel nach Fig. 77

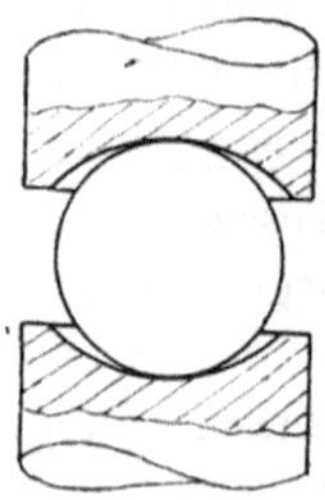

Fig. 77

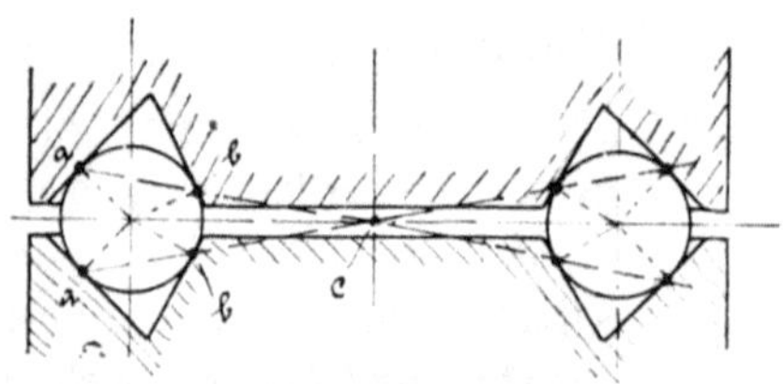

Fig. 78.

gelegt wird Ein eigentliches Kugellager enthält uber stets mehrere Kugeln, und ist nur die Ausbildung eines Stirnzapfen-Kugellagers nach Fig. 78, 80 und 81 als Spurkugellager zu betrachten. In den Lehrbüchern findet man meist die Form der Fig. 78. Diese Form ist zwar theoretisch korrekt. An den Berührungspunkten aa, bb finden proportionale Umfangsgeschwindigkeiten statt.

$$aa : bb = ca : cb.$$

Die Ausbildung der Rinne nach Fig. 80 ist falsch, weil an den Berührungsstellen aa, bb, die Umfangsgeschwindigkeiten nicht ein-

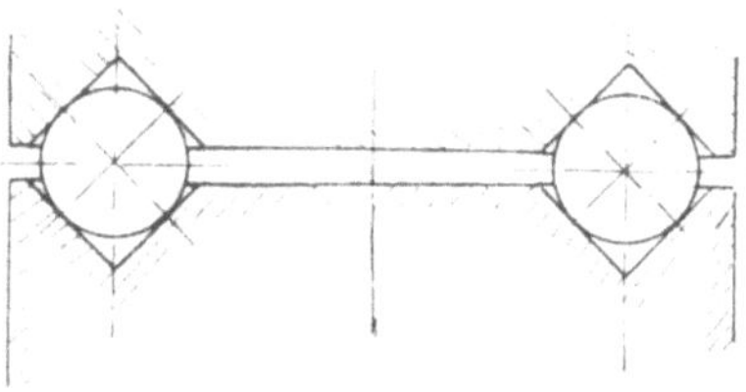

Fig. 80

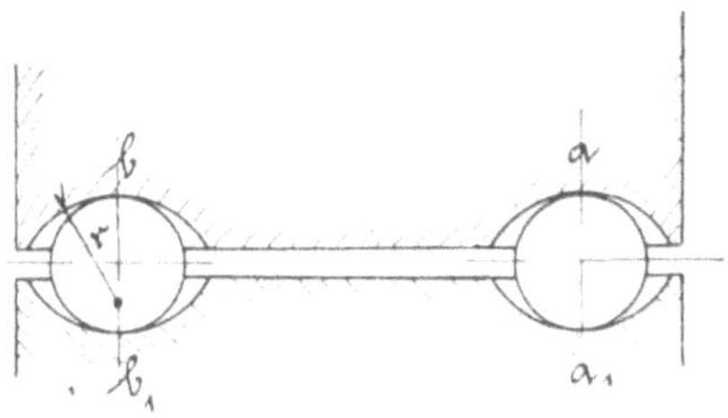

Fig. 81.

ander proportional sind. Die Dreiecksprofilierung nach Fig. 78 ist aber gänzlich aufgegeben worden, weil die Erzeugung genau zusammenpassender Laufrillen zu hohe Ansprüche an die Werkstätte stellt und auch bei Spurlagern allgemein die gekrümmte Rille der ebenen Kugelauflage vorzuziehen ist. Die Zweipunktberührung aa, bb nach Fig. 81 ist praktisch leicht herstellbar, weil hier kleine Arbeitsfehler nicht so störend wirken. Bei geringen Belastungen sind ebene Kugellaufflächen nach Fig. 82 üblich. Die Kugeln

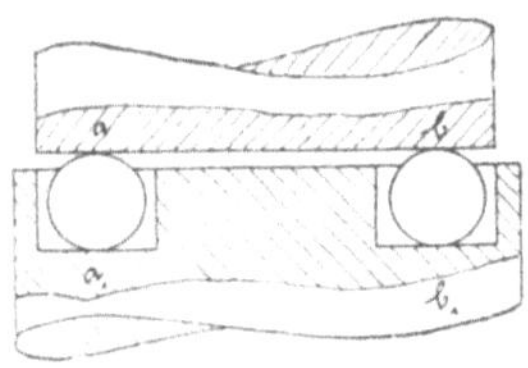

Fig. 82

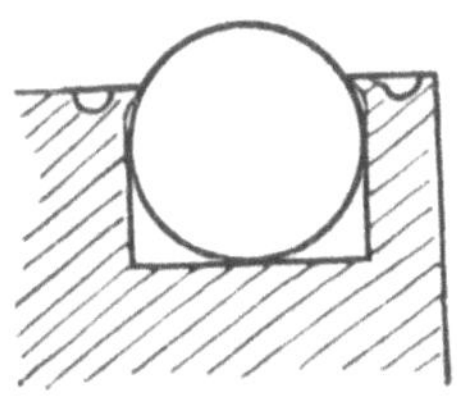

Fig. 82a

laufen mit reichlichem Spiel in der Rille aa, bb mit Rechteckprofil, das gewissermassen als Kugelhaltung dient. Die Kugeln reiben jedoch aneinander. Allgemeiner ist die Konstruktion nach Fig. 81, bei der die Zweipunktberührung und die übliche gekrümmte Rille wieder zur Durchführung gelangt.

$$r = 2/3\,D \text{ oder } 1/2\,D + 0{,}5 - 1 \text{ m/m}$$

Die Belastung verteilt sich beim Spurkugellager auf alle Kugeln, vorausgesetzt, dass die Kugeln rund sind und dass das Spurkugellager sich der Lagenänderung der Welle (Durchbiegung derselben) anzuschmiegen vermag. Die in Fig. 84, 87, 88, 89, 91, 92 und 93 abgebildeten Spurkugellager sind mehr für durchgehende Wellen bestimmt. Sie verwandeln also mehr jene Gleitlagerreibung in rollende

Reibung, wie sie bei Wellenabsätzen nach Fig. 83 zum Ausdruck kommt. Das Spurkugellager nach Fig. 84 besteht aus zwei einfachen

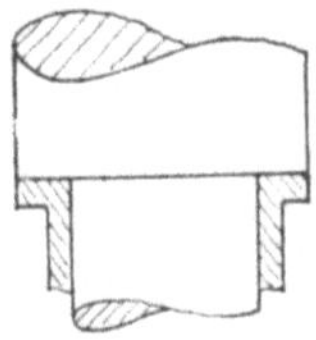

Fig. 83.

ebenen Platten a und b, die vollständig gleich sein können. Es bleibt aber unbenommen, diese Spurlager auch für durchgehende Wellen

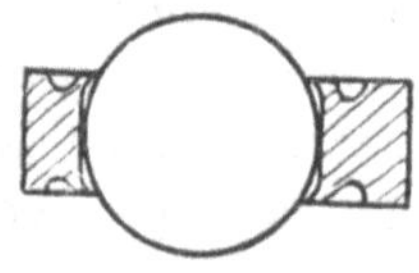

Fig. 84a.

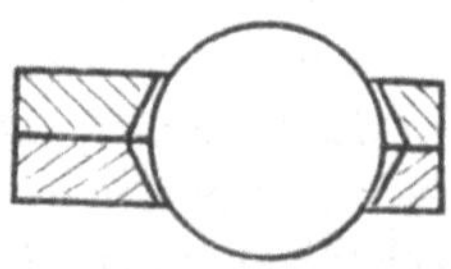

Fig. 84b.

anzuwenden. Die Kugeln laufen in einem Käfig c. Der Kugelkäfig besteht aus einer Scheibe mit Löchern, die 0,1 m/m grösser gehalten

Fig. 84.

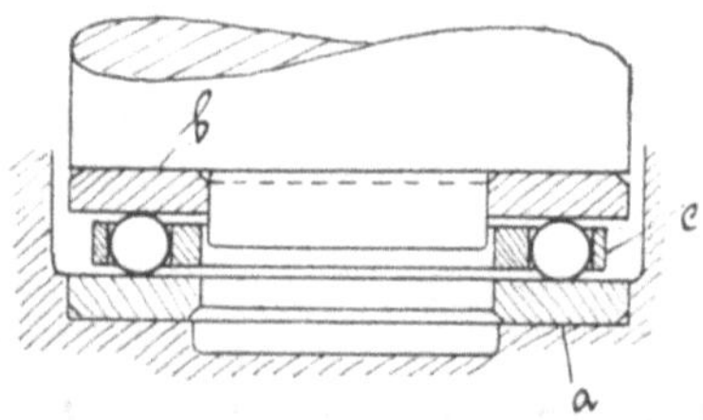

Fig. 86.

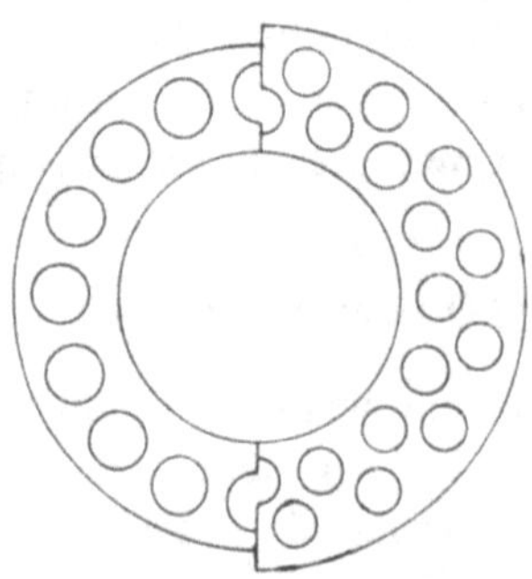

Fig. 85.

werden, als die Kugeln. Damit die Kugeln nicht herausfallen, gibt man auf beiden Lochseiten einen Körnerschlag. Der Ring läuft mit

Spiel um den verlängerten Wellenzapfen (oder um die durchgehende Welle) und macht bei normaler Abwälzung der Kugeln die halbe Tourenzahl der Welle. Gewöhnlich ordnet man nur eine Kugelreihe nach Fig. 86 an. Bei höheren Belastungen sind auch zwei Reihen nach Fig. 85 statthaft. Eine beliebte aber etwas teuere Kugelfassung an Stelle der einfachen Körner ist die nach Fig. 84 a. Hier werden neben dem Lochrand Rillen eingestochen und dann der freistehende Rang gegen die Kugeln gedrückt. Diese Kugelfassung wird beim Kugelstössel nach Fig. 79 öfters angewendet, wo der Rand

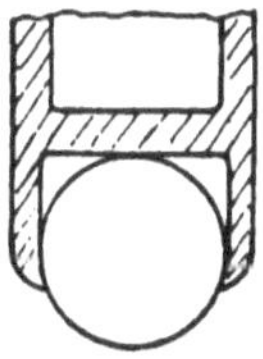

Fig. 79.

ebenfalls etwas zusammengedrückt wird. Zur Fabrikation dieser einfachen Spurlager, die von jeder Werkstätte, die eine Schleifereieinrichtung und Erfahrung im Härten besitzt, selbst gefertigt werden können, ist folgendes zu bemerken:

Die Platten a und b fertigt man für geringere Belastungen aus gutem Einsatzmaterial. Man härtet sie und überschleift beide Flächen auf einer Präzisionsschleifmaschine. Für hohe Beanspruchungen wählt man Gussstahlblech oder Nickelstahlblech. Nickelstahlblech verzieht sich beim Härten weniger. Für Schleifen ist eine Zugabe zu machen (0,3—0,5 mm). Der Kugelkäfig c kann aus Maschinenstahl gefertigt werden und muss weich bleiben. Er muss schon deshalb weich sein, weil man nur in weichem Material Körner einschlagen kann. Der Ring muss so leicht als möglich sein, damit er keine unnötigen Drücke auf die laufenden Kugeln ausübt. Grössere Spurkugellager kauft man besser. Die Kugellagerfabriken haben hierüber Normalien aufgestellt, und entsprechen die auf auf Fig. 87 und 88 abgebildeten Spurkugellager der Konstruktion der D. W. M. F. Die Formenmannigfaltigkeit der Spurkugellager-Konstruktionen ist natürlich beschränkter als bei den Ringlagern und werden die typischen Konstruktionseigentümlichkeiten im Folgenden kurz besprochen:

Das Spurkugellager der D. W. M. F. nach Fig. 87 besteht aus zwei Spurplatten a und b; a ist auf einer Seite eben, auf der anderen Seite besitzt sie eine gekrümmte Laufrille e. Die andere Platte b besitzt ebenfalls eine Laufrille und je nach dem Verwendungszweck eine kugelige Abrundung mit dem Radius = R. Die Laufrillen der

Fig. 87a.

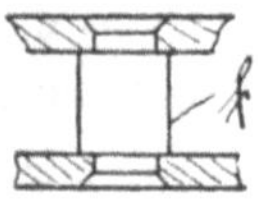

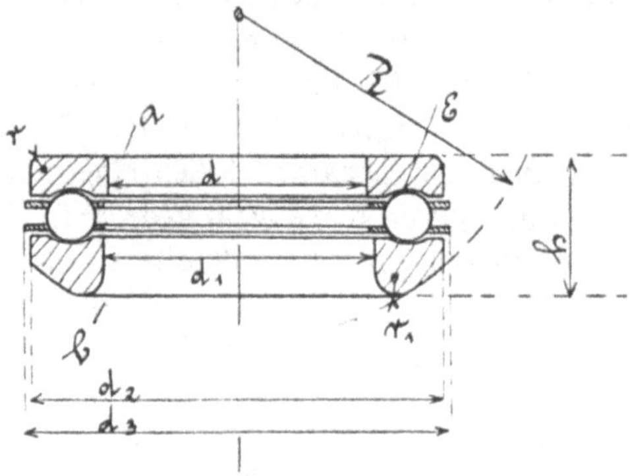

Fig 87.

beiden Spurplatten enthalten stets gleiche Krümmungsradien. Die Kugeln sind in einem Käfig gehalten, der aus zwei Messingblechplatten besteht. Diese Platten sind durch Distanzbolzen f nach Fig. 87 a zusammengehalten. Die Platten enthalten Löcher, durch welche die Kugeln gefasst sind. Die untere Platte b ist kugelig ausgebildet, damit sich das Spurkugellager selbsttätig einstellt und alle Kugeln möglichst gleichmässig tragen. Die Laufrillen, der kugelige Sitz, die obere Plattenfläche a und die Bohrung d und d_1 sind geschliffen. Die Platten selbst sind gehärtet.

Das Spurkugellager der D. W. M. F. nach Fig. 88 besitzt zwei ebene Platten a und b. Es ist hier ein besonderer Kugelteller c angebracht, weil der kugelige Teller in diesem Falle weich bleiben kann und so seiner Unterlage (Gehäuse) etwas zugepasst werden kann. Es ist auch eine Höhenjustierung durch Nacharbeiten dieses besonderen Kugelsitzringes möglich.

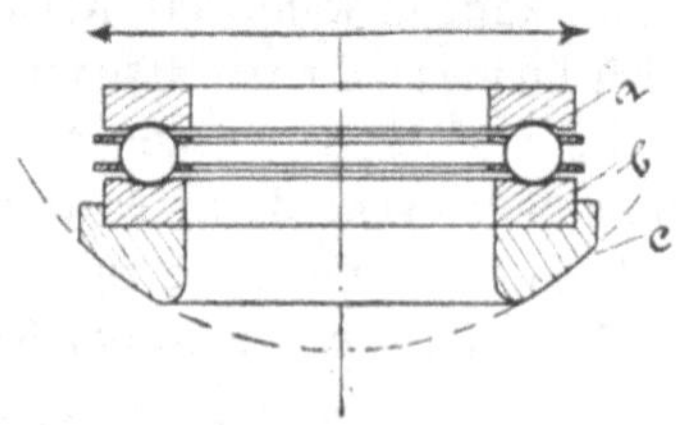

Fig. 88.

Die Kugellager der übrigen Kugellagerfabriken enthalten insbesondere in der Ausbildung der kugeligen Sitze manche Abweichungen. Das Spurkugellager der Société Français de Roulement à billes Ivry Port D. R. P. No. 178 377 besitzen einen Kugelkäfig nach Fig. 89 und 90, bei denen die zwei Platten a und b durch ein Zwischen-

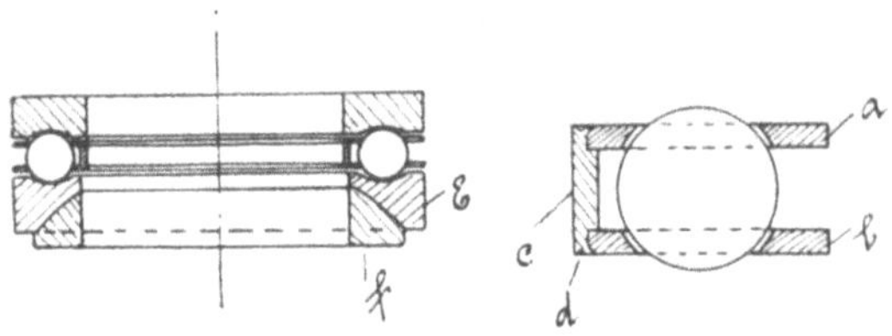

Fig. 89. Fig. 90.

rohr c zusammengehalten werden. Die Rohrenden werden an Stelle d in eine kleine Aussenkung der Platten eingewalzt. Der kugelige Sitz wird durch einen Innenring f gebildet und enthält die Spurplatte e eine entsprechende Aussenkung. Der kugelige Sitz erfordert offenbar weniger Material. Die Festigkeit der Spurplatte leidet aber etwas. Die kugeligen Sitze in Gehäusen sind schwierig herstellbar, weshalb jene Spurkugellager, die nach Fig. 89, 91 und ausgebildet werden, bei denen der kugelige Sitz in dem Kugellager selbst enthalten ist und ein Hilfsring mit ebenen Flächen im Gehäuse ruht, viele Vorteile bieten. die Norma & Co. rundet, wie Fig. 91 zeigt, die Spurplatte a an ihren äusseren Kanten kugelig ab. Ein besonderes Gehäuse b nimmt diese Spurplatte auf und schützt auch die obere Platte vor dem unmittelbaren Herausfallen. Das Spurkugellager bildet daher ein einbaufertiges Ganze. Die Kugellagerfabrik Rheinland vereinigt sogar die Spurplatte a mit dem kugeligen Teller b derart, dass die beiden Teile nach dem Einwalzen des oberen Tellerrandes c ein zusammenhängendes, nicht mehr demontierbares Ganze bilden (Fig. 92). Zuweilen weisen auch noch die Kugelkäfige der Spurkugellager Besonderseiten auf. So trifft man oft die Form nach Fig. 90 a oder 90 b. Bei Fig. 90 a

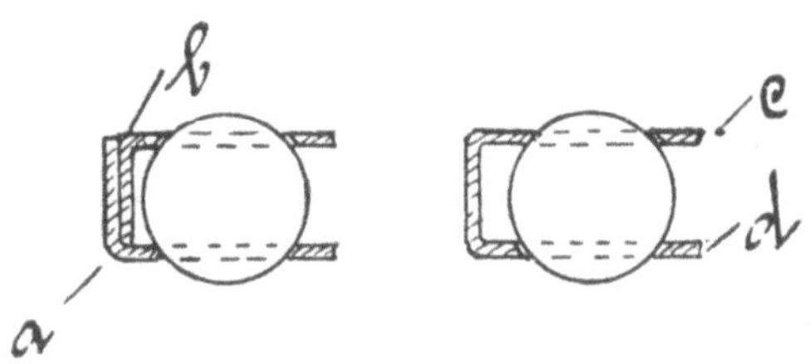

Fig. 90a. Fig. 90b.

sind zwei Platten a und b mit Profil ineinandergepresst. In der Fig. 90 b sind Ringe aus einem Stück mit Profil gefertigt (gewöhnlich aus Messing gepresst), zwischen deren Stege c und d die Kugeln eingepresst sind. Diese Stege müssen aber vorher stark auseinander gebogen werden. Die Laufkörbe für die Spurlager nach Fig. 87, 88, 89 und 92 besitzen das Bestreben, das an den Kugeln anhaftende Öl abzuschleudern. Aus diesem Grunde ist der Käfig des Spurkugellagers nach Fig. 93, System Bauschlicher, bei dem die Ränder aussen

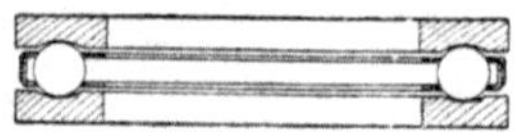

Fig. 93.

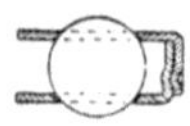

Fig. 93a.

zusammenstossen und ein geschlossenes Gehäuse bilden, vorzuziehen, weil das Öl nur nach aussen drängt ohne dass es sich entfernen könnte. Die beiden übergreifenden Ränder werden durch Körnerschläge gegen Auseinandergehen gesichert. (Siehe Fig. 93 a.)

Die Ausbildung von Kugelkörben für Spurlager erfolgt auch zuweilen, dass zwei gewöhnliche Blechscheiben nach Fig. 84 b zusammengenietet werden. Für die Kugeln werden dann Aussenkungen in den beiden Flächen derart vorgenommen, dass die Kugeln gefasst werden. Diese Methode ist aber teuerer als die nach Fig. 84, weil auch noch zum Zusammenhalten der beiden Blechringe mehrere Nieten gegeben werden müssen.

Die Weiterentwicklung des Spurlagers liegt weniger in der Gestaltung der Laufrillen, sondern nur in der Käfigausbildung.

Man wird die als richtig anerkannte Zweipunktberührung auch für die Reibung der Spurkugeln an dem Kugelkäfig übertragen.

Diese annähernde Zweipunktberührung wird dadurch erreicht, dass die zwei Käfigteile a und b nach Fig. 90 c und d die Kugeln nahe an den neutralen Drehpolen berühren. Die Löcher c sind elliptisch,

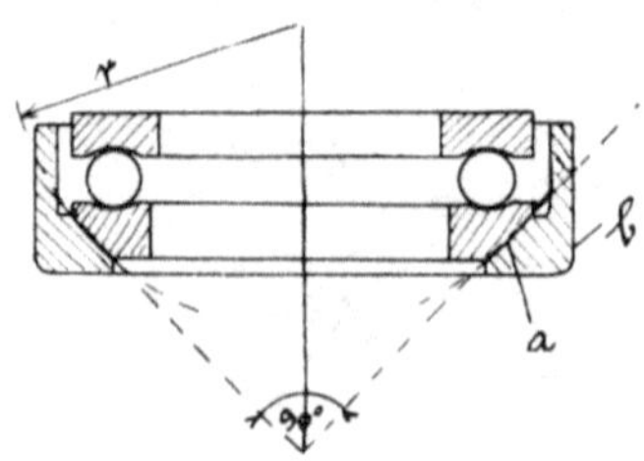

Fig. 91

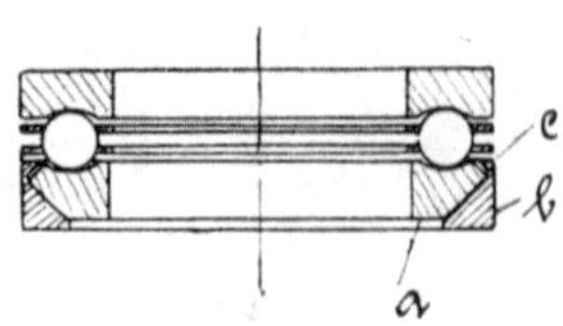

Fig. 92.

daher wird das Öl an den Kugelumfängen, wo die unmittelbare Druckbeanspruchung eintritt, nicht abgestreift. Die Ränder der Käfigscheiben sind durchgezogen, es ergeben sich hierdurch grössere Verschleissflächen ohne das Gesamtgewicht des Kugelkäfigs wesentlich zu erhöhen.

Aus dem Bestreben heraus, die Kugelkäfige ganz zu sparen, entstanden wohl die Spurkugellager der Maschinenfabrik Altenessen nach Fig. 94, die die Platte a mit einem äusseren Rande d fertigen. Dadurch sind die Kugeln eingehüllt.

Fig. 90c.

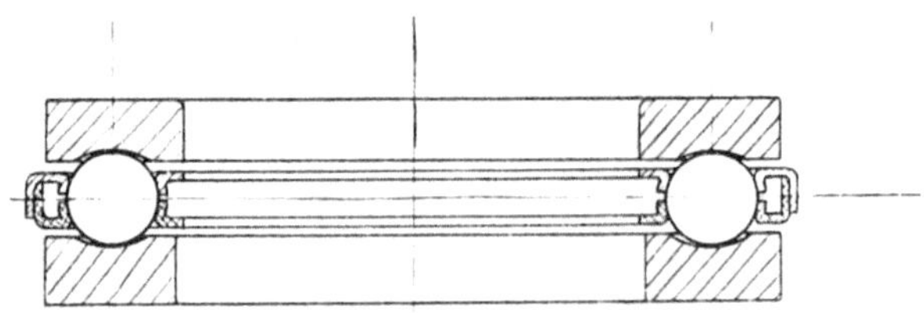

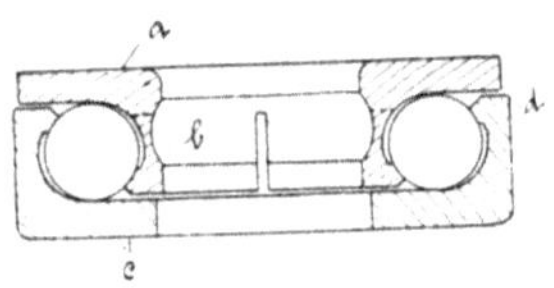

Fig. 94.

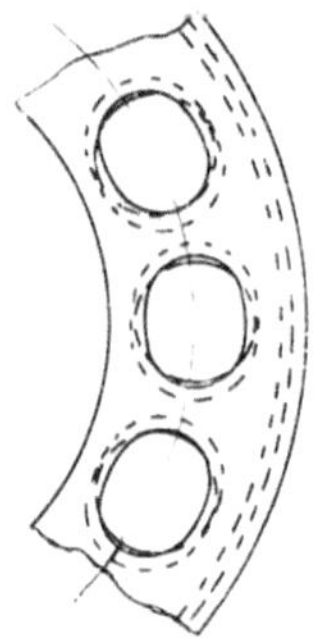

Fig. 90d.

Damit der Rand b der Spurplatte a beim Montieren über die Kugel hinweggeht, ist dieser Rand an vielen Stellen aufgeschlitzt, sodass der Rand eigentlich aus vielen Zacken besteht. Zur besseren Federung dieser Zacken ist auch noch das Material innen ausgenommen. Aber derartige Ränder behindern das Schleifen der Rillen; sie springen auch gerne beim Härten. Bei diesem Lager reiben die Kugeln aneinander, wie auch keine genügenden Hohlräume für die Schmiermittel vorhanden sind.

Zuweilen gibt man besondere Röhren a und b nach Fig. 95, die nach dem Härten und Schleifen auf die Spurplatte gepresst werden.

Die Konstruktion von Doppeldrucklagern erhellt aus den Fig. 97 und 98. Bei der Konstruktion nach Fig. 97 ist der Innenring a gewöhnlich fest mit der Welle verbunden, die Spurplatten b und c stehen fest (Norma & Co.).

Die Doppeldrucklager der D. W. M. F. nach Fig. 98 bedeuten eine Umkehrung der Konstruktion nach Fig. 97. Die Spurplatten a

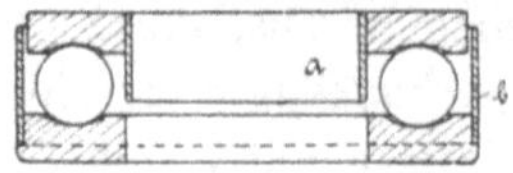

Fig. 95.

und b stehen fest, sie werden durch den Ring c, der beiderseits die üblichen kugeligen Ausnehmungen besitzt, aufgenommen. Die Spurplatten d und f sind mit der drehenden Welle verbunden.

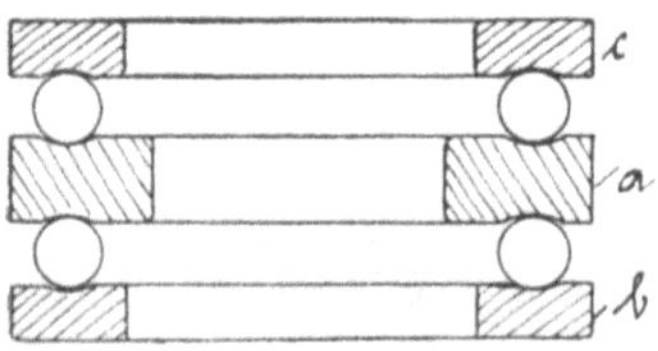

Fig. 97.

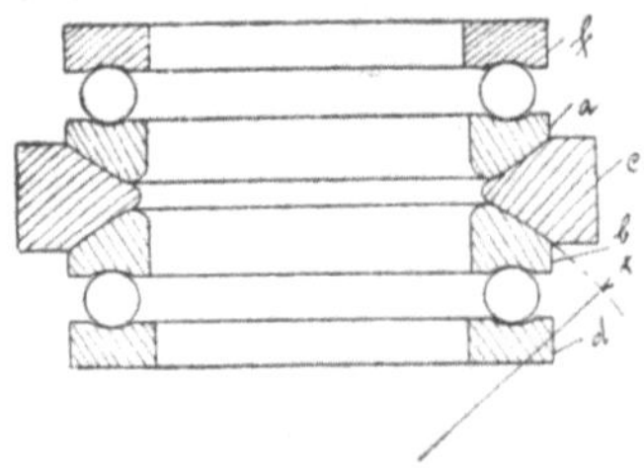

Fig. 98.

Die Norma S. Co. baut Doppeldrucklager nach Fig. 99 mit feststehenden äusseren Gehäusen. Es ist ein Spurkranz a mit zwei

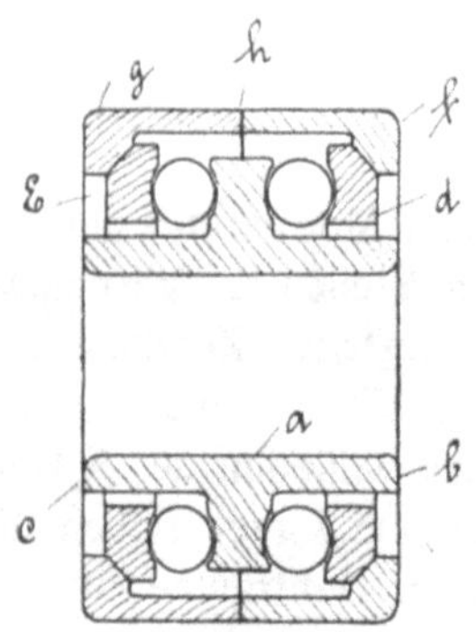

Fig. 99

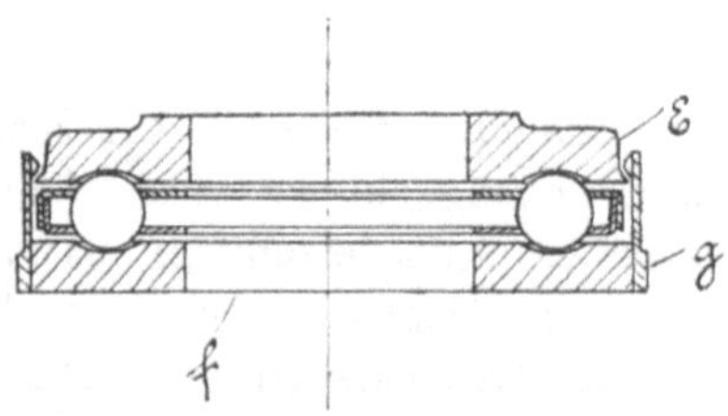

Fig. 99a.

nabenförmigen Fortsätzen b und c geschaffen, der den doppelwirkenden Druck auf die beiden feststehenden Spurplatten e und d überträgt. Diese Spurplatten ruhen mit Kugelsitz in dem Gehäuse g und f, die bei h zusammenschliessen. Das Lager ist mit allen seinen Organen ein einbaufertiges Ganzes.

Das Kugellager System Bauschlicher nach Fig. 99a kennzeichnet sich ebenfalls dadurch, dass es als einbaufertiges Ganze verwendet werden kann. Es enthält den bereits beschriebenen Käfig, der als Ölkammerring wirkt. Alle Teile sind dadurch zusammengehalten, dass Körnerspitzen über die Ringkante hinweggehen. Das alles umschliessende Gehäuse g trägt federnde Zacken und federn diese bei Einbringen der Spurplatte e auseinander. Das Gehäuse g passt nur an Stelle g in die Bohrung und ist nur dort geschliffen. Der obere Absatz dient zur Distanzhaltung bei Verwendung dieses Lagers mit einem Ringlager zusammen, ferner dient er als Schleifleiste.

21. Die zusammengesetzten Lager.

Hat man Radialdrücke und Achsialdrücke aufzunehmen (siehe Schema Fig. 96), so wird die konstruktive Durchführung dieser Auf-

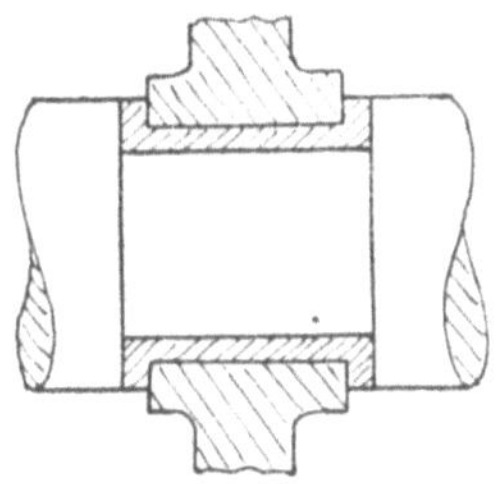

Fig. 96.r

gabe schon recht kompliziert. Durch geschickten Einbau der Wellen unter Verwendung irgend eines Ringlagers und irgend eines normalisierten Spurkugellagers ergeben sich aber befriedigende Lösungen, die im folgenden Kapital über den Einbau der Kugellager eingehender behandelt werden.

Die einfachste Lösung eines zusammengesetzten Lagers ist die nach Fig. 100. Auf der Planfläche a des inneren Laufringes laufen noch die Spurkugeln, die in dem Käfig b gefasst sind. Der Käfig wird durch die Welle d geführt. Statt der gezeichneten kugeligen Anlage kann auch eine ebene Anlage gewählt werden.

Aber auch für derartige Konstruktionsfälle existieren schon Normalien, wie dies in den Fig. 101 und 101a veranschaulicht wird.

In Fig. 101 ist das zusammengesetzte Lager der Norma & Co. veranschaulicht, bei dem der Laufring a mit einem Spurkranz b versehen ist, der die Spurkugeln aufnimmt. Der Laufring c für das Ringlager und das die Spurplatte e umschliessende Gehäuse d stossen zusammen. Der Teil a ist aber schwierig herzustellen. Der Spurkranz

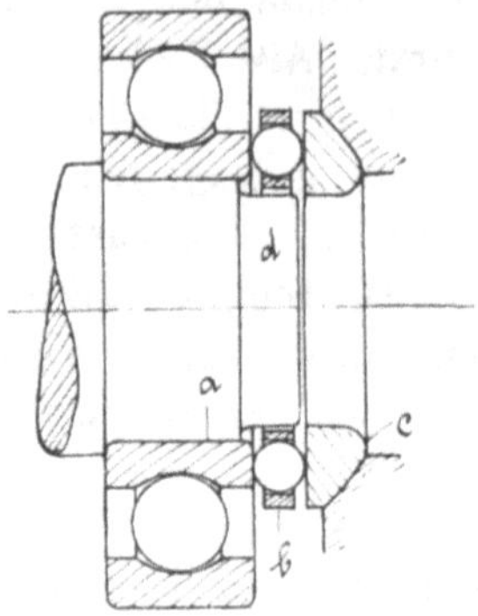

Fig. 100.

behindert das Schleifen, weshalb eine Vereinigung des Spurkranzes mit der Laufrille im allgemeinen vermieden wird.

Das zusammengesetzte Lager System Bauschlicher nach Fig. 101 a unterscheidet sich von der Norma-Konstruktion insofern,

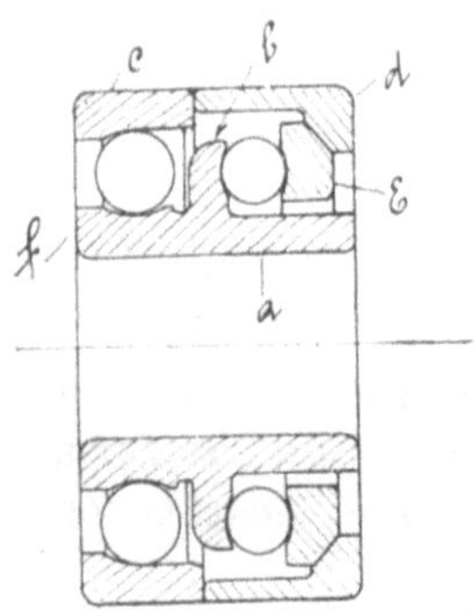

Fig. 101.

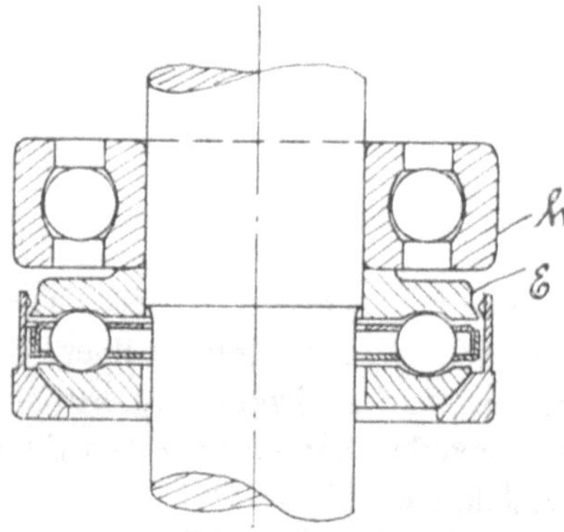

Fig. 101a.

als es ohne weiteres an ein normales Ringlager angesetzt werden kann. Mittels zweier Lagereinheiten (Ring- und Spurlager) kann der Konstrukteur allgemeiner und bequemer disponieren. Der in der früheren Fig. 93 a erscheinende Absatz stellt die wünschenswerte Distanz zwischen der Spurplatte e und dem äusseren festen Laufring h her.

Da die zusammengesetzten Lager immerhin kompliziert und teuer sind, wird man, soweit die Achsialdrucke nicht beträchtlich sind, die einfachen Ringlager verwenden und geringe additionelle Achsialdrücke zulassen. Die Grösse der seitlichen Drücke*), die für einen Ringlager zulässig sind, sollen im folgenden näher entwickelt werden.

Die Laufbahn der Kugeln ist im Aussen- wie im Innenring nach einem Kreis gebildet, dessen Radius R grösser ist als der Radius r 3 der Kugeln, damit dieselben frei rollen können. (Siehe Fig. 101 b.)

Tritt nun eine Kraft parallel zur Drehachse auf und ist S der auf eine Kugel entfallende Teil derselben, so wird der Innenring gegen den Aussenring verschoben werden, wie Fig. 101 c zeigt.

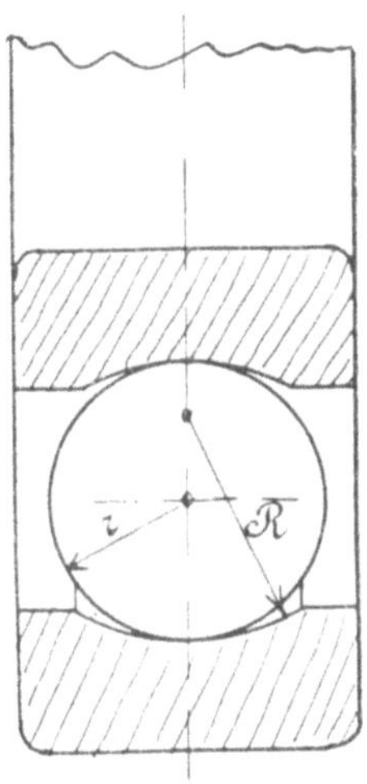

Fig. 101b.

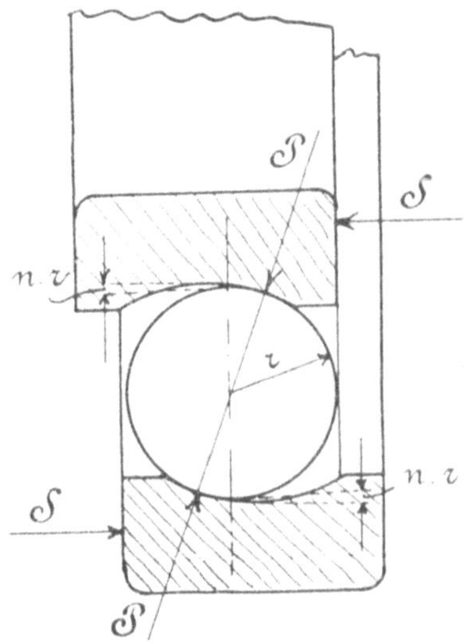

Fig. 101c.

Diese Verschiebung ist begrenzt durch das Nichtnachgeben der aus je einem Stück bestehenden geschlossenen Ringe und ist proportional dem Spielraum nr (Fig. 101 c), welchen die Kugeln zwischen den Ringen haben.

Die Kraft S kann man in Z und P zerlegen, Fig. 101 d und 101 e, hierbei ist Z die Biegungsbeanspruchung der Ringe und P die Belastung der Kugel.

Ist der Spielraum nr gering, so ersieht man ohne weiteres, dass die Kugeln einem bedeutend höheren Drucke ausgesetzt sind, als wie ihn S angibt.

*) Nach Symanzik „Motorwagen“ vom 20. Dezember 1907.

Wird nun der Laufring noch durch eine Kraft senkrecht zur Drehachse beansprucht, und ist G der grösste auf eine Kugel entfallende Teil derselben, so wird dadurch P vergrössert, wie aus dem Kräfteplan, Fig. 101 e, zu ersehen ist.

Bezeichnet ferner k das Verhältnis $\frac{R}{r}$ und behält man die vorher angeführten Bezeichnungen für die übrigen Grössen bei, so ergiebt sich aus Fig. 101 c und 101 e, wenn man die Verschiebung der beiden

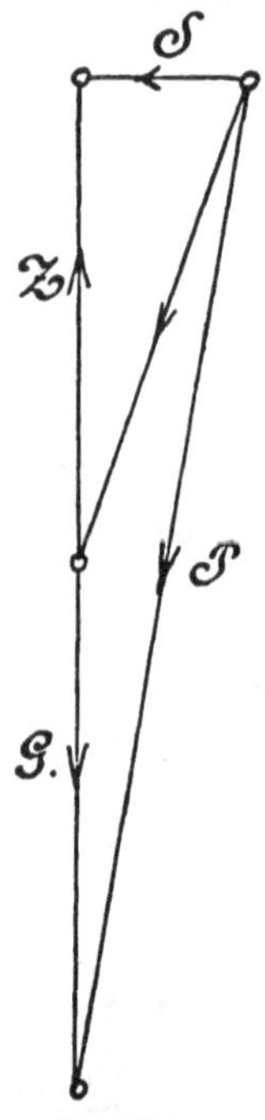

Fig. 101d.

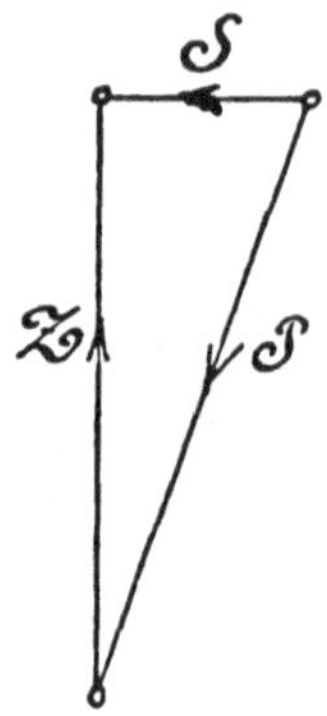

Fig. 101e.

Ringe gegeneinander unter Wirkung der vorhin genannten Kräfte festgestellt hat, nach Vornahme einiger unwesentlichen Kürzungen, folgende Beziehung zwischen den einzelnen Grössen:

$$P_2 = S_2 + \left(G + \frac{S(k-n-1)}{\sqrt{2n(k-1)}}\right)^2$$

Hieraus ergibt sich:

$$P = S\sqrt{\frac{k-1}{2n}} + G = x \cdot S + G.$$

Es ist hierbei allerdings nicht darauf Rücksicht genommen, dass die Berührungsstellen der Ringe und die Kugeln durch die Belastung elastisch nachgeben und dadurch gewissermassen den Spielraum nr vergrössern. Die Laufringe weisen jedoch, was die Spielräume nr betrifft, untereinander, wegen der kleinen Grössen, die hier in Betracht kommen, so grosse Verschiedenheiten auf, dass man von der Berücksichtigung der elastischen Zusammendrückung absehen kann.

In der folgenden Taballe sind nun verschiedene Grössen von X angegeben, welche den jeweiligen k und n entsprechen. Die angenommenen Verhältnisse k und n kommen tatsächlich noch bei den fabrikmässig hergestellten Laufringen vor.

$k =$	$n =$					
	1/500	1/800	1/1100	1/1400	1/1700	1/2000
19/10	15	18,97	22,25	25,1	27,66	30
17/10	13,23	16,73	19,62	22,14	24,39	26,46
15/10	11,18	14,14	16,58	18,71	20,62	22,36
13/10	8,66	10,5	12,85	14,49	15,96	17,32
11/10	5	6,32	7,42	8,37	9,22	10
10,5/10	3,54	4,47	5,25	5,92	6,52	7,07

Vorausgesetzt ist hierbei, dass weder der Aussenring noch der Innenring des Laufringes durch unrunde Gehäuse oder Wellen verspannt ist, oder dass Durchbiegungen der Achsen vorhanden sind. Es treten sonst für die einzelnen Kugeln Belastungsgrösen auf, die die zulässigen Grenzen weit hinter sich lassen.

Aus der Tabelle ergiebt sich, dass man den Wert x mindestens gleich 15—20 nehmen muss, menn man einigermassen sicher gehen will. —

Leider lässt sich die Grösse der seitlichen Drücke rechnerisch schwer ermitteln, weshalb man nur ungern zu einem Drucklager greift und als einfachste Konstruktion manchmal ein etwas reichlich dimensioniertes Ringkugellager allein anzuwenden versucht. Hier wird das tiefrillige nach Tabelle 3a, 3b und 3c in Frage kommen.

22. Normalien über Ringlager, Spurlager und zusammengesetzte Lager.

Das moderne Kugellager kennzeichnet sich dadurch, dass es als normalisiertes und einbaufertiges Maschinenelement von Sonderfabriken erzeugt und in Handel gebracht wird. Im Folgenden werden

Kugellager wiedergegeben, wie solche von verschiedenen Fabriken gebaut werden:

a) Tabelle I. Extra leichte Ringlager ohne Kugelkäfig. (System „Bauschlicher".)

Diese Lager kommen für feinmechanische Triebwerke, Fahrräder, Uhrwerke oder für wenig belastete Konstruktionsteile (leerlaufende Riemenscheiben) in Betracht. Die Kugelgrössen wachsen von 1/8—3/8". Die Aussendurchmesser sind daher nur unerheblich grösser als die Lagerschalen eines Gleitlagers.

Die Konstruktion des Kugellagers kennzeichnet sich dadurch, dass ein Sprengring den inneren Laufring festhält. Diese Lager stellen einen Übergang des Konuslagers zu dem Ringlager dar. Achsilen Druck nehmen sie nur auf einer Seite auf. Soll eine Welle achsial festgelegt werden, so müssen zwei Ringlager einander entgegengerichtet werden.

---

b) Tabelle II. Leichte Ringlager mit zylindrischem Aussenring der Norma Co.

Dieses Ringlager wird ebenfalls nur für geringe Belastungen verwendet, da die zylindrische Laufbahn rascher als die gekrümmte verschleisst. Es wird hauptsächlich dort angewendet, wo bereits durch Spurlager die achsialen Drücke aufgenommen und die Ringlager keinerlei Achsialdrücke aufnehmen sollen. Dies ist bei sehr langen Wellen, die sich infolge äusserer starker Einwirkungen erhitzen und sich strecken, von Vorteil. Meist sind es auch wirtschaftliche Gründe, welche zur Anwendung billiger zylindrischer Ringlager ohne Kugelkorb drängen.

Tabelle I.

Extra leichte Ringlager ohne Kugelkäfig System Bauschlicher.

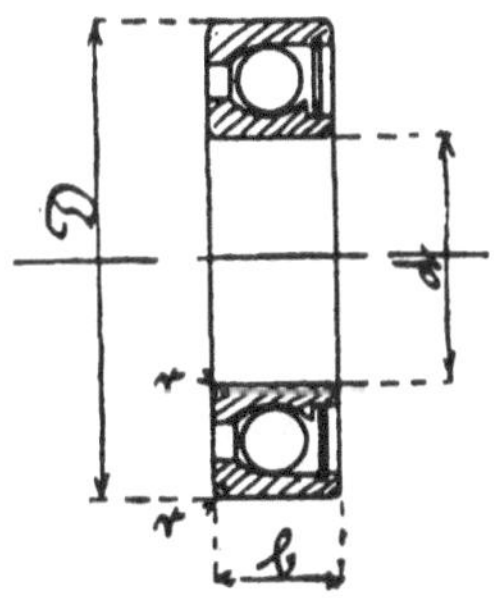

Sprengring sitzt im äusseren Laufringsystem.

No.	*d*	*D*	*b*	*r*	Gewicht in kg	Belastung in kg	Bemerkungen
8 *el*	8	25	7	0,5	—	25	Die Werte gelten nur für die ruhende Belastung.
10 „	10	27	8	0,5	—	35	
12 „	12	30	9	0,5	—	45	
14 „	14	32	10	1	—	55	
16 „	16	35	11	1	—	65	
18 „	18	40	12	1	—	80	
20 „	20	42	12	1	—	100	
22 „	22	45	13	1,5	—	115	
25 „	25	48	13	1,5	—	130	
30 „	30	52	14	1,5	—	150	
35 „	35	62	15	1,5	—	180	
40 „	40	70	16	2	—	220	
45 „	45	75	17	2	—	260	
50 „	50	80	18	2	—	300	
55 „	55	85	19	2	—	360	
60 „	60	90	20	2	—	420	

Tabelle II.

Leichte Ringlager mit cylindrischem Aussenring der Norma Co. Cannstatt.

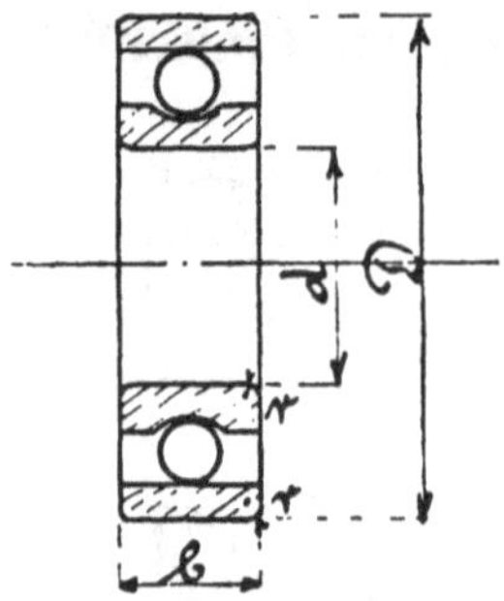

No.	*d*	*D*	*b*	*r*	Gew. in kg	Belastung in kg	Bemerkungen
L 10	10	32	8	1	—	50	Die Werte gelten nur für die ruhende Belastung.
L 12	12	35	9	1	—	65	
L 15	15	37	10	1	—	80	
L 17	17	42	12	1	—	120	
L 20	20	47	14	1	—	150	204
L 25	25	52	15	1	—	180	205
L 30	30	62	16	1	—	250	206
L 35	35	72	17	2	—	300	207
L 40	40	80	18	2	—	375	208
L 45	45	85	19	2	—	425	209
L 50	50	90	20	2	—	475	210
L 55	55	100	21	2	—	600	211
L 60	60	110	22	2	—	700	212
L 65	65	120	23	2	—	800	213
L 70	70	125	24	2	—	900	214
L 75	75	130	25	2	—	1000	215
L 80	80	140	26	3	—	1200	216
L 85	85	150	28	3	—	1300	217
L 90	90	160	30	3	—	1500	218
L 95	95	170	32	3	—	1700	219
L 100	100	180	34	3	—	1900	220

(204–220:) Entspricht den Bezeichnungen für leichte Ringlager.

c) Tabelle III. Normale Ringlager mit Doppelrillen und Kugelkäfig.

Diese baut man in drei Typen:

a) Lager für geringe Belastungen (leichte oder kleinkugelige Lager).

b) Lager für mittlere Belastungen (mittlere oder mittelkugelige Lager).

c) Lager für sehr hohe Belastungen (schwere oder grosskugelige Lager).

Auf einen Zapfen oder z. B. auf einer Welle mit 40 Durchmesser können laut Tabelle 3 Systeme aufgebracht werden:

1.	No. 208	40× 80×18	für eine zulässige Belastung von	390 kg
2.	No. 308	40× 90×23	„ „ „ „ „	650 kg
3.	No. 408	40×110×27	„ „ „ „ „	1000 kg

Mit diesen Abstufungen kommt man meist gut aus. Stellt man die spezifische Pressung des Gleitlagers für Maschinenstahl auf Bronzelager der zulässigen Kugelbelastung gegenüber, so ergibt sich, dass der Raumbedarf des Kugellagers in der Baubreite erheblich geringer ist.

Die zulässige spezifische Flächenpressung für einen Wellendurchmesser von 40 mm und eine dem grössten Laufringsystem No. 408 entsprechende Breite von 27 mm beträgt bei einer Pressung von 45 kg pro cm P = 4×2, 7×45 = 486 kg, während bei dem Kugellager No. 408 — 1000 kg Druck zulässig ist.

Die Laufringe samt Kugeln sind gehärtet. Die Kugellaufrillen, der Aussendurchmesser des äusseren Laufringes und die Bohrung des inneren Laufringes sind geschliffen. Diese beiden Durchmesser sind nach Toleranzlehren und Toleranzkalibern hergestellt und genau kalibiert. Sie bilden mit der Ringbreite zusammen jene festgelegten Abmessungen, die bei dem Einbau zu beachten sind.

Die Laufringkanten sind abgerundet. Dies erleichtert das Montieren der Laufringsysteme. Die Konstruktion der Kugelkörbe variiert bei diesen Lagern in den verschiedensten Spielarten, wie sie im Kapitel „Die Konstruktion des Ringlagers usw.“ beschrieben wurden. Die von den Kugellagerfabriken angegebenen Belastungsziffern sind möglichst nicht zu überschreiten, weil die Firmen jede Verantwortung für die Überlastung des Kugellagers ablehnen.

Als Faustregel gilt bei Lager mit stossweiser Belastung das 1,6fache der rechnungsmässig festgestellten Drücke als zulässige Belastung anzunehmen. Die in den Tabellen enthaltene Belastungsheruntersetzung bei höheren Tourenzahlen ist wieder ein für sich zu bewertender Faktor. Die Auswahl der Kugellager wird meist willkürlich gehandhabt. Nur durch sehr ausgedehnte Betriebserfahrungen und Dauerbelastungsversuche ist eine korrekte Festlegung möglich, besonders in Rücksicht auf äussere Wärmeeindrückungen auf das Lager, die bei manchen Maschinen wie Gasmotoren, Ventilatoren und Walzenstühlen auftreten. Die rechnerische Festlegung von Grenzwerten in der zulässigen Belastung ist daher noch problematisch und hier wird die Erfahrung und das konstruktive Gefühl entscheidend bleiben.

Die kleinkugeligen Lager nach Tabelle III a werden nur für wenig belastete Wellen des Maschinenbaues und sonstiger Triebwerke angewendet. Die mittelkugeligen Lager nach Tabelle III b sind am vielseitigsten verwendbar, weil sich die Aussendurchmesser noch in zulässigen Grenzen halten. Im Maschinenbau sind diese Lager sehr beliebt. Man wendet sie für Laufwerke und Arbeitsmaschinen aller Art gern an.

Die grosskugeligen Lager nach Tabelle III c werden selten verwendet. Sie dienen für ausserordentliche hohe Belastungsfälle wie sie z. B. bei Lastwagenachsen, Motorkurbelwellen und Aufzugachsen vorkommen.

Die Ringlager nach Tabelle III a, III b, III c werden massenhaft verbraucht. Dieselben werden fast von allen Kugellagerfirmen geliefert, und sind die Lager der untenbezeichneten Firmen unter sich austauschbar.

Kugellagerfabrik D. W. M. F. in Berlin, Rheinland in Düsseldorf, Schäfer & Co. in Schweinfurt, Fichtel & Sachs in Schweinfurt, Fischer A.-G. in Schweinfurt, Berliner Kugellagerfabrik G. m. b. H. in Berlin, Deutsche Kugellagerwerke in Leipzig-Plagwitz, Maschinenbau-Anstalt Altenessen in Altenessen, Denes & Friedmann in München, Norma & Co. in Cannstatt.

Tabelle III.

Normale Ringlager mit oder ohne Kugelkäfig.

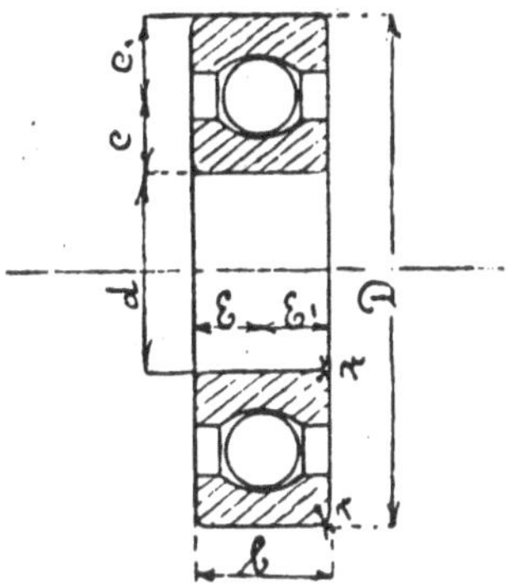

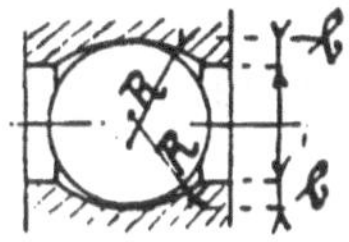

$$R = \frac{D}{2} + 0{,}5 - 1\,\text{mm}$$

$$b = \frac{1}{6}\,D$$

$$c = c_1$$

$$E = E_1$$

Tabelle IIIa. Leichte oder kleinkugelige Ringlager.

1	2	3	4	5	6	7	8	9	10	11	12	13	14
No.	d	D	b	r	Kugelanzahl mit Korb	ohne Korb	Kugel φ	Zulässige Belastung in k bis zu Umdrehungen p. Min. 150	300	500	1000	Nach der DWMF	Gew. in kg p. Stk.
201	10	32	9	0,5	10	13	3/16"	90	70	60	50	—	0,037
202	15	37	10	0,5	12	14	3/16"	110	85	75	60	—	0,052
203	17	42	13	1	14	16	7/32"	120	100	85	75	—	0,062
204	20	47	14	1	14	16	1/4"	180	125	115	100	145	0,110
205	25	52	15	1	16	19	5/16"	275	200	180	140	160	0,122
206	30	62	16	1	16	18	5/16"	320	240	200	175	250	0,204
207	35	72	17	2	18	21	5/16"	450	325	275	225	275	0,305
208	40	80	18	2	20	23	5/16"	500	400	350	275	390	0,385
209	45	85	19	2	22	25	5/16"	550	450	375	325	430	0,450
210	50	90	20	2	20	23	3/8"	600	500	425	350	460	0,505
211	55	100	21	2	22	25	3/8"	800	600	500	400	530	0,645
212	60	110	22	2	22	24	7/16"	900	650	575	450	700	0,800
213	65	120	23	2	24	26	7/16"	1000	800	725	550	660	1,050
214	70	125	24	2	22	24	1/2"	1200	1000	850	700	830	1,150
215	75	130	25	3	22	25	1/2"	1300	1100	900	750	970	1,210
216	80	140	26	3	22	24	9/16"	1400	1200	1000	800	1200	1,480
217	85	150	28	3	20	23	5/8"	1600	1300	1150	950	1300	1,825
218	90	160	30	3	20	22	11/16"	1850	1600	1400	1100	1550	2,226
219	95	170	32	3	20	22	3/4"	2000	1700	1500	1250	1700	2,732
220	100	180	34	3	20	23	3/4"	2400	2000	1600	1400	1800	3,276
221	105	190	36	3	—	—	—	2650	2250	2000	1700	2100	3,855
222	110	200	38	3	—	—	—	2800	2500	2200	1800	2300	4,666

Die Zahlenwerte in den Kolonnen 2, 3, 4, 5 sind normalisiert und werden von fast allen Kugellagerfabriken eingehalten. — Die Anzahl der Kugeln ist veränderlich ebenso die Kugelgrössen. — Die Werte der Kolonnen 6, 7, 8 entsprechen den ausgeführten Kugellagern von Dénes & Friedmann, München. — Die Zahlenwerte für die, gewissen Tourenzahlen entsprechenden Belastungen nach Kolonne 9, 10, 11, 12 sind von der Berliner Kugellagerfabrik bestimmt. — Die Zahlenwerte nach Kolonne 13 sind für mässige Geschwindigkeit (ca. 1000 Touren) zulässig und werden von der Deutschen Waffen- und Munitionsfabrik Berlin gewählt.

Tabelle IIIb. Mittelschwere oder mittelkugelige Ringlager.

1	2	3	4	5	6	7	8	9	10	11	12	13	14
300	10	35	11	1	8	11	1/4"	100	90	80	65	90	0,056
301	12	37	12	1	10	12	1/4"	125	100	90	75	110	0,067
302	15	42	13	1	12	14	1/4"	180	150	125	100	130	0,090
303	17	47	14	1	10	12	5/16"	240	175	150	125	170	0,120
304	20	52	15	1	12	14	5/16"	300	225	175	150	200	0,160
305	25	62	17	1	12	14	3/8"	450	325	275	220	280	0,251
306	30	72	19	2	12	14	7/16"	550	450	375	300	390	0,365
307	35	80	21	2	12	14	1/2"	725	570	500	400	500	0,450
308	40	90	23	2	12	14	9/16"	900	750	625	500	650	0,630
309	45	100	25	2	12	14	5/8"	1100	900	775	650	800	0,334
310	50	110	27	2	14	16	5/8"	1300	1100	900	725	950	1,091
311	55	120	29	2	14	17	5/8"	1500	1200	1000	800	1100	1,375
312	60	130	31	2	14	17	3/4"	1600	1300	1100	900	1300	1,700
313	65	140	33	3	14	17	3/4"	2000	1600	1350	1100	1500	2,060
314	70	150	35	3	16	18	3/4"	2300	1900	1600	1250	1800	2,500
315	75	160	37	3	14	16	7/8"	2550	2225	2000	1700	2000	3,000
316	80	170	39	3	14	17	7/8"	2800	2450	2100	1800	2300	3,600
317	85	180	41	3	14	16	1"	3300	2800	2275	2000	2600	4,240
318	90	190	43	3	14	17	1"	3600	3000	2500	2250	2900	4,790
319	95	200	45	3	16	18	1"	4200	3300	2800	2500	3500	5,600
320	100	215	47	3	19	16	1"	4500	3600	3000	2700	3500	6,925
321	105	225	44	3	—	—	—	5100	4000	3500	3000	3200	7,816
322	110	240	50	3	—	—	—	6000	4600	3800	3200	4600	9,226

Tabelle IIIc. Schwere oder grosskugelige Ringlager.

1	2	3	4	5	6	7	8	9	10	11	12	13	14
403	17	62	17	1	8	11	7/16"	450	350	300	270	380	0,260
404	20	72	19	2	8	11	1/2"	600	500	400	325	480	0,392
405	25	80	21	2	8	16	5/8"	800	640	500	425	600	0,580
406	30	90	23	2	10	12	5/8"	950	750	650	550	720	0,720
407	35	100	25	2	10	13	5/8"	1150	950	800	650	860	0,925
408	40	110	27	2	10	13	11/16"	1300	1150	950	750	1000	1,185
409	45	120	29	2	10	13	3/4"	1550	1300	1100	900	1350	1,530
410	50	130	31	2	12	15	3/4"	1800	1600	1300	1000	1550	1,920
411	55	140	33	2	12	14	7/8"	2300	1800	1650	1400	1750	2,320
412	60	150	35	3	10	13	1"	2400	2000	1750	1500	2000	2,800
413	65	160	37	3	12	14	1"	2700	2500	2100	1600	2200	3,300
414	70	180	42	3	12	15	1"	3200	2600	2200	1800	2800	4,800
415	75	190	45	4	14	16	1"	—	—	—	—	—	—
416	80	200	48	3	14	17	1"	3800	3300	2600	2200	3300	6,650
417	85	210	51	3	14	16	1 1/8"	—	—	—	—	—	—
418	90	225	54	3	14	16	1 3/16"	4900	4400	3500	2700	4700	9,180
419	95	240	57	3	14	16	1 1/4"	—	—	—	—	—	—
420	100	265	60	3	16	18	1 1/4"	6500	5400	4500	3800	6300	15,230

d) Tabelle IV. Ringlager mit Spannhülse und Kugelkäfig.

Die Lager nach Tabelle III a, III b und III c sind für abgesetzte Wellen. Für glatte Wellen sind die Ringlager mit Spannhülsen zu wählen. Die Befestigung des Ringlagers erfolgt durch eine konische Spannhülse und Mutter. Für sehr hohe Beanspruchungen vermeidet man derartige Lager, weil die Vielgliedrigkeit die Betriebssicherheit einschränkt. Natürlich wird man für manche Konstruktionsfälle glatte Wellen an Arbeitsmaschinen und dergl. diese Lager nicht umgehen können. Es ist eben auf eine gute Montage der Spannhülsen auf den Wellen und auf sauber geschliffene Sitzstellen zu achten.

Für Wellenleitungen wendet man meist nur kleine oder sogenannte mittelgrosse Lager an. Die schweren grosskugeligen Lager werden selten angewendet. Vielfach sind für Wellenleitungen einstellbare Ringlager notwendig, die entweder einen sphärischen Hilfsring oder einen kugeligen äusseren Laufring tragen.

---

e) Tabelle V. Doppelreihige Ringlager der NormaCo.

Diese stellt man in einfachster Weise durch Aneinanderreihen zweier normaler Laufringsysteme zusammen. Immerhin ist aber die Festhaltung zweier zusammenstossender innerer Laufringe nicht so gut, als wenn ein gemeinsamer innerer Laufring, wie das die Figur auf der Tabelle V veranschaulicht, befestigt wird. Man wird das mehrreihige Lager dort anwenden, wo das grosskugelige mit seinen grossen Laufringdurchmessern aus Platzmangel stört. Diese doppelreihigen Ringlager der NormaCo. dienen auch dazu, um nach beiden Seiten hin einen geringen achsialen Druck aufzunehmen, weil, wie bereits erwähnt, bei dem einzelnen Lager mit nach einer Seite zylindrisch verlaufender Laufrille nur nach einer Seite hin ein Achsialdruck aufgenommen werden kann. Im allgemeinen soll man bei dem doppelreihigen Lager nicht annehmen, dass es den doppelten Druck als ein einreihiges Lager gleicher Abmessung aufnimmt, weil zwei Lager, wie die Erfahrung lehrt, nie gleichmässig tragen. 1. Die Wellen federn bei jeder Belastung durch und wird stets das den Arbeits-

Tabelle IV.

Ringlager mit Spannhülse und Kugelkäfig.

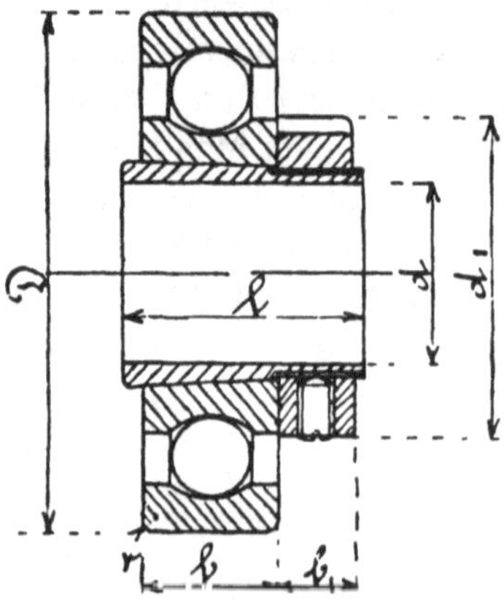

Tabelle IVa. Leichte oder kleinkugelige Ringlager.

1	2	3	4	5	6	7	8	9	10	11	12	13
No.	d	D	b	r	d_1	b_1	l	Zulässige Belastung in kg bis zu Umdrehungen pro Min.				Gew. p. Stück in kg
								150	300	500	1000	
504	20	52	15	1	33	10	30	275	200	180	140	0,165
505	25	62	16	1	40	10	32	320	240	200	175	0,280
506	30	72	17	2	47	11	35	450	325	275	225	0,414
507	35	80	18	2	53	11	36	500	400	350	275	0,516
508	40	85	19	2	58	11	37	550	450	375	325	0,604
509	45	90	20	2	63	12	39	600	500	425	350	0,692
510	50	100	21	2	69	12	41	800	600	500	400	0,855
511	55	110	22	2	75	13	43	900	650	600	450	1,070
512	60	120	23	2	83	14	45	1000	800	700	550	1,420
513	65	130	25	2	92	15	48	1300	1100	900	750	1,774
514	70	140	26	3	98	15	50	1400	1200	1000	800	2,121
515	75	150	28	3	105	16	53	1600	1300	1100	950	2,583
516	80	160	30	3	111	17	56	1850	1600	1400	1100	3,151
517	85	170	32	3	118	18	60	2000	1700	1500	1250	3,842
518	90	180	34	3	125	19	63	2400	2000	1600	1400	4,630
519	95	160	36	3	131	19	66	2650	2250	2000	1700	5,372
520	100	200	38	3	139	20	70	2800	2500	2200	1800	6,152

Tabelle IVb. Mittelschwere oder mittelkugelige Ringlager.

1	2	3	4	5	6	7	8	9	10	11	12	13
604	20	62	17	1	36	10	33	450	325	275	220	0,311
605	25	72	19	2	43	11	37	550	450	375	300	0,436
606	30	80	21	2	48	11	39	725	570	500	400	0,573
607	35	90	23	2	54	12	42	900	750	625	500	0,877
608	40	100	25	2	61	12	44	1100	900	275	650	1,017
609	45	110	27	2	67	13	47	1300	1100	900	725	1,322
610	50	130	31	2	80	16	55	1600	1300	1100	900	2,256
611	55	140	33	3	86	17	58	2000	1600	1350	1100	2,796
612	60	150	35	3	92	18	61	2300	1900	1600	1250	3,348
613	65	160	37	3	99	19	65	2550	2225	2000	1700	4,056
614	70	170	39	3	105	19	68	2800	2450	2100	1800	4,794
615	75	180	41	3	111	20	71	3300	2800	2275	2000	4,656
616	80	190	43	3	117	20	74	3600	3000	2500	2250	6,309
617	85	200	45	3	124	21	77	4200	3300	2800	2500	7,266
618	90	215	47	3	132	21	80	4500	3600	3000	2700	7,932
619	95	225	49	3	138	22	83	5100	4000	3500	3000	10,146
620	100	241	50	3	145	22	85	6000	4600	3800	3200	12,752

---

drücken am nächsten gelagerte Ringlager einen stärkeren Druck als das entferntere erhalten. Diese ungleiche Verteilung der Kräfte auf beide Kugelreihen wird umso grösser, je weiter die beiden Kugelreihen auseinander liegen.

2. Die ungleichmässige Belastung zweier nebeneinander liegenden Kugelreihen liegt auch noch in der praktischen Unmöglichkeit begründet, die Laufrillen und die Kugel mathematisch gleich auszuführen. Wenn allerdings der Druck zwischen den zwei Kugelreihen (in der Stossfuge der äusseren Ringe) angreift, so entfallen die unter Punkt 1 geäusserten Bedenken, die Nachteile nach Punkt 2 bleiben bestehen.

Tabelle V.

Doppelreihige Ringlager ohne Kugelkäfig der Norma Co. Cannstatt.

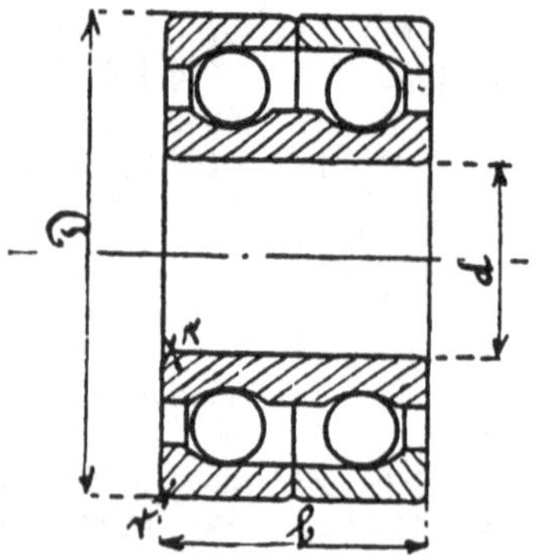

Tabelle Va. Leichte oder Mehrkugelige Ringlager.

1	2	3	4	5	6	7
No.	*d*	*D*	*b*	*r*	Zulässige Belastung in kg	Bemerkungen.
2×202	15	37	20	0,5	80 (160)	Andere Fabriken fertigen auch die Grösse 17×42×20 an.
2×203	20	42	20	0,5	120 (240)	
2×204	20	47	28	1	150 (300)	
2×205	25	52	30	1	180 (360)	
2×206	30	62	32	1	250 (500)	Die Belastung eines doppelreihigen Ringlagers darf nicht doppelt so gross sein, als ein einfaches Lager (besonders bei einer zylindrischen Lauffläche nicht).
2×207	35	72	34	2	300 (600)	
2×208	40	80	36	2	375 (750)	
2×209	45	85	38	2	425 (850)	
2×210	50	90	40	2	475 (950)	
2×211	55	100	42	2	600 (1200)	
2×212	60	110	44	2	700 (1400)	
2×213	65	120	46	2	800 (1600)	
2×214	70	125	48	2	900 (1800)	
2×215	75	130	50	3	1000 (2000)	
2×216	80	140	52	3	1200 (2400)	
2×217	85	150	56	3	1300 (2600)	
2×218	90	160	60	3	1500 (3000)	
2×219	95	170	64	3	1700 (3400)	
2×220	100	180	68	3	1900 (3800)	

Tabelle Vb. Mittelschwere oder mittelkugelige Ringlager.

1	2	3	4	5	6	7
2×300	10	35	22	1	80 (160)	
2×301	12	37	24	1	90 (180)	
2×302	15	42	26	1	130 (260)	
2×303	17	47	28	1	170 (340)	
2×304	20	52	30	1	200 (400)	
2×305	25	62	34	1	260 (520)	
2×306	30	72	38	2	380 (760)	
1×307	35	80	42	2	500 (1000)	
2×308	40	90	46	2	650 (1300)	
2×309	45	100	50	2	700 (1400)	
2×310	50	110	54	2	900 (1800)	
2×311	55	120	58	2	1100 (2200)	
2×312	60	130	62	2	1350 (2700)	
2×313	65	140	66	3	1500 (3000)	
2×314	70	150	70	3	1750 (3500)	
2×315	75	160	74	3	1900 (3800)	
2×316	80	170	78	3	2300 (4600)	
2×317	85	180	82	2	2500 (5000)	
2×318	90	190	86	3	3000 (6000)	
2×319	95	200	90	3	3200 (6400)	
2×320	100	215	94	3	3500 (7000)	
2×321	105	225	98	3	3800 (7600)	
2×322	110	240	100	3	4600 (9200)	

---

f) Tabelle VI. Laufkörbe mit Kugeln für Spurlager von Dénes & Friedmann.

Diese Laufkörbe werden dort verwendet, wo bereits gehärtete Planflächen an den übrigen Maschinenteilen bestehen und das Spurlager denkbar einfach gestaltet sein muss. Die einfachste Methode, nur Kugeln in gehärteten Rillen der einander zugewendeten Maschinenteile laufen zu lassen, ist bei horizontalen Wellen nicht gut zulässig, weil die Kugeln bei jeder Distanzveränderung zwischen dem festen und dem drehenden Maschinenteil nach unten zusammenfallen. (Horizontallage der Welle vorausgesetzt.)

Ein Käfigring verhindert dies, ferner verhindert er die Reibung der Kugeln unter sich, was bei hohen Tourenzahlen, hohen Belastungen und bei dem Umstand, dass fast alle Kugeln tragen, noch wichtiger als bei Ringlager ist. Bei sehr hohen Spurlagerdrücken gibt man mehrreihige Spurlagerkörbe.

Wenn man Laufkörbe anwendet, insbesondere mehrreihige, sind oft Laufrillen überflüssig. Es genügt dann, die Kugeln zwischen zwei gehärteten Planflächen laufen zu lassen. Die Kugelfassung auf unserer Figur auf Tabelle VI ist sehr solid. Eine eigentliche Schmiereinrichtung für die Kugeln besteht hier nicht. Diese Spurlagerkonstruktionen wendet man nur für geringe Belastungen und vielfach im Maschinenbau für Schneckengetriebe, Fraisspindeln, Centrifugen usw. an.

---

g) Tabelle VII. Plattenspurlager einreihig und mehrreihig.

Diese Spurlager gelten als normal. Sie werden massenhaft für alle möglichen Zwecke des Maschinenbaues verwendet und in ziemlich gleichen Abmessungen von allen Kugellagerfabriken gefertigt. Unter den Fabrikaten bestehen wesentliche Abweichungen. Die Spurlager werden oft mit Gleitlager zusammen verwendet und können aus diesem Grunde nicht immer die normalisierten Typen verwendet werden. Diese Spurlager sollen nur bei starren Wellen angewendet werden, wo nur geringe Wellendurchbiegungen stattfinden, weil bei jeder Durchbiegung der Welle die Kugeln nicht mehr gleich belastet werden.

Laufkörbe gelten als normal. In der Regel werden nur zwei Messingplatten mit Löcher angewendet. Vielfach werden auch zwei- und dreireihige Spurlager gebaut. Bei steigender Tourenzahl werden die Belastungen heruntergesetzt. Die Zahlenwerte gelten nur überschläglich. Stets wird man zwischen ruhender und stossweiser Belastungen unterscheiden müssen. Bei stossweiser Belastung wird man das 1,6fache der rechnerisch ermittelten Belastung als zulässige Belastung einsetzen. Meist steht die Platte mit der weiteren Bohrung still, die mit der engeren Bohrung schlägt an die umlaufende Welle an.

Tabelle VI.

Kugelkorb für Spurlager Denes & Friedmann München.

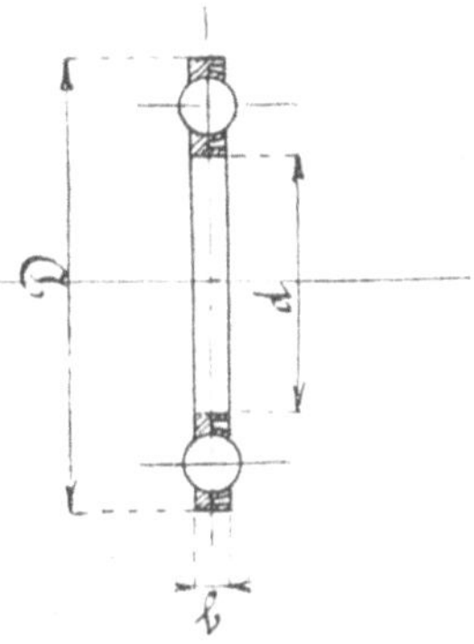

Einreihige Kugelkörbe.

No.	d	D	b	Kugeln Zahl	Kugeln φ
K 0	11	25	2	10	5/32"
K 1	13	30	3	12	5/32"
K 2	16	33	3,5	14	5/32"
K 3	18	37	4	12	3/16"
K 4	21	42	4	14	3/16"
K 5	26	47	4,5	16	3/16"
K 6	31	52	4,5	16	1/4"
K 7	36	62	5	14	5/16"
K 8	41	64	5	16	5/16"
K 9	46	73	5,5	16	3/8"
K 10	51	78	5,5	18	3/8"
K 11	56	83	6	18	3/8"
K 12	61	92	6	16	7/16"
K 13	66	100	7	18	7/16"
K 14	71	103	7	20	7/16"
K 15	76	108	8	18	1/2"
K 16	81	115	8	20	1/2"
K 17	86	125	9	18	9/16"
K 18	91	132	9	20	9/16"
K 19	96	140	10	20	5/8"
K 20	110	150	10	18	3/4"

Zweireihige Kugelkörbe.

No.	d	D	b	Kugeln Zahl	Kugeln φ
L 0	11	30	2	12	5/32"
L 1	13	33	3	14	5/32"
L 2	16	37	3,5	16	5/32"
L 3	18	42	4	14	3/16"
L 4	21	47	4	16	3/16"
L 5	26	52	4,5	18	3/16"
L 6	31	62	4,5	18	1/4"
L 7	36	64	5	16	5/16"
L 8	41	73	5	18	5/16"
L 9	46	78	5,5	18	3/8"
L 10	51	83	5,5	20	3/8"
L 11	56	90	6	20	3/8"
L 12	61	100	6	20	7/16"
L 13	66	103	7	22	7/16"
L 14	71	108	7	24	7/16"
L 15	76	115	8	24	1/2"
L 16	81	125	8	26	1/2"
L 17	86	132	9	24	9/16"
L 18	91	140	9	28	9/16"
L 19	96	150	10	28	5/8"
L 20	101	160	10	26	3/4"

Tabelle VII.

Plattenspurkugellager mit Kugelkäfig.

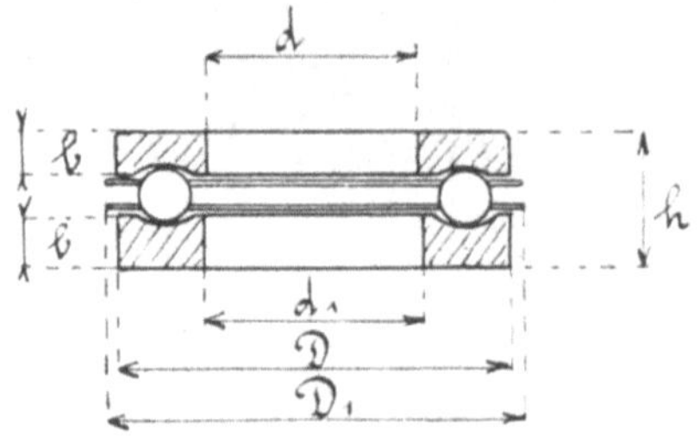

Einreihige Spurkugellager.

No.	d	d_1	D	D_1	h	b	Kugeln Zahl	Kugeln φ	Zulässige Belastung bei Touren pro Min. 200	500	1000	1500	2000
G 0	10	11	25	27	9	2,5	10	5/32"	25	20	15	12	10
G 1	12	13	30	32	11	3,5	12	5/32"	40	34	28	23	20
G 2	15	17	33	37	12	4	14	5/32"	55	46	40	34	30
G 3	17	18	37	39	14	4,5	12	3/16"	80	70	62	55	50
G 4	20	21	42	44	14	4,5	14	3/16"	130	115	100	85	75
G 5	25	26	47	49	15	5	16	3/16"	180	160	140	120	100
G 6	30	31	52	54	15	4,5	16	1/4"	250	225	200	175	150
G 7	35	37	62	64	17	4,5	14	5/16"	350	300	260	225	200
G 8	40	42	64	66	17	4,5	16	5/16"	450	400	350	300	250
G 9	45	47	73	75	20	5	16	3/8"	600	500	425	350	300
G 10	50	52	78	80	20	5	18	3/8"	750	650	575	490	380
G 11	55	57	83	85	23	6,5	18	3/8"	950	850	720	620	460
G 12	60	62	92	94	23	7	16	7/16"	1200	1000	870	700	560
G 13	65	67	100	102	28	8,5	18	7/16"	1450	1200	1000	850	660
G 14	70	72	103	105	28	8,5	20	7/16"	1700	1400	1200	950	780
G 15	75	77	108	110	32	9,5	18	1/2"	1900	1550	1300	1150	900
G 16	80	82	115	117	32	9,5	20	1/2"	2150	1750	1400	1200	1050
G 17	85	87	125	127	35	10,5	18	9/16"	2400	2000	1700	1350	1200
G 18	40	92	132	134	35	10,5	20	9/16"	2600	2200	1850	1650	1400
G 19	95	97	140	142	40	12	20	5/8"	2800	2400	2000	1750	1600
G 20	100	102	150	152	45	13	18	3/4"	3000	2650	2300	2000	1800

h) Tabelle VIII. Spurlager mit Kugelsitz.

Diese Spurlager sind konstruktiv vollendeter als die Plattenspurlager und werden, wo nicht gerade der Kostenpunkt und die schwierige Ausbildung des Kugelsitzes stört, diese die Lager nach Tabelle VII ersetzen. Bei dünnen Wellen, die stark durchfedern, oder bei Wellen, deren Rahmen unter starken äusseren Erschütterungen leidet, sollte man prinzipiell denKugelsitz vorziehen, da nur dieser allein die Gewähr gibt, dass die Kugeln gleichmässig tragen. Auch in Rücksicht auf Arbeitsfehler wird das einstellbare Spurlager stets von Vorteil sein. Bei langen Wellenleitungen, die achsiale Drücke aufnehmen, ist nur das Spurlager mit Kugelsitz zu nehmen. Im übrigen gelten für die zulässige Belastung dieselben Leitsätze, wie sie bei Plattenspurlager ausgesprochen wurden. Auch diese Spurlager werden von allen Kugellagerfabriken in ziemlich gleichen Abmessungen gefertigt.

---

i) Tabelle IX. Spurlager mit Kugelsitz und Hilfsteller der Kugellagerfabrik Rheinland in Düsseldorf.

Diese Firma fertigt prinzipiell nur Spurlager mit Kugelsitz, in Rücksicht auf die bessere konstruktive Wirkung. Da aber der Kugelsitz nur mit Hilfe von einem Kugelsupport genau hergestellt werden kann und sich im Maschinenbau nicht jeder Rahmen kugelig ausdrehen lässt, sondern höchstens eine ziemlich ungenaue Bearbeitung mittels kugeligen Senkern Platz greifen kann, gibt man eine Hilfsplatte aus weichem Material, die mit der kugeligen Spurplatte unlösbar verbunden ist. Dies Verbindung erfolgte durch Einwalzen des oberen Randes über die Spurplattenkante. Im übrigen ist die Ausführung des Laufkorbes samt der Laufrille normal und gelten auch hier alle Leitsätze, die beim Einbau von Spurlagern nach Tabelle VII bereits aufgestellt wurden.

Tabelle VIII.
Spurkugellager mit Kugelsitz.

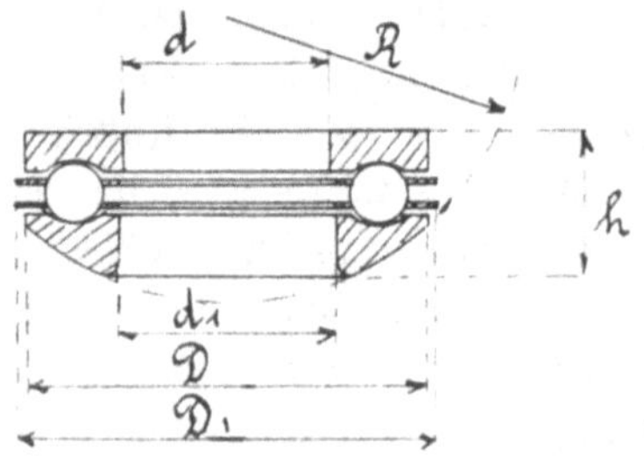

Einreihige Spurkugellager.

No.	d	d_1	D	D_1	h	R	Kugeln Zahl	Kugeln φ	Tragfähigkeit bei Touren pro Min. 200	500	1000	1500	2000
J 0	10	11	25	27	11	30	10	5/32"	25	20	15	12	10
J 1	12	13	30	32	13	35	12	5/32"	40	34	28	23	20
J 2	15	16	33	37	15	40	14	5/32"	55	46	40	34	30
J 3	17	18	37	39	18	45	12	3/16"	80	70	62	55	50
J 4	20	21	42	44	18	50	14	3/16"	130	115	100	85	75
J 5	25	26	47	49	21	55	16	3/16"	180	160	140	120	100
J 6	30	31	52	54	21	60	16	1/4"	250	225	200	175	150
J 7	35	37	62	64	25	65	14	5/16"	350	300	260	225	200
J 8	40	42	64	66	25	70	16	5/16"	450	400	350	300	250
J 9	45	47	73	75	30	75	16	3/8"	600	500	425	350	300
J 10	50	52	78	80	30	80	18	3/8"	750	650	575	490	380
J 11	55	57	83	85	32	85	18	3/8"	950	850	720	620	460
J 12	60	62	90	92	32	90	16	7/16"	1200	1000	870	700	560
J 13	65	67	100	102	36	95	18	7/16"	1550	1200	1000	850	660
J 14	70	72	103	105	36	100	20	7/16"	1700	1400	1200	950	780
J 15	75	77	108	110	40	105	18	1/2"	1900	1550	1300	1150	900
J 16	80	82	115	117	40	110	20	1/2"	2150	1750	1400	1200	1050
J 17	85	87	125	127	45	115	18	9/16"	2400	2000	1700	1350	1200
J 18	90	92	132	134	45	120	20	9/16"	2600	2200	1850	1650	1400
J 19	95	97	140	142	50	125	20	5/8"	2800	2400	2000	1750	1600
J 20	100	102	150	152	50	130	18	3/4"	3000	2650	2390	2000	1800

Tabelle IX.

Spurkugellager mit Kugelsitz und Hülfsteller System Rheinland.

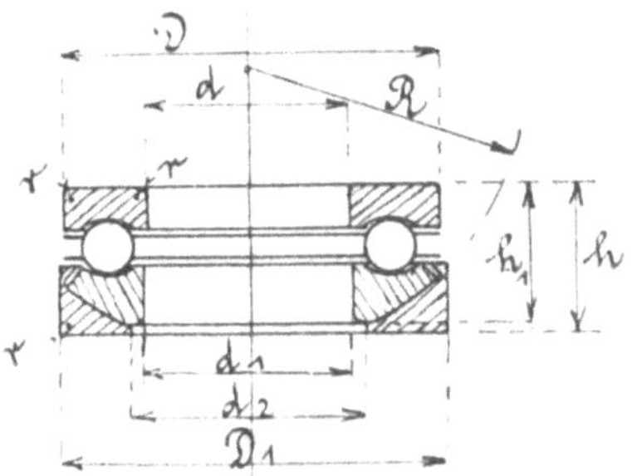

Einreihige Spurkugellager.

No.	d	d_1	d_2	D	D_1	h	h_1	R	r	Gew. p. Stück	Zulässige Belastung in kg bis zu Umdrehungen per Min. 10	150	300	500	1000	1500
902 a	10	25	—	30	35	15	14	25	1	0,080	500	150	130	110	85	65
903 a	15	17	—	35	40	16	15	30	1	0,115	600	195	165	140	110	85
904 a	20	22	—	42	45	18	16	35	1	0,150	800	250	220	180	145	110
905 a	25	27	—	47	50	18	17	35	1	0,170	1000	310	265	225	180	135
906 a	30	32	—	53	55	19	18	40	1	0,205	1100	350	300	250	200	150
907 a	35	37	—	62	65	23	21	50	1	0,290	1500	450	400	300	250	200
908 a	40	42	—	64	70	24	21	50	1	0,335	1600	550	450	350	300	250
909 a	45	47	—	73	80	27	25	60	1	0,495	2100	700	550	400	350	300
910 a	50	52	—	78	85	27	25	65	1	0,570	2300	800	650	500	400	350
911 a	55	57	—	88	95	31	28	70	1	0,795	2900	1000	750	600	500	400
912 a	60	62	—	90	95	31	28	75	1	1,145	3100	1100	850	700	550	450
913 a	65	67	—	100	105	35	32	80	1,5	1,230	3800	1200	1000	800	650	550
914 a	70	72	—	103	110	35	32	85	1,5	1,320	4000	1400	1100	900	700	600
915 a	—	—	—	—	—	—	—	—	—	—	—	—	—	—	—	—
916 a	80	82	—	115	120	39	35	95	1,5	1,550	5000	1700	1200	1100	800	700
917 a	85	88	—	125	135	41	38	105	1,5	2,075	6000	2000	1500	1300	950	850
918 a	—	—	—	—	—	—	—	—	—	—	—	—	—	—	—	—
919 a	95	98	—	140	150	44	41	115	1,5	2,750	7000	2400	1900	1600	1150	1000
921 a	105	108	—	155	160	50	46	130	1,5	3,340	8000	2700	2200	1800	1400	1200
923 a	115	118	—	165	175	53	49	140	2	4,120	10000	3200	2500	2200	1600	1300
925 a	125	128	—	175	185	56	52	150	2	5,050	11000	3700	2900	2400	1900	1400
928 a	140	143	—	200	210	63	58	170	2	7,500	13000	4800	3700	3000	2200	1700

k) Tabelle X. Spurlager mit Kugelsitz und Gehäuse der Norma Co. in Cannstatt.

Die Spurlager der Norma & Co. sind aus dem Grunde sorgfältig durchgearbeitet, weil die Ringlagerkonstruktion stets eine Ergänzung durch Spurlager nach der einen Richtung hin, wo ein Achsialdruck wirkt, nötig hat. Die Firma hat übrigens den Konstruktionsgrundsatz konsequent durchgeführt, achsiale Drücke überhaupt nicht durch das Ringlager aufzunehmen und normalerweise wo zusammengesetzte Drücke auftreten, stets gesonderte Lager, Ring- und Spurlager, anzuwenden. Es muss zugegeben werden, dass der Konstruktionsstandpunkt theoretisch vollkommen berechtigt ist. Andererseits wird aber die Kugellagerung mittels zusammengesetzter Lager sehr teuer.

Man wird daher stets die tiefrilligen Ringlager nach Tabelle III a, III b und III c ohne Zuhilfenahme eines Spurlagers aus wirtschaftlichen Gründen für geringe Achsialdrücke normal anwenden und nur bei rechnerisch feststellbaren Achsialdrücken ein Ringlager mit dem Spurlager zusammen verwenden. Oft spricht auch der Platzmangel gegen die Verwendung zusammengesetzter Lager.

Das Gehäuse des Normalspurlagers enthält den Kugelsitz für die feste Spurplatte. Es ist abweichend von dem Rheinlandlager so gross wie der Durchmesser der äusseren Laufringe, wodurch der Einbau eines Kombinationslagers in dieselbe Bohrung ermöglicht ist. Ein fester Verband zwischen Spurplatte mit Kugelsitz und dem Gehäuse existiert nicht.

---

l) Tabelle XI. Spurlager mit Spurplattenkorb. System „Bauschlicher“.

Dieses Spurlager kennzeichnet sich dadurch, dass es in allen seinen Teilen wie Kugeln, Spurplatte mit Kugelsitz, Spurplattenkorb mit Kugelsitz und dem bereits ausführlich beschriebenen Laufkorb für die Kugeln in ähnlicher Weise wie das Ringlager ein einbaufertiges Ganze bildet, deren Teile nie verwechselt werden können. Der Spurplattenkorb ist mit einer Schleifleiste ausgebildet und passt für die drei Laufringsysteme nach Tabelle III a, III b und III c. Das Spurlager wird mit irgend einem Ringlager zusammen in eine bestimmte Bohrung eingesetzt und dient in dieser Form als Kombinationslager. Es kann natürlich auch für sich allein eingebaut werden, und ist die Übereinstimmung mit dem Ringlagerdurchmesser eine Erweiterung der Normalien, die für den Konstrukteur, der den Gedanken der Massenfabrikation konsequent im Auge behält, Vorteile bietet, die hier nicht näher begründet zu werden brauchen.

---

m) Tabelle XII. Doppeldrucklager ohne Kugelsitz der Norma Co. in Cannstatt.

Bei diesen Lagern gelten alle Leitsätze, wie sie bei den einfachen Plattenspurlagern nach Tabelle 7 ausführlich aufgestellt wurden. Die mittlere Spurplatte mit der engen Bohrung bewegt sich mit der Welle und wird mittels Stellring und Mutter mit dieser befestigt. Die äusseren Spurplattenringe stehen still. Eine Übereinstimmung der Spurplattendurchmesser mit den Aussendurchmessern der Ringlager nach Tabelle III a, III b und III c besteht nicht.

---

n) Tabelle XIII. Doppeldrucklager mit Kugelsitz und Gehäuse der Norma Co. in Cannstatt.

Diese Doppeldrucklager kennzeichnen sich dadurch, dass die festen Spurplatten mit ihren kugeligen Platten in zwei festeingespannten zusammenstossenden Gehäuse sitzen. Die gleichmässige Druckverteilung auf die beweglichen Spurplatten ist also gesichert. Im übrigen gelten die Leitsätze, die über Spurkugellager der Tabelle VIII, IX und X aufgestellt wurden.

Tabelle X.

Spurkugellager mit Kugelsitz und Gehäuse der Norma Co.

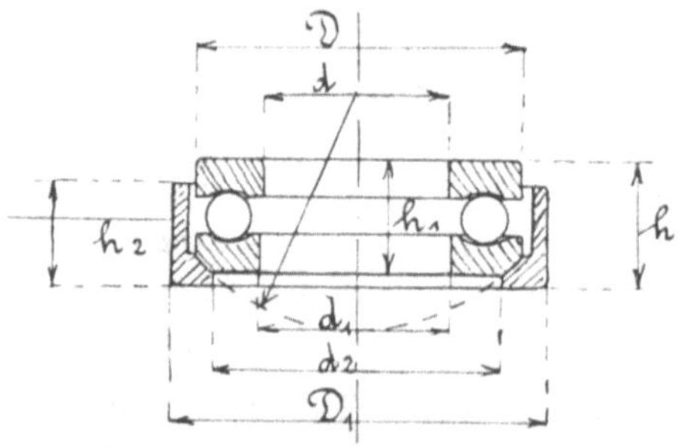

Einreihige Spurkugellager.

No.	d	d_1	d_2	D	D_1	h	h_1	h_2	r	Zulässige Belastung in kg bei Touren pro Min. 500
DGL 20	20	20,1	34	39	47	15	13,2	13	1	100
DGL 25	25	25,1	40	45	52	16	14	14	1	130
DGL 30	30	30,1	48	53	62	18	15,5	16	1	200
DGL 35	35	35 1	51	57	66	20	17,3	18	2	250
DGL 40	40	40,1	58	64	72	22	19	20	2	300
DGL 45	45	45,1	65	72	80	26	22,5	23	2	450
DGL 50	50	50,1	72	80	90	28	24,5	25	2	500
DGL 55	55	55,1	79	88	100	32	28	28	2	650
DGL 60	60	60,1	88	98	110	36	30,5	32	2	750
DGL 65	65	65,1	93	103	115	36	31,5	32	2	800
DGL 70	70	70,1	98	108	120	36	32	32	2	850
DGL 75	75	75,1	102	112	125	37	32,5	33	2	900
DGL 80	80	80,1	107	118	130	40	34	36	2	1150
DGL 85	85	85,1	114	125	140	40	34	36	3	1300
DGL 90	90	90,1	122	134	150	44	38	40	3	1500
DGL 95	95	95,1	128	140	160	44	38	40	3	1600
DGL 100	100	100,1	141	154	170	48	41,5	44	3	1900

Tabelle XI.
Spurkugellager mit Kugelsitz und Spurplattenkorb „System Bauschlicher".

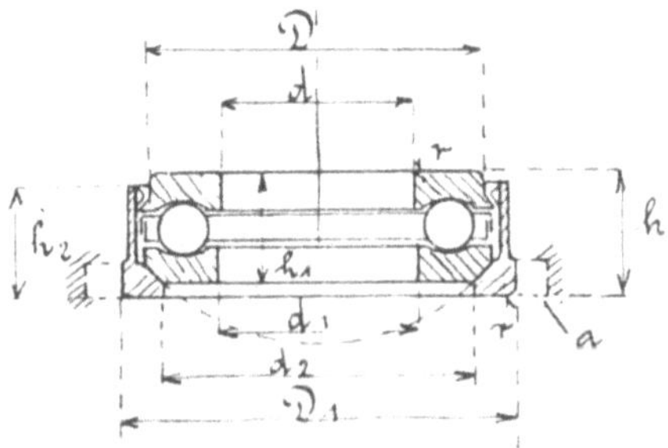

Einreihige Spurkugellager.

No.	d	d_1	d_2	D	D_1	h	h_1	h_2	r	Zulässige Belastung in kg bei Touren pro Min. 200	500	1000	1500	2000
SB 1	20	21	34	39	47	15	13,2	14	1	130	115	100	85	75
SB 2	25	26	40	45	52	16	14	15	1	180	160	140	120	100
SB 3	30	31	48	53	62	18	15,5	16,5	1	250	225	200	175	150
SB 4	35	36	51	62	72	20	17,3	18,5	2	350	300	260	225	200
SB 5	40	41	58	70	80	22	19	20,5	2	450	400	350	300	250
SB 6	45	46	65	75	85	26	22,5	24,5	2	600	500	425	350	300
SB 7	50	51	72	80	90	28	24,5	26	2	750	650	575	490	380
SB 8	55	56	79	90	100	32	28	29	2	950	850	720	620	460
SB 9	60	61	88	100	110	36	30.5	33	2	1200	1000	870	700	560
SB 10	65	66	93	110	120	36	31,5	33	2	1450	1200	1000	850	660
SB 11	70	71	98	112	125	36	32	33	2	1700	1400	1200	950	780
SB 12	75	76	102	115	130	37	32,5	34	2	1900	1550	1300	1150	900
SB 13	80	81	107	125	140	40	34	37	2	2150	1750	1400	1200	1050
SB 14	85	86	114	135	150	40	34	37	3	2400	2000	1700	1350	1200
SB 15	90	91	122	145	160	44	38	41	3	2600	2200	1850	1650	1400
SB 16	95	96	128	150	170	44	38	41	3	2800	2400	2000	1750	1600
SB 17	100	101	141	160	180	48	41,5	45	3	3000	2650	2300	2000	1800

Tabelle XII.

Doppeldruck-Spurkugellager ohne Kugelsitz der Norma Co.

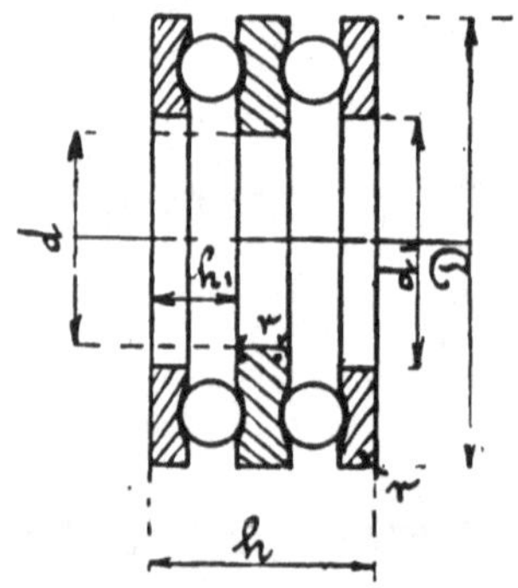

Einreihige Spurkugellager.

No.	d	d_1	D	h	h_1	r	Zulässige Belastung in kg und Touren per Min. 500
DL 20	20	25,1	45	24	9,5	0,5	130
DL 25	25	30.1	53	27	10,5	0,5	200
DL 30	30	40,1	64	34	13	1	300
DL 35	35	45,1	72	39	15,5	1	450
DL 40	40	50,1	80	43	16,5	1	500
DL 45	45	55,1	88	48	19	1	650
DL 50	50	60,1	98	53	21	1	750
DL 55	55	70,1	108	56	22	1	850
DL 60	60	80,1	118	60	23,5	2	1300
DL 65	65	85,1	125	60	23,5	2	1500
DL 70	70	90,1	134	68	26	2	1600
DL 75	75	100,1	154	75	28,5	2	1900

Tabelle XIII.

Doppeldruck-Spurkugellager mit Kugelsitz und Gehäuse der Norma Co.

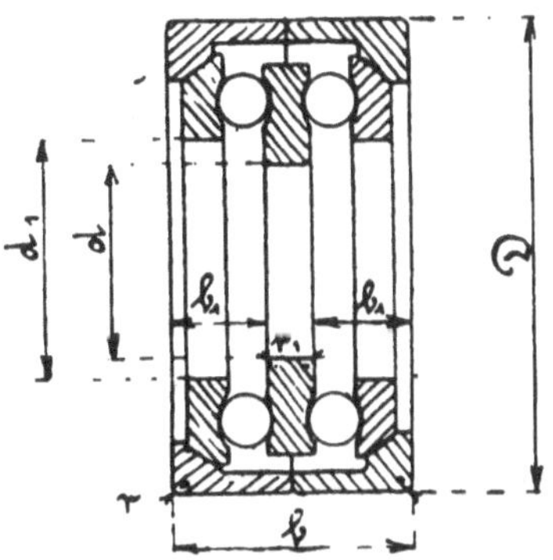

Einreihige Spurkugellager.

No.	d	d_1	D	b	b_1	r_1	r	Zulässige Belastung in kg und in Touren pro Min. 500
	20	25,1	52	28	11,5	0,5	1	130
	25	30,1	62	32	13	0,5	1	200
	30	40,1	72	40	16	1	2	300
	35	45,1	80	46	19	1	2	450
	40	50,1	90	50	20	1	2	500
	45	55,1	100	56	23	1	2	650
	50	60,1	110	64	26,5	1	2	750
	55	70,1	120	64	25,8	1	2	850
	60	80,1	130	72	29,5	1	2	1150
	65	85,1	140	72	29,5	2	3	1300
	70	90,1	150	80	32,2	2	3	1500
	75	95,1	160	80	32,2	2	3	1600
	80	100,1	170	88	35,1	2	3	1900

o) Tabelle XIV. Zusammengesetztes Lager der NormaCo. in Cannstatt.

In den Anmerkungen über die Konstruktion der Spurlager der NormaCo. nach Tabelle 10 wurden die Gründe auseinandergesetzt, warum die Spurlager im Zusammenhang mit dem Norma-Ringlager notwendig sind. Es gibt aber auch eine Menge Konstruktionsfälle, wo ausser Radialdrücke bedeutende rechnungsmässige feststellbare Achsialdrücke aufgenommen werden müssen. Für diesen Fall ist das Speziallager nach Tabelle 14 gebaut. Der Laufring trägt einen Spurkranz; im übrigen schliesst aber eine feste Spurplatte und ein Gehäuse der Normaltabelle X an das Ringlager an. Das Gehäuse mit Kugelsitz ist so gross, wie der äussere Laufringdurchmesser. Über die zulässige Belastung gilt das früher Gesagte.

---

p) Schlussbemerkungen über die Normalien.

Die Ringlager sind konstruktiv in sich abgeschlossen und werden nur in geringem Masse noch Verbesserungen möglich sein und hier nur bezüglich der Kugelkäfige. Auch die Spurlagerkonstruktionen können in der Hauptsache als konstruktiv fertig bezeichnet werden. Man wird aber den Speziallagern nach Tabelle XIV nicht den allgemeinen Wert zumessen können als jenen Konstruktionen, die eine in sich abgeschlossene Einheit repräsentieren. Ich halte dafür, dass z. B. jene Zusammenstellungen

Ringlager nach Tabelle 1—3 mit
Spurlager nach Tabelle 8—11

dem Konstrukteur einen bequemeren Spielraum gewähren, als die doppelreihigen Speziallager nach Tabelle 5 oder die zusammengesetzten Speziallager nach Tabelle 14.

Man empfindet es manchmal als Zwang, sich stets an die Kugellagernormalien halten zu müssen, aber dieser Zwang hat den Vorteil, dass sich nur eine bestimmte Anzahl Durchmesser für die Konstruktion ergeben und man wegen dieses häufigen Vorkommens dieser festgelegten Abmessungen, Präzisionswerkzeuge und Maschinen zum Bohren und Schleifen der Passungen anschaffen wird, die einen bleibenden Wert für die Fabrikation haben. Der Grundsatz, jede Ma-

Tabelle XIV.

Zusammengesetztes Kugellager (Ring- u. Spurkugellager) der Norma Co.

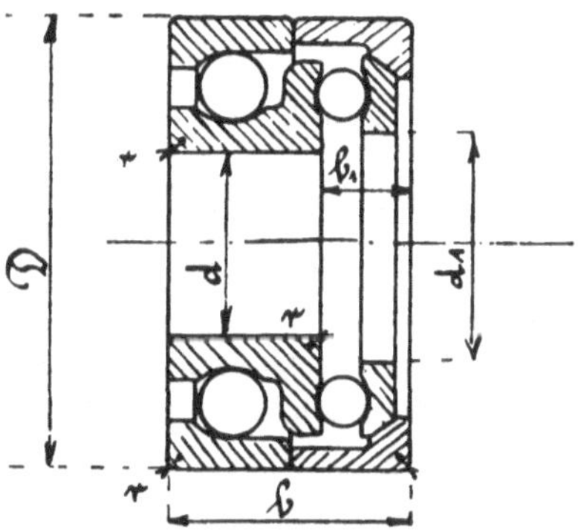

Einreihige Kagellager.

No.	d	d_1	D	b	b_1	r	Zulässige Belastung in kg und Touren per Min. des Traglagers	des Spurlagers
	20	25,1	52	29	11,5	1	200	130
	25	30,1	62	33	13	1	260	200
	30	40,1	72	39	16	2	380	300
	35	45,1	80	44	19	2	500	450
	40	50,1	90	48	20	2	650	500
	45	55,1	100	53	23	2	700	650
	50	60,1	110	59	26,5	2	900	750
	55	70,1	120	61	25,8	2	1100	850
	60	80,1	130	67	29,5	2	1350	1150
	65	85,1	140	69	29,5	3	1500	1300
	70	90,1	150	75	32,2	3	1750	1500
	75	95,1	160	77	32,2	3	1900	1600
	80	100,1	170	83	35,1	3	2300	1900

schine mit Abweichungen in den Lagern zu bauen, hat überhaupt in jedem modern geleiteten Fabrikationsbetrieb abgewirtschaftet.

Das ältere „Zusammenbauen" d. h. das Zusammenpassen einer Welle in eine Bohrung von nur roh bestimmten Abmessungen oder umgekehrt, hat aufgehört. Heute muss in jedem Betriebe wirklich „fabriziert" werden, die Teile müssen genau hergestellt und nach Jahren noch genau austauschbar sein.

Dies ist durch das moderne Kugellager besser zu erreichen, als durch das schlichte Lager, weil die gewöhnlich weiche Büchse nur allzu leicht verführt, an derselben soviel abzunehmen, bis sie passt, was bei den harten Laufringen ausgeschlossen ist.

Es soll noch bemerkt werden, dass die Angaben über die zulässigen Belastungen, die die Kugellagerfabriken für ihre Erzeugnisse festsetzen, starke Differenzen aufweisen. Die abnehmende Belastung bei steigenden Tourenzahlen, so plausibel sie auch auf den ersten Augenblick erscheint, fällt in manchen Tabellen zu rasch ab. Es wird hier offenbar empirisch und sehr willkürlich gearbeitet. Ich kann mich des Eindruckes nicht erwehren, dass diese rasche Abnahme der Belastungen nur deshalb vorgenommen wird, um bei schnelllaufenden stark beanspruchten Maschinengliedern eine geringe Mitverantwortung zu haben. Eine zu rasche Abnahme der Belastung scheint vom wissenschaftlichen Standpunkt bei Kugellager viel weniger angebracht zu sein, als bei Gleitlager.

Der Verfasser hat einen kritischen Vergleich dieser Angaben in Vorbereitung und sind leider die Arbeiten nicht abgeschlossen, sonst hätte er sie gerne noch in diesem Werke aufgenommen.

23. Zur Fabrikation der Kugellager und das Kugellagermaterial.

Als Material für die Kugellager wird entweder eine gute Werkzeug-Gussstahlsorte oder Chromstahl verwendet. Untenstehend die Qualitätsziffern von 6 Zerreissstäben des Kugellagermateriales für die Kugellager der Berliner Kugellagerfabrik:

	Nummer					
	1	2	3	4	5	6
Durchmesser in mm .	11,0	11,2	11,2	11,0	11,0	11,0
Kg.Festigkeit pro qmm	63,7	63,2	63,5	65,0	63,7	65,0
Elastizitätsgrenze qm	38,9	37,1	37,3	38,9	36,9	37,6
pCt. Dehnung	25,7	25,5	24,5	24,0	26,0	25,7
pCt. Kontraktion . . .	32,5	34,5	33,8	31,5	30,6	32,7

Diese Firma wendet bekanntlich gewalzte Laufringe an; im Gegensatz zu anderen Fabriken, die die Ringe aus Vollmaterial abstechen. Durch das Walzen wird angeblich das Material komprimiert und die Faserrichtung günstiger gestaltet, indem die Fasern nicht quer, sondern peripherial verlaufen. Damit kein zu hoher Materialabfall entsteht, werden vielfach aus einer geschmiedeten Materialscheibe mehrere Ringe herausgestochen. (Kleinere Ringe werden direkt von der Stange abgestochen.) Die Ringe sind um die Stärke des Abstechstahles kleiner als der äussere oder innere Ring.

Grosse Sorgfalt wird auf das Härten der Laufringe verwendet. Die Ringe werden gewöhnlich in gleichmässig temperiertem Öl gehärtet. Die Ringe müssen jedoch so eingetaucht werden, dass die Ringplanflächen ziemlich gleichmässig auf den Flüssigkeitsspiegel antreffen. (Ringachsen senkrecht zum Flüssigkeitsspiegel.)

Die Ringe, wenn richtig eingetaucht, verziehen sich nur wenig. Kleine, übrigens unvermeidliche, Differenzen in der Rundung werden durch das Schleifen wieder beseitigt. Dagegen ist die kalorische Behandlung der Stahle von grosser Wichtigkeit. Der Gussstahlring soll möglichst in einem glühenden Salzbade auf die Glühtemperatur gebracht werden, damit der Luftsauerstoff keinen Einfluss auf die Stahloberfläche gewinnt. Mit Vorteil werden die elektrischen Härteöfen benützt, wo durch Zu- oder Abschaltung von Stromwiderständen das glühende Salzbad in konstanten Temperaturen erhalten wird. Mittels eines Pyrometers kontrolliert man die für das Glühen der Stahlsorte zulässigen Temperaturen.

Konusse für Konuslager werden oft nur an der Laufstelle gehärtet. Man legt mehrere Konen auf eine horizontale Blechplatte, und taucht sie, nachdem man sie dem glühenden Salzbade entnommen hat, bis zu einer gewissen Tiefe in Öl oder Wasser. Bei grossen Konen mit beträchtlichen Materialdicken empfiehlt sich stets ein Anlassen auf 150—200°, wie dies auch allgemein von Vorteil ist, weil Härtespannungen teilweise ausgeglichen werden.

Man verarbeitet für Laufringe gerne Nickelchromstahl, die in der kalorischen Behandlung unempfindlicher sind und offenbar eine grössere Druckfestigkeit aufweisen, worauf es beim Kugellager sehr ankommt. Der hohe Preis dieses Materials und dessen teuere Verarbeitung verbot aber dessen allgemeine Anwendung. Es wird heute nur für Spezialfälle Nickelchromstahl verwendet, wo an ein Kugellager ausserordentlich hohe Anforderungen gestellt werden. (Kugellager für Walzwerke.) Natürlich müssen in solchen Fällen sowohl Ringe als auch Kugeln aus hochwertigem Material sein.

Gegen die allgemeine Einführung der sicher vorzüglichen Nickelstahle oder Nickelchromstahle spricht heute bei dem Vorhandensein leistungsfähiger Schnellaufstahle weniger die Verarbeitbarkeit derselben, sondern nur der hohe Preis des Materials. Man muss oft, um dem Gleitlager gegenüber keinen zu hohen Preisunterschied zu haben, und die allgemeine Einführung des Kugellagers durch einen relativ billigen Preis zu fördern, Spezialstahle wählen, über deren Zusammensetzung sich aber die Kugellagerfabriken ausschweigen. Für das Abstechen der Ringe und für das Schleifen derselben existieren bereits Spezialmaschinen, und erwähne ich hier insbesondere die Radiusschleifmaschinen, wie sie die Maschinenfabrik Robert Conrad baut. Der Laufrillenradius wird dabei mechanisch erzeugt. Die Abstechmaschinen für die Ringe weichen aber nicht sehr wesentlich von marktgängigen Abstechbanken ab. Gewöhnlich sind es automatische Abstechbänke.

Es sei hier bemerkt, dass man nur bis zu ca. 130 mm Stangendurchmesser Abstechbänke verwendet. Was über diesen Durchmessern liegt, verarbeitet sich auf Abstechbänken wegen der langen Abstechdauer und auch wegen des relativ grossen Abfalles bei den erheblich grösser werdenden Abstechmesserbreiten nicht mehr rationell. Grössere Laufringe über 130 werden daher vielfach aus Scheiben geschmiedet, und natürlich mehrere kleinere Ringe noch herausgestochen.

Es gibt auch eine Abstechmethode, bei der mehrere Ringe gleicher Grösse hintereinander von einem Materialstab abgestochen werden und nacheinander längs und quer in das Material eingestochen wird. Man zieht quasi einer Stahlstange die Haut ab. Es verbleibt dann eine dünnere Stange, von der kleinere Ringe nach derselben Prozedur abgestochen werden, bis man auf einen derartig kleinen Durchmesser kommt, aus dem überhaupt keine Ringe mehr gefertigt werden können. Krupp bohrt in ähnlicher Weise seine Kanonenrohre aus. Ein rohrförmiges Werkzeug erzeugt eine concentrische Ringspalte, so dass nach dem Durchbohren der Kanonenrohre ein voller Materialkern übrig bleibt. Würde das ganze Material ausgebohrt, so würde die Bohroperation länger währen und das weggebohrte Material ginge verloren. Das vorhin erwähnte Materialabstechverfahren soll weniger zu einer Materialersparnis führen, sondern mehr ein rascheres Abstechen fördern, weil der übrig bleibende Materialkern centrisch läuft und kein wiederholtes Umspannen des zu verarbeitenden Materials notwendig ist.

Bei Laufringen aus sehr hartem Chromnickelstahl Marke NC 4 oder NC 6 der Bismarckhütte hat man schon Versuche gemacht, sie naturhart zu verwenden, d. h. sie nicht zu härten. Der Verschleiss ist nicht bedeutend und soll nicht höher sein als bei gehärtetem Einsatzmaterial. Diese Tatsache scheint wahrscheinlich, da der Nickelchromstahl durchaus hart ist. Das Materialbett federt bei der Kugelbelastung nicht mehr durch, als die harte Einsatzhaut eines weichen Materials, welche sich bei ungenügender Tiefe offenbar in ihr eigenes Material eindrückt.

Durch verschiedene Umfragen ist es mir nachträglich doch gelungen, etwas Näheres über Kugellagermaterial zu erfahren. Es wurde mir mitgeteilt, dass die Bismarckhütte, die sich im Maschinenbau durch hochwertige Konstruktionsstahle einen Namen gemacht hat, auch seit Jahren Kugellagermaterial für die ersten deutschen Kugellagerfabriken in folgenden Stahlsorten lieferte:

Die Bismarckhütte fertigt je nach den in Betracht kommenden Beanspruchungen Kugellaufring- und Kugelstahl in mehreren Qualitäten an und zwar:

a) Chromkohlenstoffstahl in einer chemischen Zusammensetzung, welche bisher durch andere Fabrikate bezüglich der erzielbaren physikalischen Eigenschaften noch nicht übertroffen wurde. Die mittlere chemische Zusammensetzung ist: 0,85 pCt. Kohlenstoffgehalt, 0,40 pCt. Mn, 0,30 pCt. Si, 1 pCt. Chrom, 0,26 pCt. Nickel und Cobalt, Spuren Vanadium und Mindestgehalt an Phosphor, Schwefel, Kupfer, Arsen.

Die Härtungskapazität dieses Stahles ist bei 10 mm Dicke annähernd 400—460, die Druckhärte bei Härtung in Öl 580—540, bei Härtung in Wasser und bei regenerierender Härtung 640—680. Die Ritzhärte nach Martens ist bei Härtungen in Wasser 180, bei Härtung in Öl 155, bei regenerierender Härtung 140.

Um einen Laufring von 120 mm Durchmesser beim Querschnitte von etwa 18 × 8 mm zu zerdrücken, ist eine Last von 750—850 kg erforderlich. Die elastische Durchbiegung hierbei beträgt 1—2 pCt. von Durchmesser und mehr. Das zulässige Härtungsintervalle für die Härtung in Öl ist 829—860 Grad C, für die Härtung in Wasser 770—810 Grad.

b) Für Kugellager und Kugel, von welchem mehr Härte, als Elastizität verlangt wird, fertigt die Bismarckhütte eine Spezialqualität Molybdänstahl an und

c) für Kugellager und Kugeln, von welchen mehr Elastizität als Härte verlangt wird, fertigt die Bismarckhütte eine Spezialqualität Kohlenstoff- und härtbaren Chromnickelstahl an.

d) Für Kugellager, welche heftigen Schlägen und Stössen ausgesetzt sind und grösste Sicherheit gegen Bruch unter diesen Einwirkungen bieten müssen, fertigt die Bismarckhütte ihre bekannten Chromnickeleinsatz-Stahlsorten Marke „N C 4“ und „N C 2“ an.

Diese Sorten erlangen schon bei etwa ¾ mm Einsatztiefe eine Druckhärte von 500, bei 2 mm Einsatztiefe eine solche von 600. Das nicht eingesetzte Grundmaterial erlangt durch die Härtung eine Härte von ca. 350—400, besitzt im Zerreissversuche an der scharfgekerbten und gehärteten Zerreissprobe, also unter den ungünstigsten Verhältnissen eine Zugfestigkeit von 190—200 kg pro qmm bei einer Widerstandsfähigkeit von 8—18 kg pro qmm an der gekerbten Schlagprobe, bei einem Querschnitte von 15 × 10 mm hinter der Kerbe.

Im Druckversuche an der gekerbten Probe wird die Bruchlast bei demselben Querschnitte, wie vorangegeben, erst bei einer Drucklast von 9800—10 000 kg erreicht. Das Material bietet daher, besonders dort, wo grosse Schwungmassen in Betracht kommen, die grösste Sicherheit gegen den Bruch.

e) Für Laufringe, von welchen im Einsatz weder sehr hohe Härte, noch grosse Elastizität verlangt wird, aber leichte Bearbeitung auf Revolverbänken, fertigt die Bismarckhütte Kohlenstoffstahl von besonders reiner chemischer Zusammensetzung und Freiheit an Materialfehlern und anderen physikalischen Mängeln an.

24. Einbau der Kugellager.

a) Allgemeines.

Der Einbau der Konuslager ist bereits besprochen worden. Da dieselben an Bedeutung verloren haben, so wird hier nur der Einbau der Ring- und Spurlager besprochen.

Für den Einbau der Ringlager gilt folgendes:

> Der äussere Ring ist leicht verschiebbar (saugend) in die Bohrung einzupassen. Der innere Laufring ist mit Presssitz auf die Wellenzapfen zu passen.

Eine weitere Regel ist:

> Nur ein Kugellager soll in der Achsrichtung fest eingestellt werden, während das andere Ringlager verschiebbar angeordnet wird. Ausnahmen sind nur in Sonderfällen gestattet.

Zuweilen wird für das Festlager noch ein Spiel von einem halben Millimeter vorgeschlagen in Rücksicht auf die nicht geschliffene Laufringflanken, die, wenn sie sich etwas verzogen haben, zu einer Schrägstellung des Kugellagers führen können. Es ist deshalb empfehlenswert, dass das Festlager, wenn es ganz fest eingespannt wird, nicht an den ganzen Planflächen gefasst wird, sondern nur an einzelnen justierbaren Punkten festgedrückt wird.

Die Wellenzapfen können nur durch Schleifen auf die verlangte Genauigkeit, die für den genauen Passsitz der Laufringe nötig ist, gebracht werden. Die Tabelle 15 gibt die Toleranzgrenzen an, die für den Presssitz der Wellendurchmesser gelten. Die Bohrung der inneren Laufringe hält sich innerhalb einer maximalen Toleranz von 0,005 mm und einer minimalen Toleranz von 0,001 mm, die äusseren Durchmesser der äusseren Laufringe mit maximal und minimal 0,015 bis 0,03 mm Toleranz je nach Grösse.

Das Kugellager besitzt gegenüber dem Gleitlager bei Beachtung vorstehender Grundregeln den Vorzug, dass das Einschaben der Lager wegfällt.

Ein auf das Kugellager montiertes Getriebe ist unmittelbar nach dem Einbau des Kugellagers betriebsfertig. Die Ingangsetzung der Laufwerke mit Kugellager erfolgt, wenn keine Montagefehler gemacht werden, vom ersten Moment an leicht.

Es entfallen bei dem Kugellager manche Nebeneinrichtungen. Eine besondere Sicherung des äusseren Laufringes gegen Verdrehen ist nicht notwendig, da die Differenz zwischen der Gleitreibung des äusseren Laufringes im Gehäuse und der rollenden Reibung in den Laufringen unter sich genügt, um ein Mitnehmen des äusseren Ringes durch die drehende Welle zu verhindern. Es kann zwar ein langsames Wandern des äusseren Ringes eintreten, was aber nichts schadet.

Die Auswechselbarkeit der in sich fertigen Ringlager hat den Vorteil, dass man die Welle nicht nachzudrehen und nachzuschleifen braucht, wie dieses bei dem Gleitlager der Fall ist. Dieses Nachdrehen führt bei Wellen oft zu einer unliebsamen Verschwächung.

In folgendem sind nun typische Einbaufälle gezeigt, bei denen alle vorstehenden Grundregeln beachtet sind, wie auch noch einige zulässige Abweichungen von den Normalien in Schulfällen vorgeführt werden.

Tabelle XV.

Toleranzmaasse für Presssitz und Wellenbundtabelle.

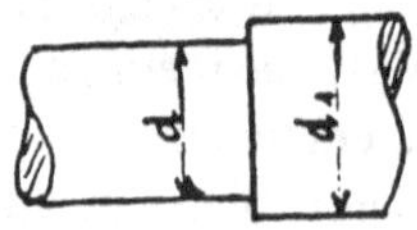

d Wellen Φ	Minimumlehre	Maximumlehre	d_1 Wellen φ
10	10 + 0,005	10 + 0,02	14
12	12 + 0,005	12 + 0,02	16
15	15 + 0,005	15 + 0,02	19
17	17 + 0,005	17 + 0,02	22
20	20 + 0,005	20 + 0,02	25
22	22 + 0,01	22 + 0,025	27
25	25 + 0,01	25 + 0,025	30
27	27 + 0,01	27 + 0,025	32
30	30 + 0,01	30 + 0,025	35
35	35 + 0,01	35 + 0,025	40
40	40 + 0,01	40 + 0,025	45
45	45 + 0,015	45 + 0,03	50
50	50 + 0,015	50 + 0,03	55
55	55 + 0,015	55 + 0,03	60
60	60 + 0,015	60 + 0,03	65
65	65 + 0,015	65 + 0,03	70
70	70 + 0,015	70 + 0,03	75
75	75 + 0,015	75 + 0,03	85
80	80 + 0,02	80 + 0,035	90
85	85 + 0,02	85 + 0,035	95
90	90 + 0,02	90 + 0,035	100
95	95 + 0,02	95 + 0.035	105
100	100 + 0,02	100 + 0,035	110

b) Kugellagerung einer wagrechten eingeschlossenen Welle (Fall 1: leichte Bauart nach Fig. 102, 103 und 104).

Allgemeine Einbaubedingungen.

Man habe rechnerisch gleiche Auflagedrücke für beide Wellenenden ermittelt, und hätte keinen wesentlichen Achsialdruck in der

Welle. Bei bb_1 seien die Gehäusewandungen, die nach aussen frei liegen. Es seien zwei Laufringsysteme No. 308 nach Tabelle 3 b gewählt worden und die Wellenenden sollen abschliessen.

Durchführung des Einbaues.

Zunächst presst man die beiden Laufringe c und d auf die Wellenenden fest. Man schlage aber bei dem Aufpressen nur auf

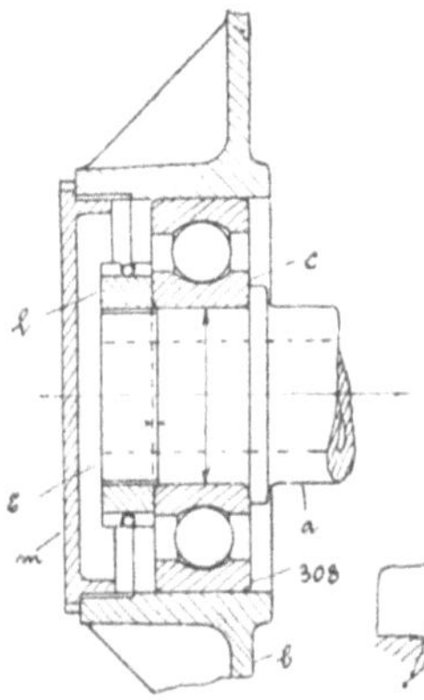

Fig. 102.

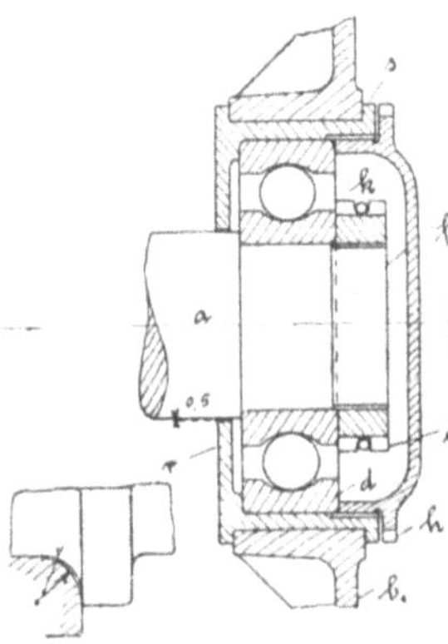

Fig. 103.

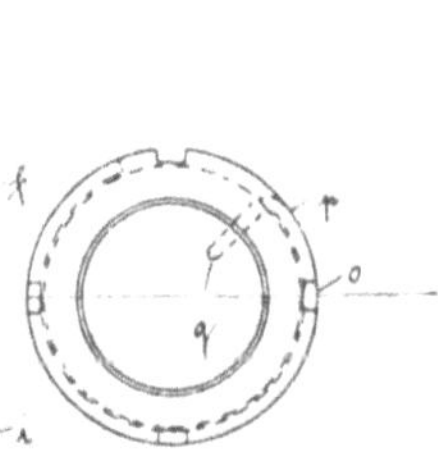

Fig. 104.

den Innenring; auf keinen Fall auf den Aussenring. Die Laufringkanten sollen nicht auf den Wellenausrundungen aufsitzen, weil dies dem Ring schaden könnte.

Wenn r des Laufringes 2 mm ist, so mache man r der Welle 0,5—1 mm kleiner (ganz scharfe Absätze empfehlen sich wegen der Tendenz zum Brechen nicht).

Mittels der Muttern i und 1 befestigt man die Laufringe auf der Welle. Man lasse aber das Gewinde nur ca. 1 mm hinter der Mutter zurücktreten, damit keine Sitzflächen verloren werden. Der sonst im Maschinenbau übliche Anzug von 3—5 mm ist hier nicht angebracht.

Die eine Wellenseite ist zum Zwecke der Gewichtserleichterung hohl und besitzt einen Bund, wie dies im Automobilbau gerne ausgeführt wird. Die andere Wellenseite ist nach den Normalien für den Maschinenbau ausgebildet.

Man verwendet mit Vorliebe runde Muttern mit einer Drahtsicherung p nach Fig. 104. Das umgebogene Ende der runden Drahtsicherung geht durch die Wandung der Mutter hindurch und ragt in die Welle hinein. Das Laufringsystem d sitzt nun in einem Gehäuse r und wird durch die Mutter h der äussere Laufring fest eingespannt.

Die Mutter ist ebenfalls auf Anzug gearbeitet. Das Laufringsystem wird nun nach dem Gehäuseinnern zu abgeschlossen durch die Gehäusewände r. Es wird die Bohrung der Welle gewöhnlich 0,5 mm grösser gehalten als der Wellendurchmesser. Es sei nebenbei bemerkt, dass dieses Gehäuse r vor dem Aufpressen des anderen Laufringsystemes c auf die Welle a gebracht werden muss.

Die Gehäuseränder müssen mit der Rahmenöffnung b gut zusammenpassen und setzen eine Teilung dieses Rahmens voraus. Die Lagerung des anderen Systems ist einfacher. Während das Lager d fest sein muss, wird das andere achsial beweglich eingebaut.

Ist das Material des Gehäuses hart (Grauguss, Stahlguss, Bronze), so kann der Einbau des Laufringsystems c ohne besondere Büchse erfolgen. Der äussere Laufring muss gut in die Bohrung passen. Er soll gut saugend passen, was oft bei geteilten Gehäusen Schwierigkeiten macht. Ein Verschlussdeckel m verschliesst die Bohrung.

Diese Einbauart findet im Automobilbau zahlreiche Anwendung. Sie eignet sich mehr für Maschinenteile, deren Glieder im Öl laufen und die öldicht eingekapselt sind.

Bei Aluminiumrahmen müsste man auch vorsichtigerweise eine Büchse für das achsial bewegliche Laufringsystem c geben. Als Material für die Welle genügt, wenn nicht andere Ursachen ein hochwertiges Material bedingen, Maschinenstahl (Siemens-Martinstahl).

Sehr weiches Eisen schlägt sich, wenn die Ringe nicht gut sitzen, gern ein. Ein Härten der Wellenenden, die ein Kugellager aufnehmen sollen, ist aber nicht notwendig. Bei einer gehärteten Welle ist sogar die Muttersicherung nach Fig. 104 untunlich, weil die Herstellung des Bohrloches für das Drahtende in gehärtetem Material ohne vorheriges Ausglühen unmöglich ist.

c) Kugellagerung einer eingeschlossenen wagerechten Welle (Fall 2: leichte Bauart nach Fig. 105 und 105 a).

Allgemeine Einbaumassnahmen.

Dieselben sind im allgemeinen wie bei Fall 1. Hier sind nur die Muttern i zur Befestigung der inneren Laufringe an Stelle c ausgesenkt, damit auf keinen Fall durch Unachtsamkeit des Drehers, der vielleicht die Gewinde zu weit schneidet, viel von der Sitzfläche verloren wird. Diese Methode ist bei kleinen, sehr schmalen Laufringen sehr zu empfehlen. Ein Rand c des Gehäuses passt hier in eine entsprechende Ringnute des Rahmens, durch welche Anordnung das Gehäuse etwas vereinfacht wird. Hier wird auch vorausgesetzt, dass die

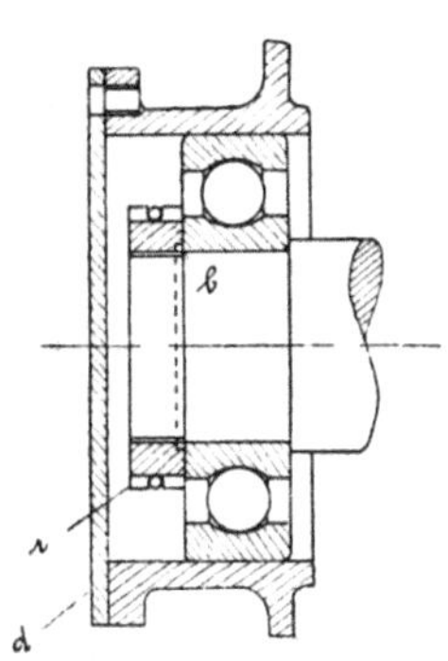

Fig. 105.

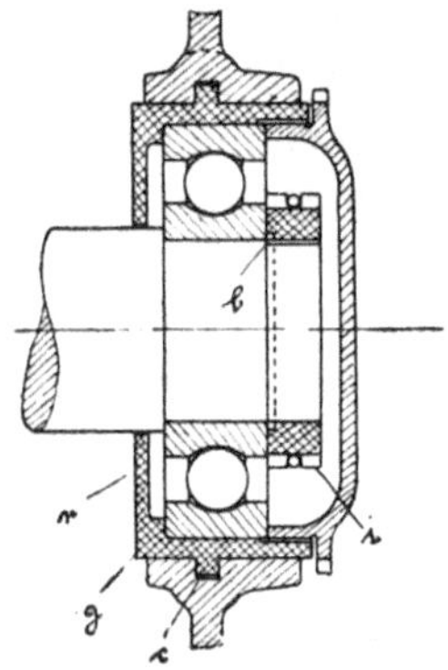

Fig. 105a.

Ölung von innen heraus erfolgt, d. h. die Maschinenglieder im Ölbad laufen und die Kugellager von innen heraus selbsttätig geschmiert werden.

d) Kugellagerung einer eingeschlossenen wagerechten Welle (Fall 3: vereinfachte Bauart nach Fig. 106 u. 107).

Die Einbaumassnahmen sind im allgemeinen wie bei Fall 1. Diese Einbauart ist dort zu wählen, wo grösstmöglichste Einfachheit

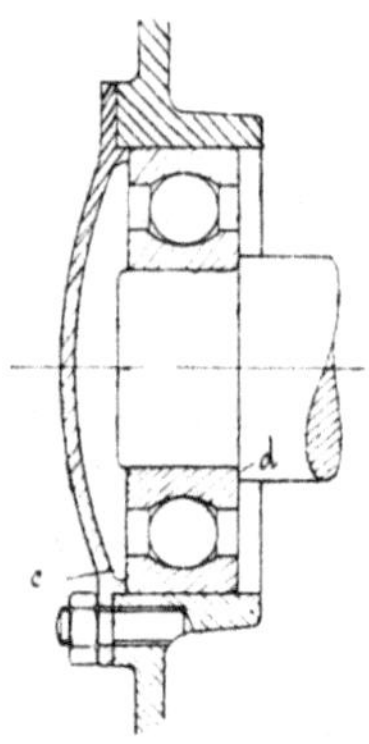

Fig. 106.

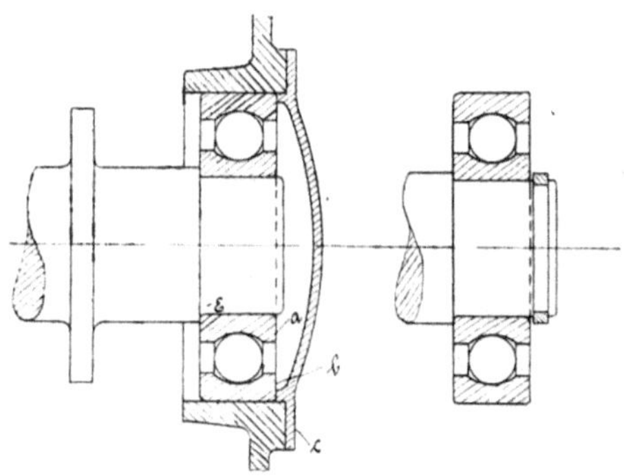

Fig. 107.

und Billigkeit der Ausführung gefordert wird. Hier wird, abweichend von den bisherigen Regeln, die achsiale Einstellung der Wellen dadurch bewirkt, dass die beiden Laufringsysteme einerseits mit den äusseren Laufringkanten an den Stellen b und c der Gehäusedeckel anschlagen, andererseits stützen sich die inneren Laufringe an die Wellenabsätze e und d.

Die Verschlussdeckel müssen an den Rändern b und c zugepasst werden, damit die Kugellager nicht verspannt werden, d. h., dass das eine Laufringsystem keinen achsialen Montagedruck auf das gegenüberliegende System ausübt. Um besondere Befestigungsmuttern zu ersparen, presst man die innere Laufrinne nur auf die Wellenden, da ja die Absätze d und e der Welle dieselbe am Vorschieben hindern.

Man kann zur rohen Sicherung einen Sprengring nach Fig. 107 geben. Diese Einbauart ist nur dort am Platze, wo gewissenhafte und kundige Monteure vorhanden sind, welche die Kugellager richtig einzustellen vermögen. Für die Massenfabrikation von Laufwerken, bei denen die maschinenfertigen Teile später auswechselbar sein sollen, eignet sich diese Einbauart nicht.

e) Kugellagerung einer wagrechten durchgehenden Welle (Fall 4 nach Fig. 108).

Einbaubedingungen.

Eine Getriebewelle ist mit einer Kraftmaschine direkt gekuppelt. Die Arbeit geht durch ein Getriebegehäuse, gibt hier ihre meiste Kraft an andere Zahnräder ab. Den Rest der Kraft gibt sie ausserhalb des Gehäuses an Maschinenglieder der drehenden Bewegung ab. Das Getriebegehäuse darf nicht geteilt sein.

Durchführung des Einbaues.

An den Kupplungsflansch a einer Kraftmaschine (Elektromotor) wird der Getriebeflausch b angeschlossen, welcher fest auf die Getriebewelle aufgekeilt wird. Laut Tabelle wird ein Wellenabsatz c gefertigt, an den das Laufringsystem o angeschlossen wird. Dieses Laufringsystem wird auf die Welle geschoben und mittels einer Mutter auf der Getriebewelle f befestigt und gesichert. Zuvor ist der Verschlussdeckel g aufzubringen. Nun wird das Gehäuse h mit dem Verschlussdeckel g an mehreren Stellen i verschraubt. Hierauf wird das umgekapselte Laufringsystem samt den Teil h an das Getriebegehäuse mittels der Schrauben k angeflanscht und der Zahnradtrieb d aufgekeilt. Dieses Aufkeilen kann auch vorher erfolgen, wenn der Trieb kleiner als die Bohrung ist. Auf das andere Ende der Getriebewelle wird nun das kleinere Laufringsystem u gepresst und mittels der Mutter n befestigt. Auf dem Wellenende sitzt ein Schleuderring m, der ständig Öl in das Innere des Laufringes schleudert. (Dieser Ölschleuderring ist aber den Felten-Guilleaume-Lahmeyer-Werken

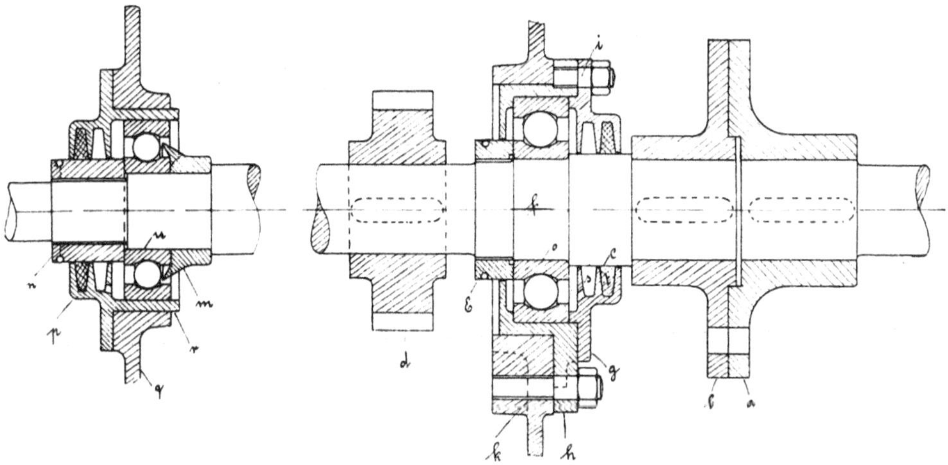

Fig. 108.

patentiert.) Nun wird der Verschlussdeckel p vorgeschraubt. Hier weise ich auf die sogenannte Labyrinthsicherung hin, die bei durchgehenden Wellen angewendet wird. Die eine Kammer ist eine Vorkammer, die das Öl mittels des Randes abstreift. Die Bohrung des Randes ist 0,5 mm grösser als der Wellenabsatz. Es wird an einem tiefsten Punkt ein Ölloch t angeordnet, welches das abgestreifte Öl wieder in den Gehäuseraum zurückbefördert. Die andere Kammer t ist mit Filz ausgekleidet. Der Filz soll mit etwas Pressung an der Welle streifen. Man fertigt deshalb die Nuten schräg an, damit die Filzpackung mit einer gewissen Spannung eingelegt werden kann. Dieser Einbaufall wiederholt sich oft. Er ist deshalb ausführlich erläutert worden.

f) Kugellagerung einer wagrechten durchgehenden Welle (Fall 5: Normale Bauart für die Zwecke des allgemeinen Maschinenbaues nach Normalien der Maschinenfabrik Robert Conrad nach Fig. 109 [nur für eine Wellenseite gezeichnet]).

Diese Einbauarten nach Fall 1, 2, 3 und 4 sind hinsichtlich der Ölung nicht vollkommen. Es wird bei diesen Arten vorausgesetzt, dass die Maschinenglieder in Öl laufen und so viel Öl nach aussen dringt als das Kugellager benötigt. Zum Teil sind die Gehäuse auch recht kompliziert. Die Kugellagerungen von Conrad zeichnen sich durch einfache und robuste Bauformen aus, die sorgfältig durchdachte, selbständig wirkende Ölvorrichtungen enthalten.

Auf die Welle a wird das Laufringsystem c gebracht und mittels der Mutter b festgehalten. Man steckt nun das Gehäuse e über dieses Laufringsystem und verschliesst die Öffnung durch den Deckel d, der

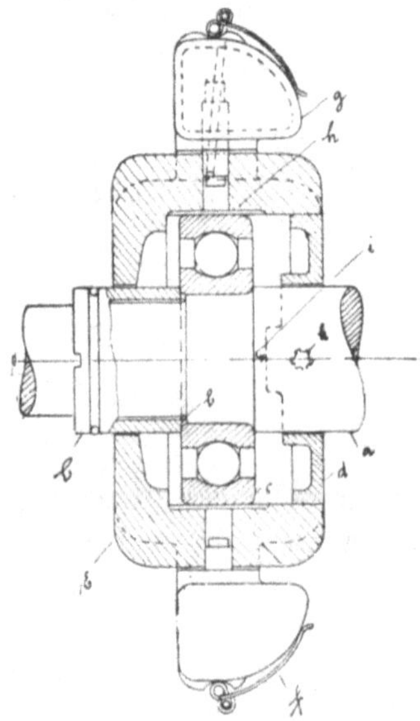

Fig. 109

Anschlagnasen i für die Begrenzung der Achsialbewegung oder auch für die achsiale Festtsellung erhält. Der Deckel wird durch Schrauben k im Gehäuse befestigt. Die Ölung findet durch einen besonders aufgesetzten Öler g statt, der das Öl in genau dosierten Mengen mittels eines Kanales h dem Laufringe zuführt. Das überschüssige Öl sammelt sich wieder in dem unteren Öler f. Die Befestigung des Ölers erfolgt durch einen Verschluss, der den Flaschenbierverschlüssen stark ähnelt. Diese Lager sind für alle Belastungen und die verschiedensten Verwendungszwecke, wie sie später näher beschrieben werden, ausgebildet. Die Schmierung erfolgt sparsam und der Maschinenrahmen kann, weil kein Öl aus den Lagerfugen läuft, nicht verölen oder verschmutzen.

g) Kugellagerung einer wagrechten durchgehenden Welle für Radialdruck und einfachen Achsialdruck (Fall 6 nach Fig. 110 und 110a).

Durchführung des Einbaues.

Bekanntlich ergiebt sich bei allen konischen Getrieben ausser dem Radial- noch ein Achsialdruck, der abgefangen werden muss. Bei

Fig. 110.

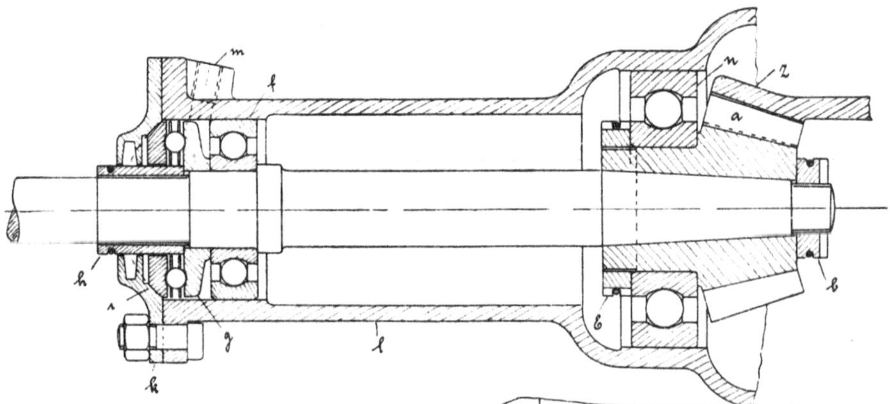

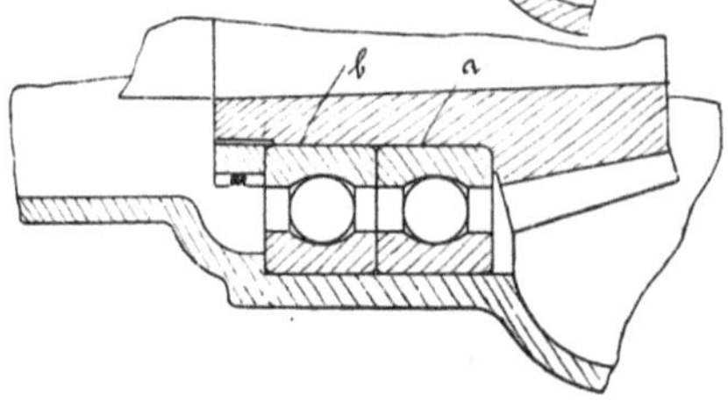

Fig. 110a.

geringen Kräften nimmt zwar das Ringkugellager noch ohne Not einen Achsialdruck auf; hier besonders die Kugellager mit stark gekrümmten Laufrillen. Manche Kugellagerfabriken schlagen sogar vor, zwei Ringlager nach Fig. 110a nebeneinander zu geben, wovon das eine Lager a frei spielend, das andere Lager b achsial festgestellt wird. Das eine Lager nach Fig. 110a nimmt dann die radialen Drücke, das andere Lager b die achsialen Drücke auf. Der Konstruktionsgrundsatz ist aber unwissenschaftlich, sogar direkt unzulässig, weil offenbar Keilwirkungen auf die Laufringe des als Achsiallager benutzten Ringlagers eintreten, die, wenn ein Fremdkörper zwischen die Kegelradzähne tritt, so gross sein können, dass das ganze Lager b zerstört wird.

Der Einbau der Kegelradwelle ist nun wie folgt:

Das Kegelrad a sitzt mittels eines Konusses und eines Keiles auf der Welle. Es ist kein Platz für ein Lager vor dem Kegelrad (Stelle b), weshalb bei hohem Zahndruck ein entsprechend grosses Laufringsystem n gewählt werden muss, das zur Erzielung einer stabilen Lagerung so dicht wie möglich an das Kegelrad a gerückt wird. Zu diesem Zwecke muss es auf der Kegelradnabe befestigt werden. Die Mutter e presst das Laufringsystem auf die Nabe. Das kleinere Ringlager f wird nun auf das andere Wellenende aufgesetzt, an den inneren Laufring legt sich die eine Spurplatte g auf. Diese Spurplatte wird durch die Mutter h an den Laufring gepresst. Die feste Spurplatte i schlägt an den Verschlussdeckel k an, der an das Gehäuse l angeschraubt wird. Das Gehäuse ist röhrenförmig gedacht und bietet insofern Arbeitsvorteile, als sich Bohrungen in ungeteilten Gehäusen billiger herstellen lassen. Für die Schmierung ist ein Auge m vorgesehen, auf das ein Öler gebracht wird. Das Ringlager wird vermutlich durch den Kegelkranz Öl zugeschleudert erhalten, falls das grosse Kegelrad im Ölbad läuft und dessen Umfangsgeschwindigkeit eine genügend grosse Abschleuderwirkung ausübt, was hier vorausgesetzt wird.

h) Kugellagerung für eine wagrechte oder senkrechte Welle für Radialdruck und axiale Doppeldruckbeanspruchung (Fall 7 und 8 nach Fig. 111 und 112).

Sie bedeuten nur die Durchbildung der Kugellagerung für eine achsiale Doppeldruckwirkung. Das Doppeldrucklager wäre notwendig, wenn auf einen Kegelräderantrieb nach Fig. 110 noch ein gegen die Verzahnung gerichteter Achsialdruck wirken würde, was natürlich verhindert werden müsste.

Bei der Fig. 111 steht der Flansch a mit den beiden Kugelsitzen fest. An ihn legen sich die festen Spurkugelplatten b und c. Die sich mit den Wellen drehenden Spurplatten d und e werden durch Zwischenschaltung der Röhre g mittels der Muter f an den Laufring gepresst.

Das Alternativprojekt nach Fig. 112 ist etwas einfacher. Hier reduziert sich die Teilezahl um eine Spurplatte und um einen besonderen Zwischendeckel. Die mit der Welle sich drehende Spurplatte c wird durch das Zwischenrohr f und die Gegenmutter c gehalten. Eine kugelige Auflage der Spurplatte b unterbleibt hier. Nur die Spurplatte d hat einen Kugelsitz. Im ganzen wird die Konstruktion eines Doppeldrucklagers trotz der Vereinfachung nach Fig. 112 recht

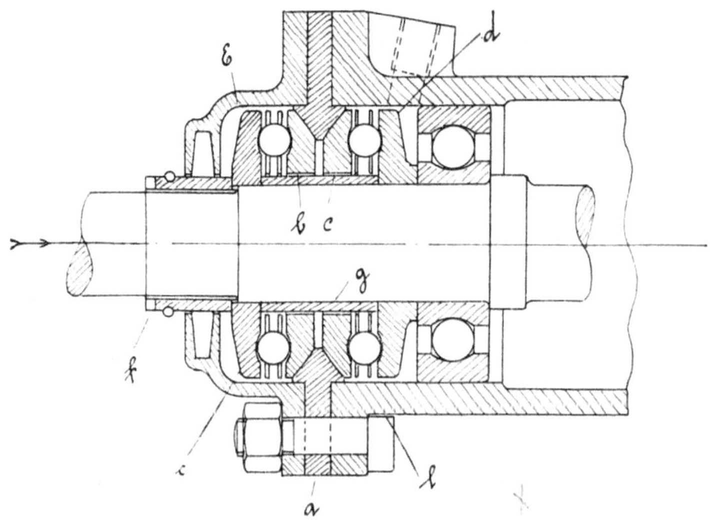

Fig. 111.

kompliziert gegenüber der einfachen Laufbunde einer schlichten Welle. (Siehe frühere Fig. 96.) Die Konstruktion würde noch komplizierter,

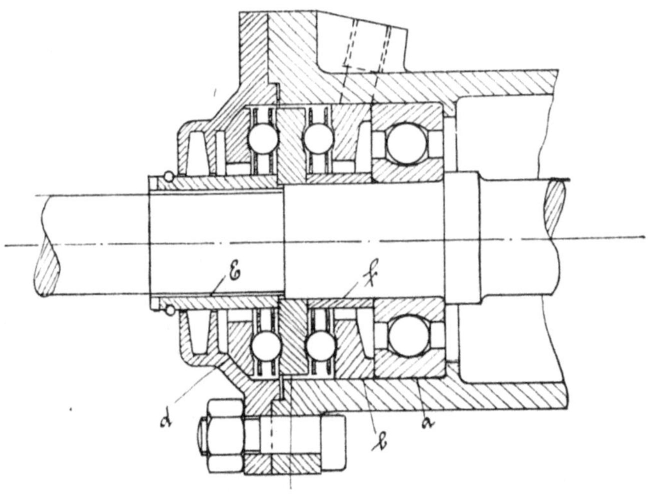

Fig. 112.

wenn für die Spurlager noch eine achsiale Nachstellvorrichtung gefordert würde. Man wird sich daher nur bei sehr grossen Achsialdrücken zu der Anwendung von Doppeldruck-Spurkugellagern entschliessen.

i) Eine Wellenleitung auf Kugellager (Fall 9 nach Fig. 113 und 114).

Glatte Wellen, die in Kugellagern gelagert werden sollen, benötigen hierzu Spannhülsen, um den inneren Ring fest auf der Welle befestigen zu können. Hierbei ist auf die Verlagerungen oder Durchbiegungen der Welle Rücksicht zu nehmen. Es empfiehlt sich analog zu den Gleitlagerkonstruktionen des Transmissionsbaues den Lagern eine universelle Einstellung zu geben. Diese universelle Einstellung erfolgt entweder dadurch, dass man das Gehäuse kugelig ausbildet (Pos. 1 nach Fig. 113 und 114), oder man gestaltet den Laufring selbst

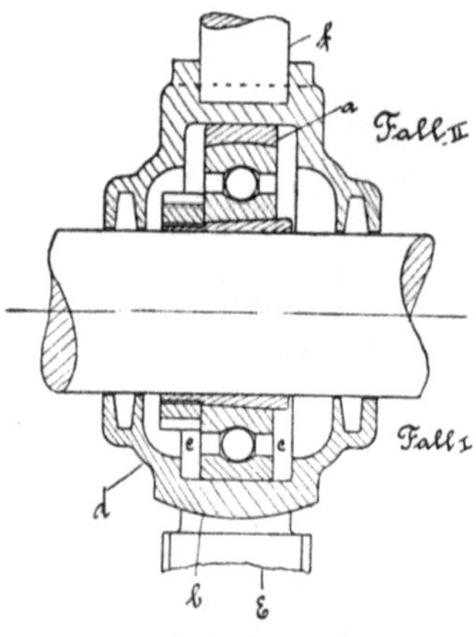

Fig. 113.

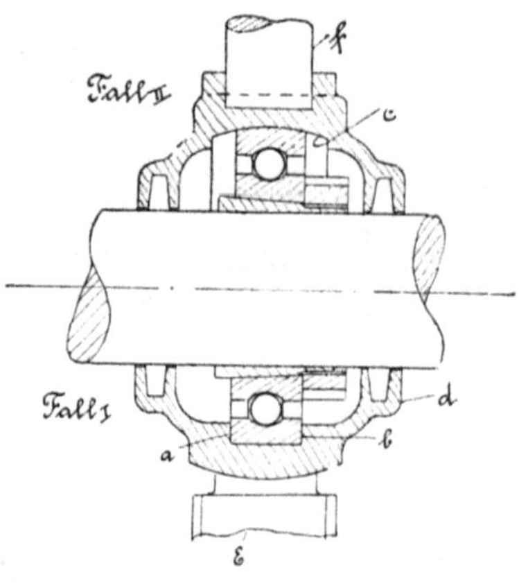

Fig. 114.

sphärisch aus. (Pos. 2 nach Fig. 113 und 114.) Bei Wellenleitungen kommen in der Regel viele Lagerstellen vor. Hier gilt ebenfalls die Regel, dass ein Lager fest, d. h. die Wellenleitung in achsialer Richutng einmal festgelegt sein soll. Alle anderen Lager sind freigehend einzurichten.

Das freigehende Lager unserer Fig. 113 Pos. 2 kennzeichnet sich dadurch, dass das Laufringsystem mit Spannhülse auf der Welle derart eingestellt wird, dass in dem Gehäuseraum rechts und links möglichst gleich viel Spiel von den Laufringkanten bis zu den inneren Gehäuseabsätzen bleibt. In Pos. 2 ist ein besonderer Ring a mit sphärischer Ausdrehung angeordnet; das Gehäuse steht fest. Der äussere Laufring muss ebenfalls sphärisch ausgebildet werden. In Fall 1 ist das Gehäuse kugelig ausgebildet. Bei etwaigen Wellendurchbiegungen übertragen sich die Belastungen vom Laufring auf das Gehäuse. Das Gehäuse muss in Kugelpfannen lagern und wie in Fall 1 und 2 zweiteilig sein.

Etwas einfacher gestaltet sich die Ausbildung des festen Lagers nach Fig. 114. In Pos. 1, wo das Gehäuse kugelig ausgebildet ist, wird eine Ringnute a b ausgebohrt, in die sich das Laufringsystem hineinlegt. An den Ringflanken darf je 0,5 mm Spiel gelassen werden. In Pos. 2 wird das Gehäuseinnere sphärisch gestaltet. In beiden Fällen ist aber auch wieder ein zweiteiliges Gehäuse vorausgesetzt. Bei Transmissionslagern muss eine Höheneinstellung der einzelnen Lager möglich sein, gleichgültig ob Gleitlager oder Kugellager verwendet werden.

In unseren Figuren 113 und 114 ist diese vertikale Höhenänderung durch kurze Schraubenspindeln e und f gedacht. Im übrigen gelten für diese Nebeneinrichtungen die verschiedenen Bauformen, wie sie im allgemeinen Maschinenbau üblich sind.

Bei Wellenleitungen mit festen und losen Lagern ergeben sich bei der Lagerausbildung nach Fig. 113 und 114 im Innern der Gehäuse doch wesentliche Änderungen.

Die Maschinenfabrik Conrad baut deshalb die Transmissionskugellager für die festen und losen Stellen sphärisch und sieht für das ganze Gehäuse eine achsiale Beweglichkeit vor. Wo ein Lager fest sein soll, wird dann ein Gehäuse durch Stellringe festgehalten.

k) Kugellagerungen vertikaler Wellen (Fall 10, 11 u. 12 nach Fig. 115, 116, 117).

Bei vertikalen Wellen ergeben oft die Wellengewichte samt den auf der Welle befindlichen Maschinengliedern Drücke, die unter Umständen grösser sein können als die eigentlichen Arbeitsdrücke. Hier ist das Spurkugellager auf alle Fälle angebracht, weil hier Wellenabsätze, die auf Gleitreibung beansprucht werden, fressen würden. Ein wesentlicher Unterschied besteht hier wieder zwischen einem abgeschlossenen Spurzapfenende und den durchgehenden Wellen; besonders weil dies für die Ölhaltung wichtig ist. Die Spurlagerkonstruktionen sind meist für durchgehende Wellen konstruiert. In der Regel sind sie aber ohne weiteres auch für Endspurlager anwendbar. Meist wird man das Spurkugellager in Verbindung mit einem schlichten Radiallager oder mit einem Radialkugellager anwenden; selten allein.

Der Fall 10 nach Fig. 115 kennzeichnet sich durch eine vertikale Welle a, die in einem schlichten Lager läuft und mittels eines Ab-

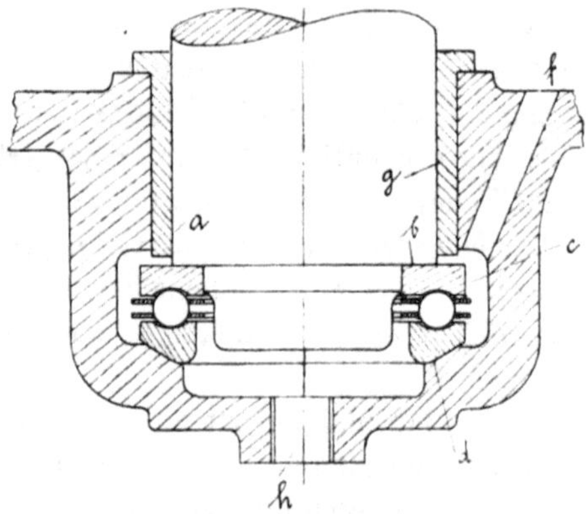

Fig. 115.

satzes b den Vertikaldruck auf die Spurplatte c überträgt. Die Spurkugeln laufen nach der bekannten Art in den gekrümmten Rillen. Die untere Spurplatte d ruht mit einem kugeligen Sitz in dem Maschinengestell e. Bei f tritt das Schmiermaterial zu dem Spurkugellagerraum. Die Schmierung ist bei diesen Anordnungen zufriedenstellend gelöst, weil durch die Schmiernuten g Öl nach abwärts läuft und sich die tiefsten Lagerpunkte mit Öl füllen, das von Zeit zu Zeit abgelassen wird. Für schwere Maschinen empfiehlt sich eine Ölzirkulation in den Spurlagern zu unterhalten.

Der Fall 11 nach Fig. 116 ist denselben Arbeitsbedingungen unterworfen, wie der Fall 10. Hier ist ein Spurlager „System

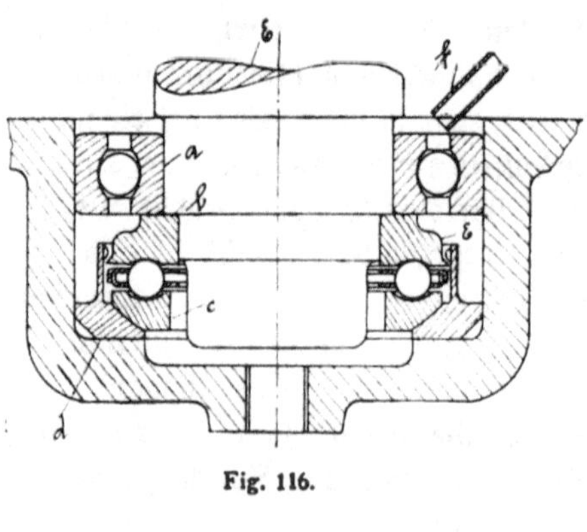

Fig. 116.

Bauschlicher" eingebaut, das mit einem Ringkugellager a für die Aufnahme des Radialdruckes zusammen verwendet wird. Der Absatz b der oberen Spurplatte stellt den wünschenswerten Abstand zwischen dem festen äusseren Laufring und der sich drehenden Spurplatte c her. Bemerkenswerte Bearbeitungsvorteile bietet nur der besondere Spurlagerkorb d. der den im Maschinenrahmen nur schwierig herzustellenden Kugelsitz enthält. Das Maschinengestell enthält nur eine durchgehende Bohrung samt einer gedrehten Fussfläche. Es lassen sich durch Beilegen von Scheiben unterhalb des Spurlagerkorbes auch viel besser Höhendifferenzen der Welle e ausgleichen als bei den kugeligen Spurplatten nach Fig. 115 und 117. Für die Ölzuführung sieht man am besten ein Rohr vor, das auf die Kugeln eines Ringlagers gerichtet ist. Es wird dadurch das Ringlager samt dem Spurlager in sicherer Weise geölt, weil das Öl auf die Spurplatte b läuft und durch den Rand an dem Spurplattenkorb abgeschleudert wird und von dort nach unten rinnt.

Der Fall 12 nach Fig. 117 kennzeichnet sich durch eine durchgehende Welle b. Im allgemeinen deckt sich die Lagerausbildung mit

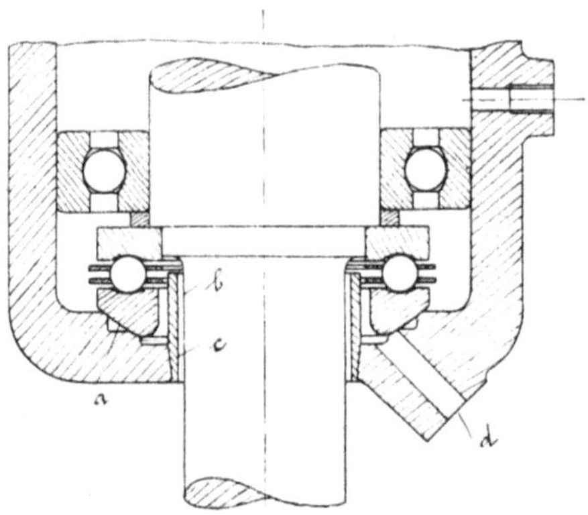

Fig. 117.

der der Fig. 116, nur erhält die Spurplatte a einen kugeligen Sitz. Das Einpassen des Kugelsitzes wird erleichtert, wenn nur einzelne Stellen tragen. Die Spurplatte ruht auf einer Staffel. Bei durchgehenden Wellen ist das Ölhalterohr c wichtig, das möglichst hoch hinauf reichen soll, damit die Kugeln noch im Ölbad laufen. Es ist auch hier eine Ablassvorrichtung d für Späne geschaffen, die aber seitlich angebracht ist. Das Prinzip der Ölzirkulation ist hier auch durchführbar. Eine Kühlung bei stark belasteten Wellen ist meist bei Anwendung von Spurkugellagern nicht notwendig, während schlichte Spurlager wegen der beschränkten Lagerfläche eine solche schon benötigen.

l) Exzenterlager auf Wellen

(Fall 13 nach Fig. 118, 119 u. 120).

Bei Exzenterlagern kann man, wenn keine Auswechselbarkeit gefordert wird, die Laufrille direkt in der Welle nach Fig. 118, Pos. 1, ausbilden. Dies setzt jedoch voraus, dass man die Welle härten kann.

Allgemeiner ist Pos. 2 nach Fig. 119, wo das Laufringsystem auf einem Exzenterbund ruht und mittels Mutter festgehalten wird.

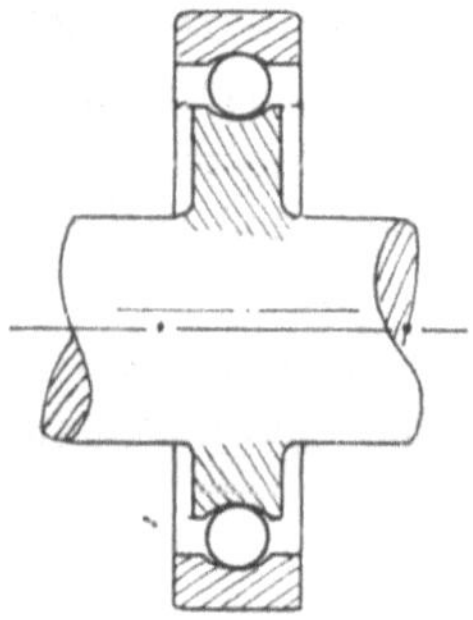

Fig. 118.

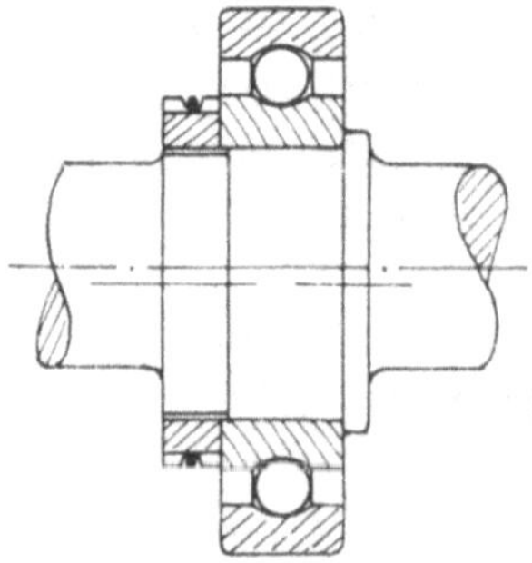

Fig. 119.

Die Maschinenfabrik Amme, Giesecke & Konegen hat sogar ein Gebrauchsmuster auf eine exzentrisch ausgebohrte Spannhülse, um auf glatten Wellen Exzenterkugellager nach Fig. 120 u. 120a unter Verwen-

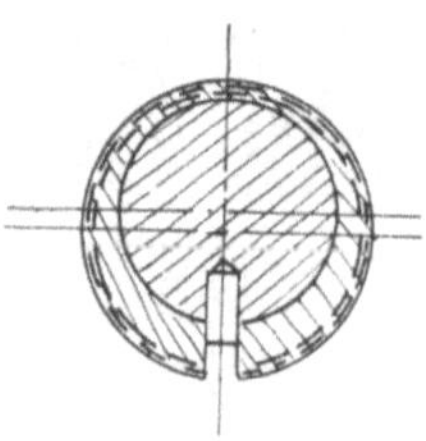

Fig. 120.

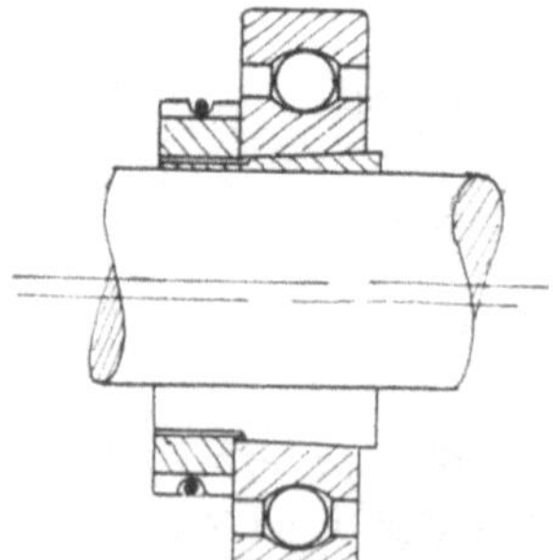

Fig. 120a.

dung normaler Laufringsysteme ausbilden zu könhen. Diese Spannhülse wird sich aber gern lockern. Es muss zum mindesten ein Sicherungsstift a in die Welle eingeschlagen werden, der die Exzenterspannhülse gegen Verdrehen sichert.

Diese Exzenterlager kommen im Mühlenbau für Schüttelsiebe oft zur Anwendung. Der Hub beträgt bei diesen Sieben oft nicht mehr als 5 mm.

25. Instandhaltung der Kugellager.

Die Kugellager sind gewöhnlich mit säurefreier Vaseline eingefettet und werden einzeln in Karton verpackt. Diese sorgfältige Verpackung ist geboten, da die stählernen Lager leicht rosten. Hat man Kugellager in Vorrat lagern, so ist darauf zu achten, dass sie in keinem feuchten Raume aufbewahrt werden, da das Rosten für das ganze Kugellager gefährlich wird, indem der Rost in den Laufrillen gewissermassen als Schleifmittel wirkt und das Lager unbrauchbar machen kann. Ausgelaufene Kugellager repariert man durch Einsetzen grösserer Kugeln. Dies wird am besten von der Kugellagerfabrik gemacht, die dann gleichzeitig die Laufrillen etwas nachschleift. Eine derartige Reparatur empfiehlt sich aber nur bei grossen Lagern, bei denen die Laufringe einen erheblichen Material- und Arbeitswert repräsentieren. Kleinere, verschliessene Lager wird man durch neue ersetzen. Die Öle zum Schmieren der Kugellager dürfen nicht ranzig sein. Es sind nur säurefreie Mineralöle zu verwenden. Säurehaltige Pflanzenöle dürfen auf keinen Fall verwendet werden. Für die Schmierung des Kugellagers ist es weniger wichtig ob man Schmierfett oder dünnflüssiges Öl verwendet; im Gegensatz zu Gleitlager, wo die physikalische Beschaffenheit des Öles grossen Einfluss auf seine Schmierfähigkeit hat. Im allgemeinen, und zwar mehr aus chemischen Gründen, wird man dünnflüssigen Ölen den Vorzug vor Mineralfetten geben, weil man bei der Herstellungsweise der Fette nie sicher geht, ob nicht doch wesentliche Säurebestände in den Schmiermitteln enthalten sind. Die auf dem Wege der Destillation gewonnenen dünnflüssigen Öle (Leichtöle) können chemisch leichter rein gewonnen werden.

III. TEIL.

Die Anwendung der Kugellager.

26. Die Anwendung der Kugellager im Automobilbau.

(Allgemeines.)

Der Ingenieur Georg Weickum (Wien) meldete auf dem Kontinent das erste Patent auf Kugellager an, das ihm auch erteilt wurde. Im Jahre 1884 wurde es für nichtig erklärt, weil die Engländer und die Amerikaner schon früher Kugellager für Fahrräder gebaut hatten.

Seit dem Jahre 1884, nachdem das Monopol erloschen war, wendete die Fahrradindustrie allgemein Kugellager an. Dieses machte recht viele Wandlungen durch, bis es sich zu den brauchbaren Konuslagerkonstruktionen entwickelt hatte, wie sie bereits unter Kapitel „Konuslager" beschrieben wurden.

Der Maschinenbau, der die nachstellbaren Konuslager vor Jahren für seine Zwecke kopierte, hatte mit diesem Misserfolge, bis das nicht nachstellbare Ringlager folgte, das vor Jahren zögernd im Automobilbau eingeführt wurde und heute als unentbehrliches zuverlässiges Maschinenelement gilt. Allerdings gibt es auch Automobilfabriken, die vom ersten Moment an das Ringkugellager für die automobilen Fahrzeuge adoptierten.

Das Konuslager ist aber nicht ganz verschwunden, weil es doch ausserordentlich billig ist. So wenden die Adler-Fahrradwerke heute noch Konuslager für die Vorderachsen der Kleinautos an. Auch der Benzwagen besass jahrelang Räder mit Drahtspeichen und Konuslager, die die Adlerwerke fertigten.

Für leichte Wagen von 600--800 kg Eigengewicht lässt sich das Konuslager noch anwenden. Bei den schweren, mehrzylindrigen Tourenwagen mit 20—50 PS-Motoren und 1300—1800 kg Eigengewicht, konnte sich das Konuslager nicht mehr halten und musste dem Ringlager Platz machen.

Bei den meisten deutschen Automobilfabriken fand ein direkter Übergang vom Gleitlager zum Ringkugellager statt. Für die ersten Motorwagen, die mit schlichten Lagern gebaut wurden, wurden hohe spezifische Pressungen zugelassen, was auch heute noch bei allen Motorwagenorganen mit schlichten Lagern zutrifft. Pleuelstangenlager, die mit 120—150 kg pro qcm belastet werden, sind nichts seltenes. Man liess bei hohen Belastungen nur gehärtete Wellen auf Phospsorbronze laufen. Neuerdings lässt man bei Kurbelwellen naturharten Nickelstahl auf Weissmetallager laufen. Aber das Gleitlager frisst zu leicht im Automobilbetriebe und ist in der Wartung zu empfindlich. Wo man heute bei rasch umlaufenden Wellen ein Gleitlager durch ein Kugellager ersetzen kann, ist es stets von Vorteil.

a) Kugellagerung der Automobilnaben und -Achsen.

Meist verwendete man vor Jahren für die schweren Motorwagen die im Wagenbau gebräuchlichen Patentachsenkonstruktionen nach Fig. 121. Hier läuft die Radnabe um den feststehenden Achszapfen. Eine Zwischenbüchse enthält 4 Löcher zur Aufnahme von Schmiermaterial. A ist eine Ölkammer für eine grosse Menge Schmiermaterial.. Eine nachstellbare Stossscheibe mit Fläche sichert die Mutter gegen Aufdrehen.

Interessant ist die Aufgabe der Zwischenbüchse b, die leichtlaufend in die Nabenbohrung und auf den Wellenzapfen passt und mehr als Sicherheitsglied wirkt. Sollte sich die Büchse z. B. auf den Achszapfen fressen, so dreht sich immer noch der Nabenkörper um die Zwischenbüchse.

Bei schnellen Wagen ist aber die an sich gute Konstruktion nicht mehr betriebssicher und das Lager frisst dennoch bezw. die Nabe läuft heiss.

Diese Konstruktion wird nur bei langsam laufenden Motorwagen angewendet. Für Tourenwagen gilt die Nabenlagerung nach Fig. 121 b.

Zuvor sei aber noch die Übergangsform nach Fig. 121 a mit Konuslager besprochen:

Die Nabe f enthält vorn ein kleines Konuslager, bestehend aus den Teilen a, b, c, d, e, v. Hierbei wäre die Filzpackung überflüssig, weil ja die Schutzkappe alles hinreichend einkapselt. Hinten am dicken Teil der Achse sitzt das grössere Konuslager mit den Teilen g, h, k, m, n. Man sucht die Entfernung L von Mitte des Rades bis zum Wellenabsatz zur Verringerung des Biegungsmomentes so klein wie möglich zu halten. Das vordere Kugellager wird dadurch stark entlastet und das hintere mehr belastet.

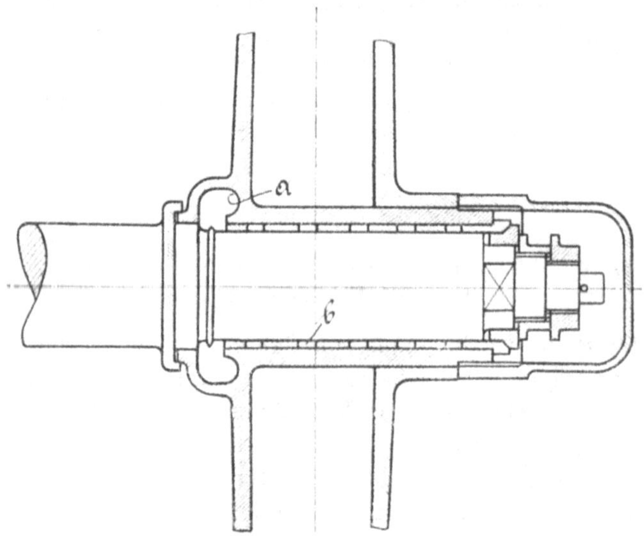

Fig. 121.

Die Konuslager laufen sich stark ein, wesshalb dieselben zeitig nachgestellt werden müssen. Das Gewinde des vorderen Konusses lockert sich gerne. Es muss von Haus aus stramm passend gehen. Ein leichtgehendes, wackelndes Gewinde ist für stark belastete Konuslager nicht zu gebrauchen.

Besondere Schmiervorrichtungen erübrigen sich, weil das Innere der Nabe meist mit konsistentem Fett gefüllt wird, welches an alle Lagerstellen tritt. Achsiale Drücke werden natürlich von dem Konuslager in gleichem Masse als die radialen Drücke aufgenommen.

In den Fig. 121 b, 121 c und 122 sind nun Naben und Achsenzapfen mit Ringkugellager ausgerüstet, und zwar läuft die Nabe

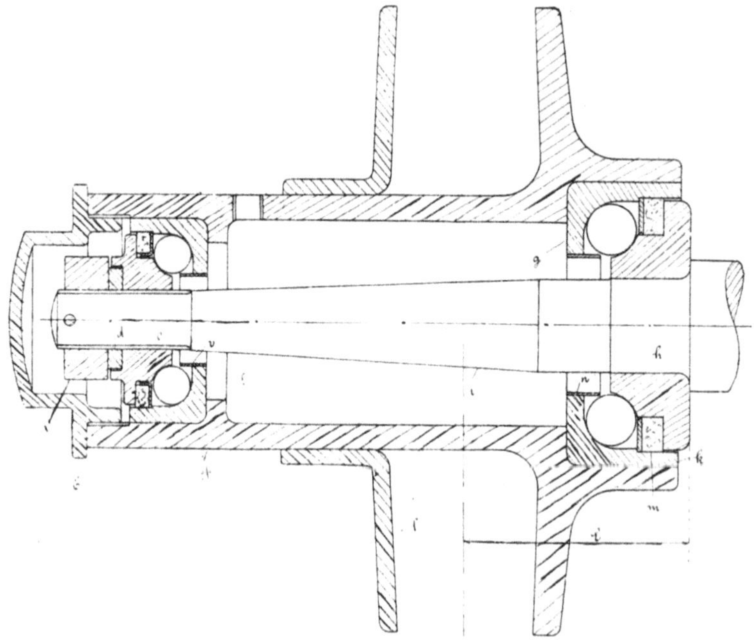

Fig. 121a.

um einen festen Zapfen, wie dies bei allen Lenkachsen und Hinterradachsen, die mittels Ketten oder Innenzahnrädern angetrieben werden, geschieht.

In Fig. 121 b ist der Nabenflansch sehr dicht an den Achskopf geschoben, zur Verkleinerung des biegenden Momentes. Es sind hier Norma-Lager eingebaut. Die äusseren Laufringe schlagen mit ihren Rillenschultern an die Nabenwandung an. Der zylindrische Tel der äusseren Laufringe ist entgegengesetzt gerichtet. Die beiden inneren Laufringe werden durch eine Mutter und eine konische Büchse gehalten. Die Mutter hat einen ausnahmsweise grossen Bund, der als Sicherung gegen das Herausfallen der Nabe dient, falls die Kugellager zerstört würden.

Bei dem Kugellager mit Zwischenfedern kam es vor, dass bei Kugelbrüchen die Kugellager zerfielen und die Räder losgingen.

Dieses Lösen wird der Rand verhindern, der grösser ist als die lichte Weite des Laufringes. Bei dem Kugellager mit voller Kugelzahl ist aber dieser Sicherungsrand überflüssig. Die von der Wagenbelastung und dem Wagengewicht herrührenden vertikalen Drücke werden durch ein Spurlager aufgenommen. Der vertikale Zapfen i läuft hier noch in schlichten Lagern.

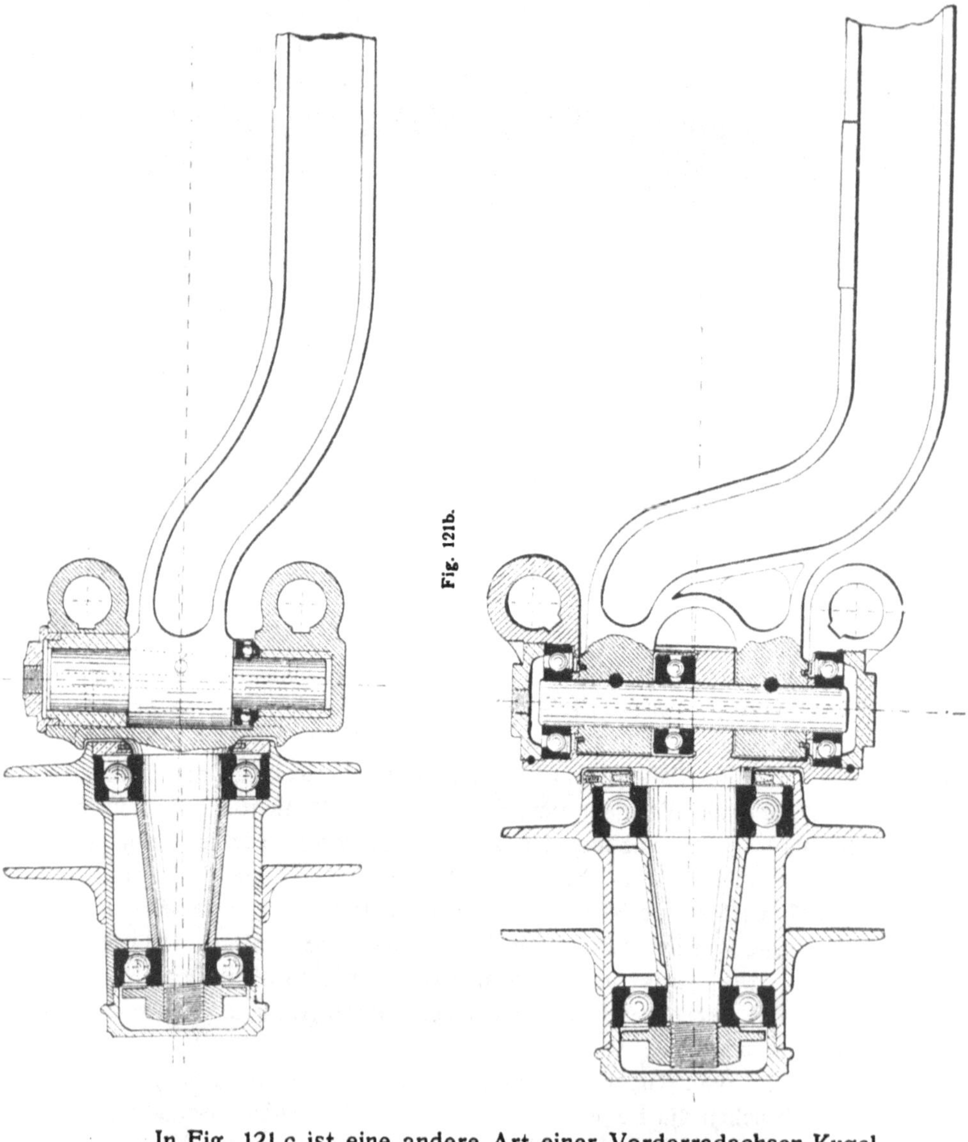

Fig. 121b.

In Fig. 121 c ist eine andere Art einer Vorderradachsen-Kugellagerung gezeigt, die in der Ausbildung der Kugellagerung für die Nabe sich vollkommen mit der der Fig. 121 b deckt. Hier ist der vertikale

Zapfen in zwei Ringkugellagern und einem Spurkugellager gelagert, was den leichten Gang der Lenkung für schwere Wagen mit stark nach vorn gelegten Maschinengewichten wesentlich beeinflusst.

Bei dem Vorderachs-Spurlager handelt es sich nur um geringe Rotationsbewegungen, da das gerade Fahren überwiegt und höchstens bei starken Kurven und beim Umkehren des Fahrzeuges eine Winkelbewegung von 45° nach der einen oder anderen Seite eintritt. Die Spurkugeln schlagen sich daher, weil sie sich meist in Ruhelage befinden, nach Jahren in die Spurplatten ein. Man soll daher die Spurlager sehr reichlich dimensionieren.

In Fig. 122 ist eine Nabenlagerung dargestellt, bei welchem die gewöhnlichen Ringlager mit normalen Laufrillen eingebaut sind. Hier sind die äusseren Laufringe und der innere Laufring k fest eingespannt. Der innere Laufring sitzt gut saugend auf dem Achszapfen; er kann sich demnach achsial einstellen.

Es herrscht zwar die Einbauregel, dass man bei den umlaufenden Rotationskörpern, die sich um einen Festzapfen bewegen, die äusseren Laufringe fest einspannen soll. Die beiden inneren Laufringe sollen gut saugend auf der Welle sitzen. Dies lässt sich aber meist nicht durchführen, denn einmal muss ein innerer Laufring achsial gehalten werden. (In unserer Figur der kleine Laufring.) Scheinbar hat man hier den Staubschutz nachlässig durchgeführt, weil die Labyrinthdichtung fehlt.

Hier ist aber eine Scheibe vorhanden, die in den Zahnkranz hineinragt und somit einen guten Staubschutz herstellt. Bei Cardan-Hinterrädachsen und -Naben, die starr mit der Achse verbunden sind, ist die Kugellagerung nach der Fig. 121 e häufig angewendet, die für leichte Wagen üblich ist.

Die mit dem Kegelrädergetriebe verbundene Hauptachse a, b und c trägt zunächst das Laufringsystem d, das an den Wellenabsatz a anschlägt. Die Nabe c sitzt auf dem zylindrischen Wellenende b und wird mittels Vierkant c mitgenommen. Die Mutter f presst die Nabe e und das Laufringsystem d auf den Wellenabsatz a fest. Diese Abstufungen betragen nur 4—5 mm im Durchmesser. Der Maschinenbauer wird grössere Absätze gewöhnt sein. Es hat sich jedoch diese Abstufung von 5 mm im Durchmesser durchaus bewährt, zuweilen geht man sogar noch auf geringere Abstufungen herunter (auf 3 mm), weil dies bei langen Wellen oft eine wesentliche Gewichtsersparnis bedeutet.

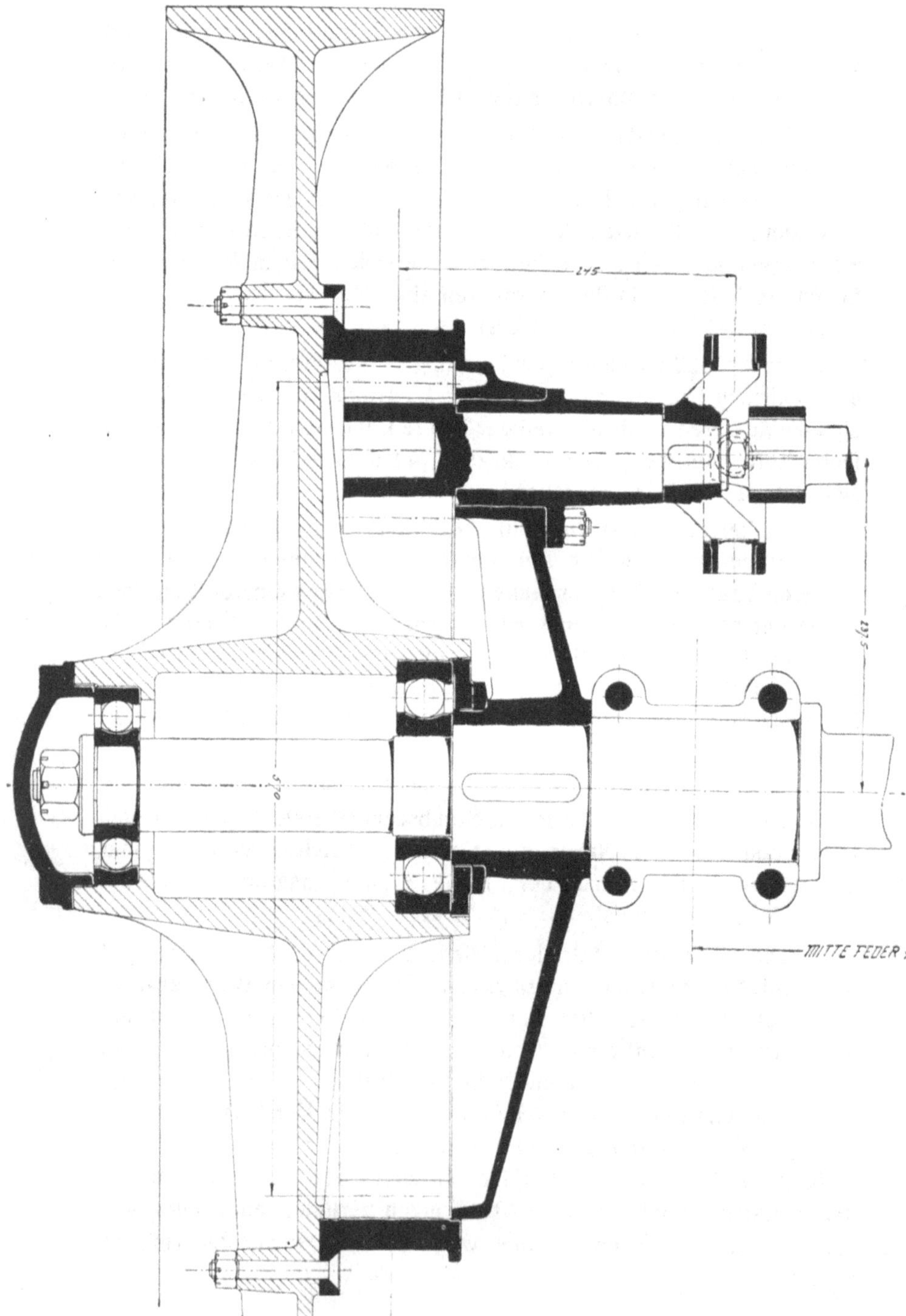

Fig. 122.

Das Laufringsystem ist durch die Verschlussmutter g fest eingespannt und kann demnach achsialen Druck aufnehmen, **der bei**

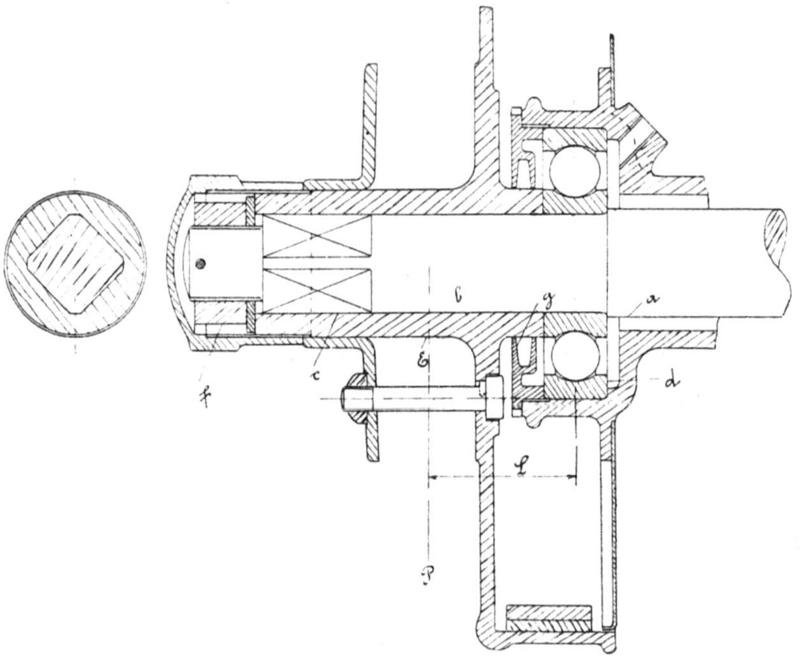

Fig. 121e.

Wagenrädern auch eintritt, besonders beim Kurvenfahren. Das Kugellager im Differentialwerk muss aber frei gehen.

Bei Fahrzeugen mit hohen Nutzlasten (Lastwagen) ergeben sich für derartig gelagerte Wellen starke Beanspruchungen, die sich aus dem Biegungsmoment P×L und dem Torsionsmoment für den Antrieb des Fahrzeuges zusammensetzen.

Man sucht daher die Welle zu entlasten. Eine derartig entlastete Hinterradachse. die nur ganz geringe Biegungen auszuhalten hat und fast nur auf Torsion beansprucht wird, ist in der Fig. 121 f dargestellt. Es sind zwei verschiedene Fälle in einer Figur wiedergegeben, die eine Seite zeigt die Lagerung auf einem kräftigen Ringlager, die andere zeigt eine Achslagerung auf zwei schwächeren Ringlagern.

F a l l 1. Auf der Hauptachse a und dem Konus b sitzt, durch die Mutter f festgehalten, die Nabe c. Die Nabe baut über das Laufringsystem f und ist gewöhnlich mit.der Bremsscheibe aus einem

Stück. Als Material wird gewöhnlich guter Stahlguss gewählt. Das Laufringsystem ist mittels der Mutter k auf der Gehäuseverlängerung i

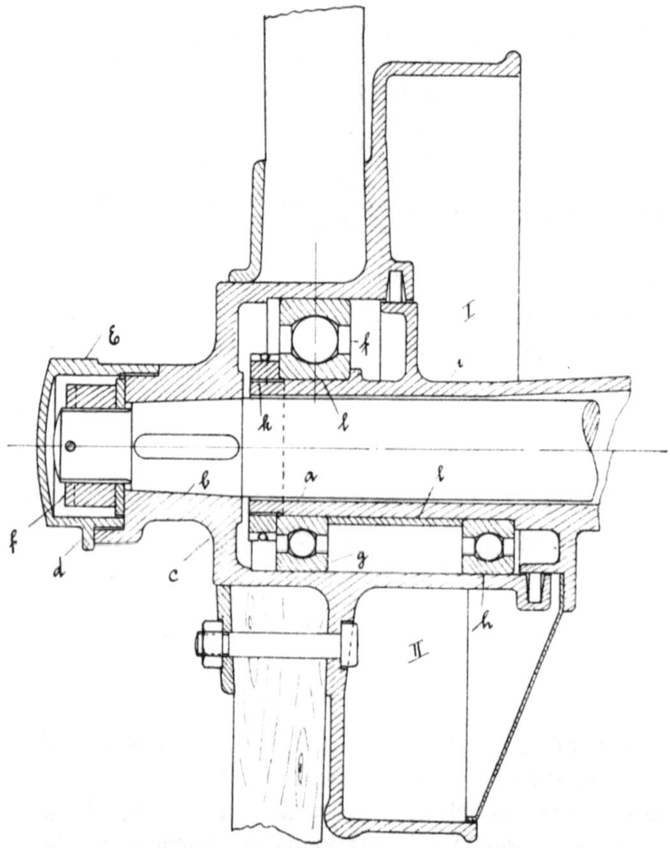

Fig. 121f.

befestigt. Die Nabe samt Welle kann sreh also verschieben, weshalb die achsiale Einstellung durch ein anderes Lager erfolgen muss. Hier fällt das Radmittel mit der Mitte des Kugellagers zusammen. Die Achsbelastung wirkt theoretisch rein auf dieses Lager. Nur beim Kurvenfahren ergeben sich biegende Kippmomente auf die Hauptwelle.

Fall 2. Die Nabe ist ebenfalls überbaut. Es sind zwei Kugellager g und h eingebaut. Die Mutter k presst mit Hilfe des Zwischenrohres l die Kugellager auf den Absatz des Gehäuses. Die Speichen sollten eigentlich zwischen den beiden Kugellagern sitzen, weil vermutlich das Lager g in unserer Zeichnung überlastet ist. Die Kippmomente werden aber hier teilweise durch die weit auseinander liegenden Kugellager g und h aufgenommen. Es wäre in diesem Falle theoretisch keine feste Verbindung der Nabe mit der Hauptwelle nötig; ein lose Kupplung genügte.

b) Die Kugellagerung einer Cardan-Hinterradachse nach Fig. 123.

Diese Achse stellt eine gut durchgearbeitete Hinterradachse dar. Aus der Ausbildung erkennt man die bereits beschriebene überbaute Achsnabe, die auf zwei Kugellagern läuft. Das Radmittel befindet sich zwischen den zwei Kugellagern.

Der achsiale Druck, der in die Hauptwelle gelangt, wird durch ein Drucklager abgefangen. (Zuweilen macht man diese Drucklager nachstellbar, um den Kegelrädereingriff einstellen zu können. Siehe nachfolgende Studie nach Fig. 124.

Die Kugellager werden mit Vorliebe auf das Differentialgehäuse aufgesetzt und nicht auf die Hauptwelle wegen des doppelten Spieles, welches von der Zahndruckstelle bis zum Kugellager auf der Hauptwelle einträte. Setzt man die Kugellager auf das Gehäuse, so erfolgt der Eingriff der Kegelräder geräuschloser.

Die Kegelradwelle trägt, abweichend von einer früheren Studie, ein einfaches Spurlager direkt hinter dem Ringlager, nahe bei dem kleinen Kegelrad. Ferner liegt ein Radiallager hinter dem Kegelrad und das zweite Radiallager vor dem Kegelrad. Die Verteilung des Zahndruckes i erfolgt hierdurch günstiger als bei der Anordnung der folgenden Bauart nach Fig. 124. Der Raumbedarf dieses zweiten vorgelagerten Kugellagers stört aber die symetrische Ausbildung des Differentialwerkes. Obwohl diese Einbauart der kleinen Kegelradwelle konstruktiv richtiger ist, scheint man die andere Art nach Fig. 124 vorzuziehen. Man sieht daraus, dass viele Einbauarten möglich sind und wird man das Einbauen der Kugellager nie in ein allgemein giltiges Schema bringen können. Es sei noch bemerkt, dass bei dem Kurvenfahren eines Fahrzeuges Achsialdrücke in die Hauptachsen gelangen, indem die Zentrifugalkraft die Wagenmassen nach aussen schleudert und die Räder infolge ihrer Adhäsion am Boden Widerstand leisten. Diese Achsialdrücke sind oft ganz bedeutend und müssen bei der Kugellagerung einer Cardan-Achse berücksichtigt werden.

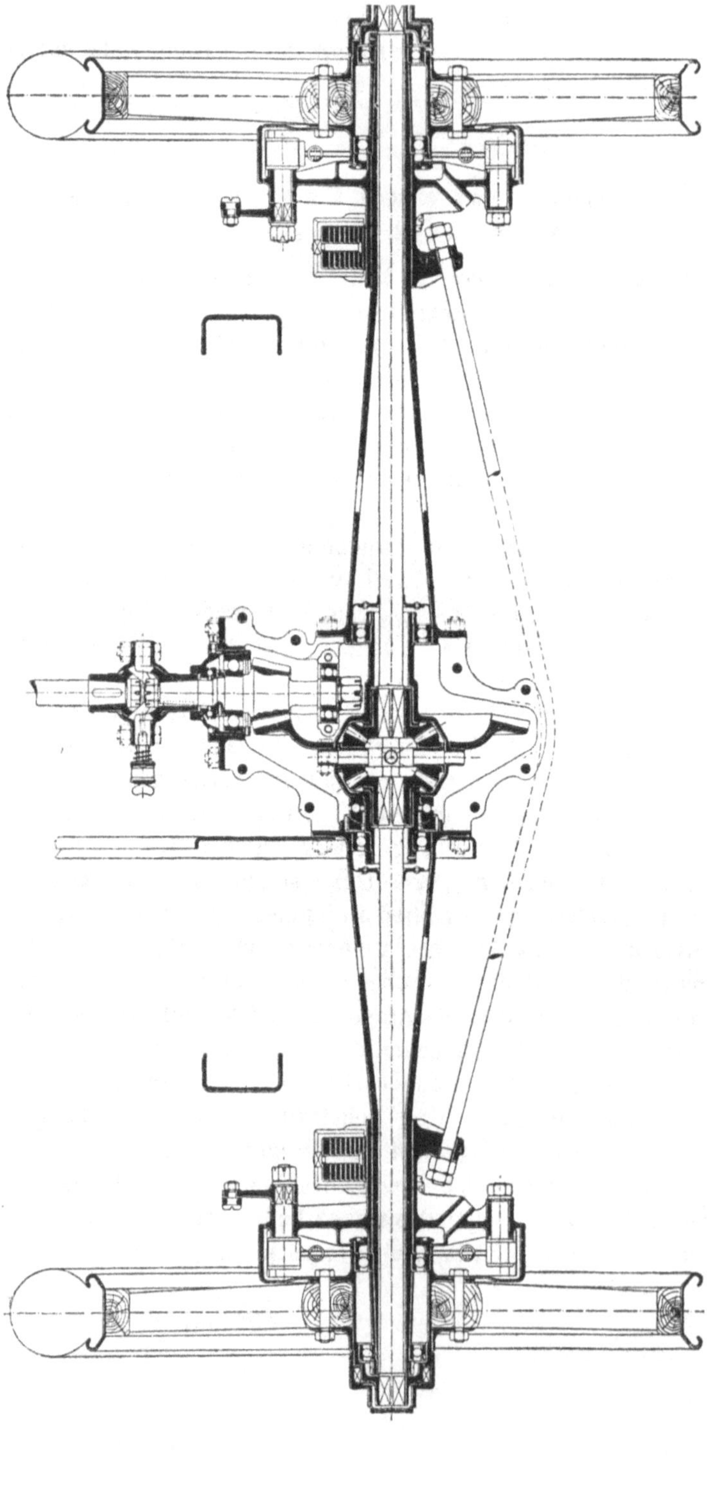

Fig. 123.

c) Nachstellbare Doppeldrucklager einer Cardan-Hinterradachse nach Fig. 124.

Auf die Nabe a des Differentialgehäuses wird ein Ringlager c durch die Mutter i befestigt. Vor dem Einbringen der Spurplatte g ist die Spurplatte k in das Achsgehäuse einzusetzen. Nachdem dies geschehen und der Zahneingriff eingestellt ist, wird die Gegenmutter l angezogen. Damit sich die Spurplatte nicht mehr verstellt, wird eine Nasenscheibe b zwischen Gegenmutter und Spurplatte gelegt.

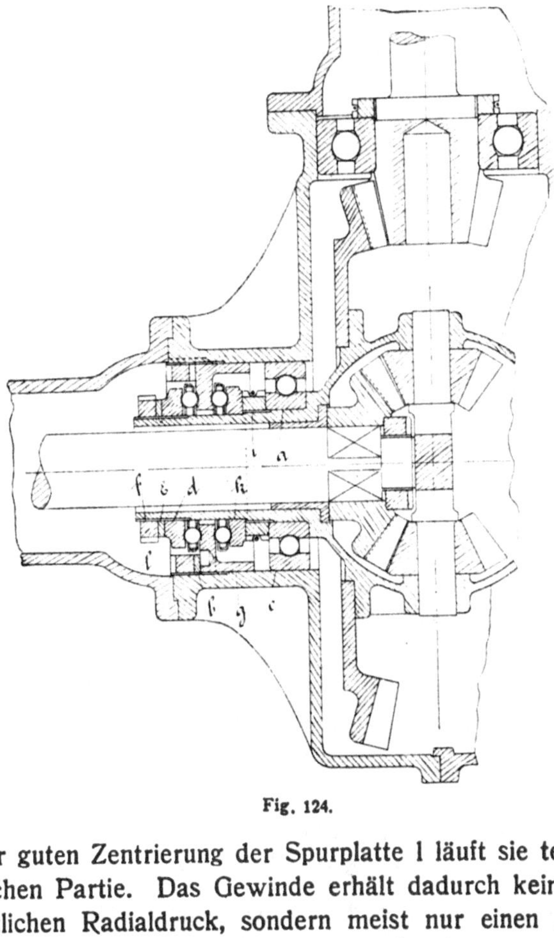

Fig. 124.

Zur guten Zentrierung der Spurplatte l läuft sie teils auf einer zylindrischen Partie. Das Gewinde erhält dadurch keinen oder nur unwesentlichen Radialdruck, sondern meist nur einen Achsialdruck (durch die Hauptachse und die Gegenmutter). Es wird nun die zweite Spurplatte d auf die Nabe des Differentialgehäuses geschraubt und dieses Doppeldrucklager leicht laufend eingestellt. Die Nasenscheibe e und die Gegenmutter f pressen dann diese Spurplatte auf der Nabe fest. Zwecks leichter Zugänglichkeit zu diesem Doppeldrucklager wird man aber die eine Achsrohrhälfte abnehmbar gesalten müssen, wodurch die Konstruktion kompliziert und teuer wird.

Man verbessert wohl die Einstellbarkeit des Kegelrädereingriffes und verschlechtert die Festigkeit des Achskörpers, was bei einer Cardan-Achse, bei der das Achsrohr zunächst die Belastung aufzunehmen hat, nicht erwünscht ist. Man sieht daher in den meisten Fällen von der Nachstellbarkeit des Kegelrädereingriffes ab, oder nimmt diese Operation nur durch Einlegen von Passscheiben vor.

Bei den Cardan-Achsen hatte man früher Bedenken, ob das durch das Kegelrad im Gehäuse herumgeschleuderte Öl bei Bergfahrt oder langsamer Fahrt zur Schmierung der Kugellager genügt, weil hier die Umlaufsgeschwindigkeit der Treibräder nur gering ist. Es hat sich aber die Schmierung durch herumschleuderndes Öl als vollkommen ausreichend erwiesen, weil ja keine stetige Ölzuführung notwendig ist, und bei rascher Fahrt und hoher Umlaufszahl soviel Öl in die Kugellager gelangt, dass auch diese Mengen noch stunden- ja tagelang für die langsamste Fahrt genügen. Ein kontinuierliches Langsamfahren in einem Tempo von 3—6 km kommt nie vor; es liegen bei coupiertem Terrain stets höhere Geschwindigkeitsstufen dazwischen.

d) Zulässige Kugellagerbelastung für Automobilachsen.

Zur Bestimmung der zulässigen Achsbelastung wäre folgendes zu bemerken:

Man nehme das 1,7 bis Zweifache der ruhenden Belastung als maximale Belastung an. Für eine Vorderradachse eines leichten Tourenwagens mit 500 kg ruhender Achsbelastung ergibt sich demgemäss eine Maximalbelastung von 800—1000 kg und für eine Nabenseite ca. 400—500 kg. Gewöhnlich werden für leichte Wagen folgende Lager eingebaut:

Äusseres Lager No. 305 35 × 62 × 17 für 280 kg zul. Belastung
Inneres Lager No. 307 35 × 80 × 21 für 500 kg zul. Belastung

Die inneren Lager sind, weil das Radmittel dicht an denselben ruht, demnach annähernd bis an die Grenze belastet. Die äusseren Lager dagegen könnten meist in Rücksicht auf die Vertikalbelastung kleiner sein. Beim Kurvenfahren ergeben sich aber rechnerisch nicht fassbare Zusatzbelastungen, die eine grössere Sicherheit rechtfertigen, zumal auch das äussere Lager gewöhnlich zur Aufnahme der achsialen Drücke dient, während die inneren grösseren Lager frei schieben sollen.

Mittelschwere Tourenwagen erhalten meist:

aussen No. 305 25 × 62 × 17 für 280 kg zul. Belastung
innen No. 308 40 × 90 × 23 für 650 kg zul. Belastung

Bei den Hinterradachsen schwanken naturgemäss die Belastungen mehr als bei den Vorderradachsen, zumal auch hier noch eine durch die Triebkräfte bedingte Zusatzbelastung hinzutritt. Gewöhnlich liegen die Nutzlasten über den Hinterradachsen, so dass alle Belastungsschwankungen in der Hauptsache durch die Hinterradachse und nur zum geringen Teile von der Vorderradachse aufgenommen werden müssen.

Die Hinterradnaben für Kettenwagen werden in derselben Weise wie die Vorderradnaben gelagert. Man rechnet bei leichten Tourenwagen mit einer ruhenden Last von ca. 800 kg. Als maximale Belastung nehme man bei Hnterradachsen die doppelte ruhende Belastung. Es ergibt sich demnach ca. 1600 kg oder 800 kg pro Nabenseite. Gewöhnlich werden für die leichteren Wagen folgende Kugellager eingebaut:

Für Kettenwagen

äusseres Lager No. 305—25 × 62 × 17 für 280 kg zul. Belastung
inneres Lager No. 308—40 × 90 × 23 für 650 kg zul. Belastung

Schwere Fahrzeuge erhalten meist

äusseres Lager No. 306—30 × 72 × 19 für 390 kg zul. Belastung
inneres Lager No. 309—45 × 90 ×25 für 800 kg zul. Belastung

Bei Cardanwagen bestimmt oft die Hauptwelle die Kugellagergrösse. Kleinere Wagen haben eine Welle von 35 mm.

Ein einzelnes Lager nach Tabelle 3b No. 307—35 × 80 × 27 für eine zulässige Belastung von 500 kg ist zu schwach. Ein Lager nach Tabelle 3c No. 407 35 × 100 × 25 für eine zulässige Belastung von 860 kg ist rätlicher. Zwei schwächere Lager nebeneinander angeordnet soll man möglichst vermeiden.

Für mittlere Tourenwagen nimmt man Hauptwellen mit 40 mm Durchmesser. Hier ist unter allen Umständen das schwere Lager nach Tabelle 3c zu empfehlen, No. 408—40 × 110 × 27 für eine zulässige Belastung von 1000 kg, da sich die Lager No. 308 im praktischen Motorwagenbetrieb als zu schwach erwiesen haben.

Nimmt man Konuslager für die Nabenlagerung, so werden nachstehend angeführte Kugelgrössen pro Lagerstelle verwendet. Aussen ca. 3/8—1/2 Zoll, innen 1/2—5/8 Zoll. Die Anzahl der Kugeln ergibt sich aus dem gegebenen Achszapfen, wobei man 20—35 Durchmesser für leichte Fahrzeuge, 35—40—45 für schwere Fahrzeuge zugrunde legen kann.

Der Belastungsanteil, herrührend von dem Kettenzug oder durch die Zahndrücke, erreicht nur bei kleinsten Geschwindigkeiten eines Wagens eine ansehnliche Grösse und wird von dem gewissenhaften Konstrukteur berücksichtigt werden müssen. Immerhin verschwindet er hinter den rohen Belastungsschwankungen, die jeder Wagenbetrieb nun einmal mit sich bringt. Gegen derartige, nicht kontrollierbare Überlastungen schützt man sich am besten durch hohe Sicherheitskoeffizienten.

e) Die Kugellagerungen der Getriebe.

Die guten Erfolge, welche man mit der Kugellagerung der Achsen erzielte, ermutigte vor Jahren auch zu deren Anwendung für Getriebewellen. Am Anfang befürchtete man, dass der Eingriff der Zahnräder nicht so gut als bei schlichten Lagerungen sei. Auch befürchtete man bei den hohen Tourenzahlen, die manchmal 2000 bis 3000 Touren pro Minute betragen, einen zu starken Verschleiss.

Diese Befürchtung traf nicht zu. Ein gut montiertes Kugellagergetriebe läuft genau so ruhig wie ein solches mit schlichten Lagern, nur darf man die Lager nicht überlasten. Wenn ein Getriebe geräuschvoll arbeitet, liegt dies meist an den gehärteten Zahnrädern, die sich beim Härten verziehen und später unregelmässig eingreifen.

Meist lässt man die gehärteten Zahnräder, nachdem sie im Getriebekasten montiert sind, einige Stunden unter Zuführung von Schmirgel einlaufen. Leider dringt der Schmirgel trotz der bei Getrieben meist angebrachten Abschlussränder in die Kugellager und beschädigt diese.

Die Lager der D. W. M. F., die Zwischenfedern mit Filzpfropfen haben, waren besonders hiervon betroffen, weil der Schmirgelbrei, wenn er sich einmal in dem Filz festgesetzt hatte, nicht so leicht entfernt werden konnte, auch nicht durch Auswaschen mittels Petroleum. Man verwendet daher zum Einschleifen der Verzahnung ältere Kugellager und montiert erst nach dem Einlaufen die vorher schon einmal eingepassten Ringlager.

In Fig. 125 ist nun ein modernes Getriebe, wie es für Motorwagen mit Kettenantrieb zur Anwendung kommt, abgebildet. Es sind

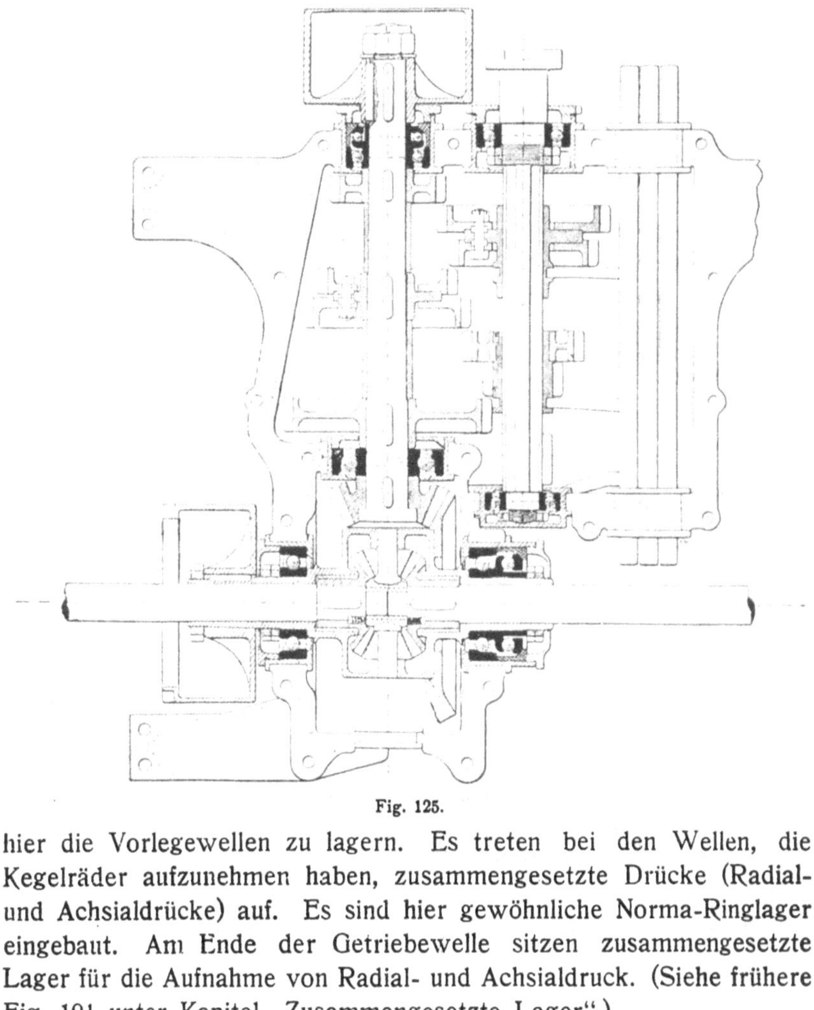

Fig. 125.

hier die Vorlegewellen zu lagern. Es treten bei den Wellen, die Kegelräder aufzunehmen haben, zusammengesetzte Drücke (Radial- und Achsialdrücke) auf. Es sind hier gewöhnliche Norma-Ringlager eingebaut. Am Ende der Getriebewelle sitzen zusammengesetzte Lager für die Aufnahme von Radial- und Achsialdruck. (Siehe frühere Fig. 101 unter Kapitel „Zusammengesetzte Lager".)

Der Einbau der Lager erfolgt nach den Einbaugrundsätzen, wie sie bereits früher genau erörtert wurden. Die von dem Kegelräderantriebe herrührenden Achsialdrücke werden durch Spurlager aufgenommen, die aber bei der Montage genau nach dem Zahnrädereingriff eingestellt werden.

Durch Abnehmen der Büchsenfortsätze oder durch Einlegen von Passscheiben wird man die günstigste Zahnräderstellung fixieren.

Die achsiale Feststellung der Welle erfolgt bei den Normalagern

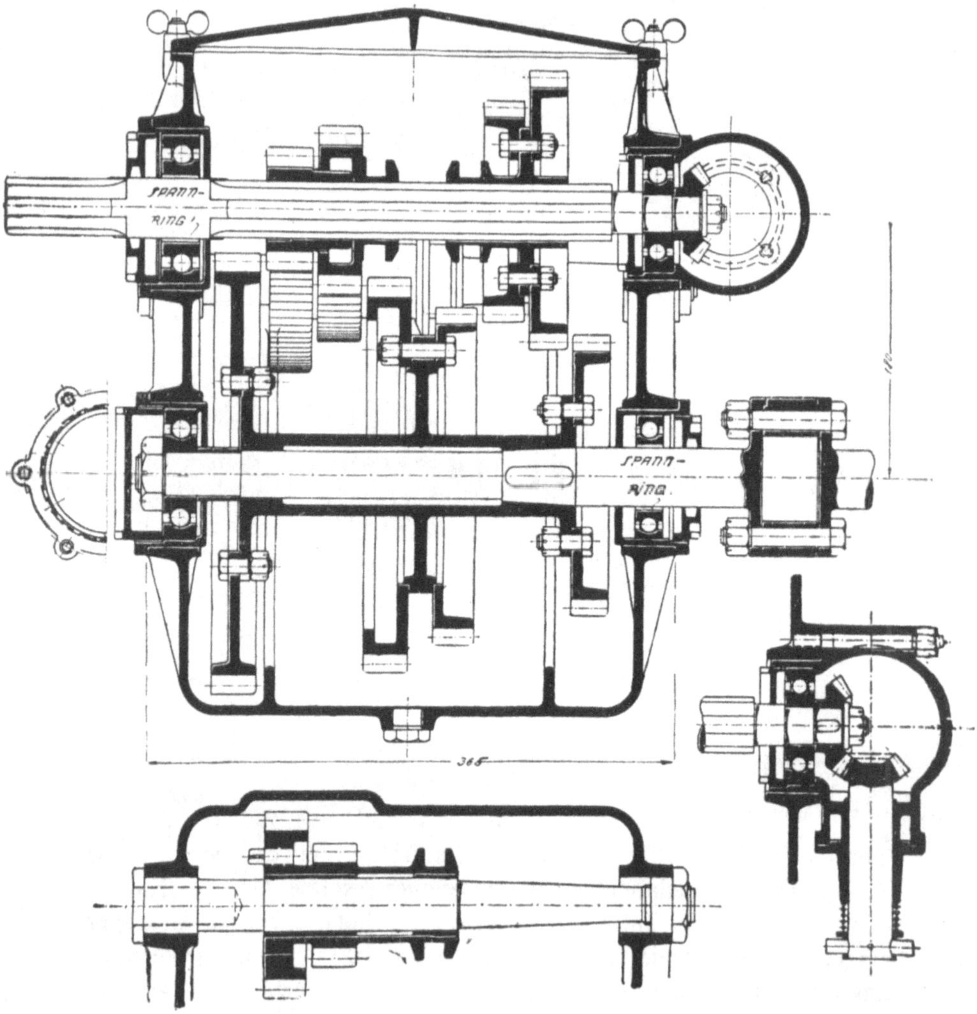

Fig. 125a.

dadurch, dass je eine gegenüberliegende Rillenschulter der beiden Ringlager die Welle festhält, weshalb beide Laufringe nach dem Gehäuse zu die Anlagedrücke weiterleiten. Dies entspricht dem früheren Einbaufall nach Fig. 106.

Man hat hier keine Fest- und Loselager, sondern die Feststellung der Welle erfolgt durch beide Lager. Die Montage dieser Lager ist aber etwas schwieriger als bei jenen Lagern, wovon eines festgehalten wird und das andere frei geht.

In Fig. 125 a ist die Kugellagerung eines Lastwagengetriebes ersichtlich. Hier sind wieder Ringlager mit beiderseits gekrümmten Laufrillen angewendet. Bei den Getriebewellen ist ein Kugellager festgestellt, das andere Kugellager schiebt frei. Das freigehende Lager ist aber in unserem Falle mittels Spannhülse auf die Welle gesetzt. Das kleine Kegelrädergetriebe dient nur zum Anwerfen des Motors. Der kleine axiale Druck, den dieses Kegelrädergetriebe ausübt, kann vorübergehend durch das fest eingespannte Ringlager aufgenommen werden.

An das vorstehende Zahnrädergetriebe schliesst sich ein Differentialwerk für einen Kettenantrieb der Hinterräder an (s. Fig. 125 b). Hierbei ist typisch, dass die Welle für das kleine Kegelrad sehr kurz gelagert ist. Der Achsialdruck wird durch ein einfaches Spurlager abgefangen. Entsprechend dem hohen Zahnräderdruck ist ein ausserordentlich grosses Ringlager auf der dem Kegelrad am nächsten liegenden Stelle angewendet.

Auf eine Einstellbarkeit des Getriebes verzichtet man aber. Man begnügt sich mit einem einfachen Spurlager auf der Druckseite. Die andere Seite ist wohl zur Aufnahme eines Spurlagers eingerichtet, aber ein solches wird nicht eingebaut. Auch hier lagert man die Ringlager nicht auf der Hauptwelle, sondern auf dem Differentialgehäuse. Sonstige Achsialdrücke, ausser von dem Kegelrädergetriebe herrührend, kommen hier nicht in die Hauptwelle.

Insofern unterscheidet sich diese Differentialachse wesentlich von der Cardan-Hinterradachse, als bei letzterer auf die Hauptwelle stets starke Axialdrücke von den Rädern aus in das Differentialwerk gelangen.

f) Zur Berechnung der Auflagedrücke bei Getrieben.

Für die zulässige Kugellagerbelastung der Getriebe genügt es meist die Auflagedrücke bei der kleinsten Geschwindigkeit (1. Geschwindigkeit) rechnerisch festzustellen und für die dabei ermittelten Drücke das nächstliegende Kugellager zu wählen. Da die kleinste Geschwindigkeit nur zum Anfahren und vorübergehend beim Berg-

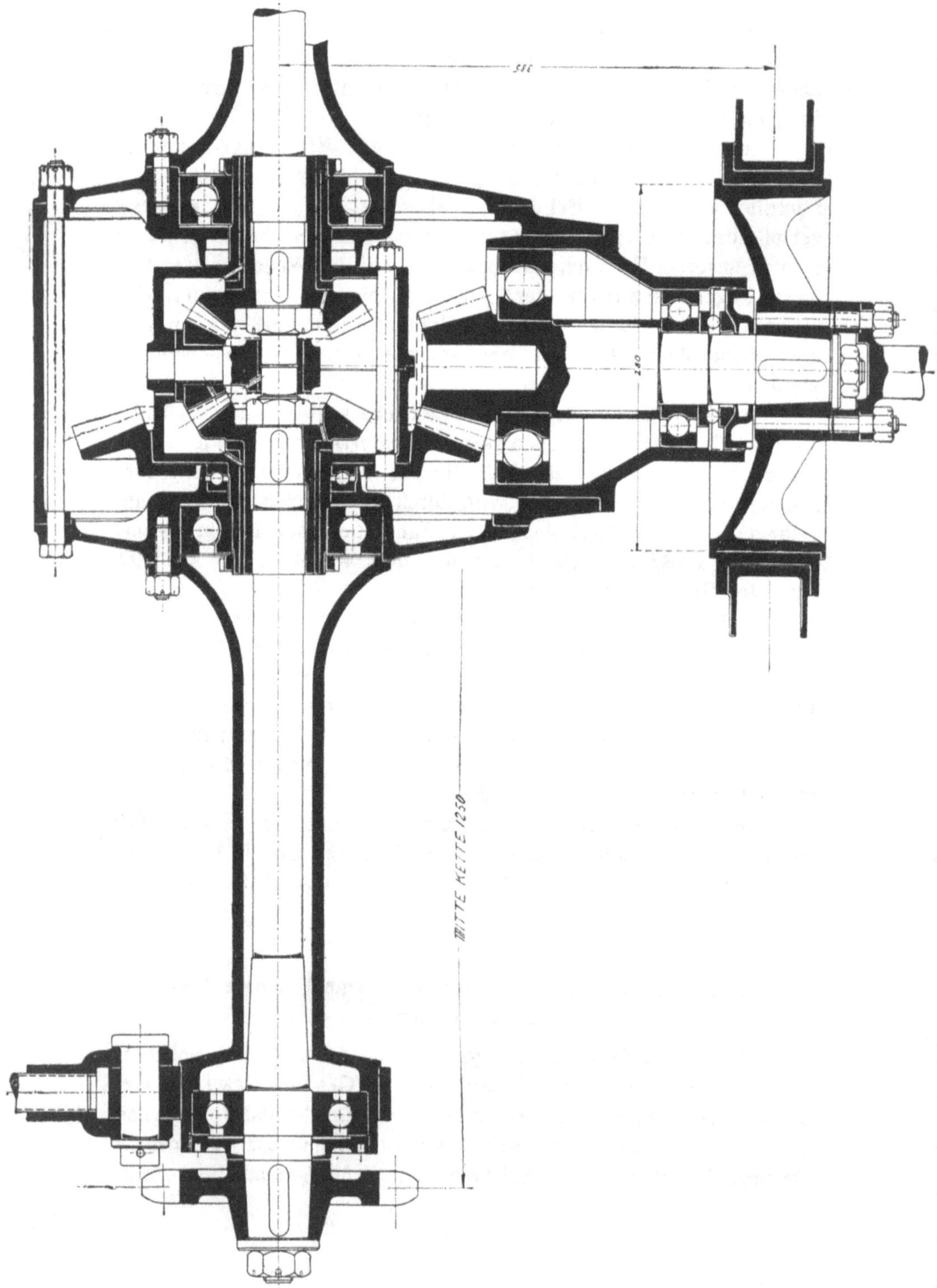
280
MITTE KETTE 1250

steigen benutzt wird, genügt die einfache Sicherheit. Für die mehr gebrauchten anderen Geschwindigkeiten sind die Drücke meist wesentlich kleiner, so dass sich für die Dauerbeanspruchung der Getriebe dennoch wesentlich geringere Belastungswerte als bei der kleinsten Geschwindigkeit ergeben.

Folgendes Rechnungsbeispiel für ein Getriebe mit drei Geschwindigkeiten und direkter Uebertragung bei maximaler Geschwindigkeit beweist am besten die in der Einleitung gemachte Behauptung, dass die kleinste Geschwindigkeit die Maximalbelastung der Getriebe umgrenzt. Wollte man auch für die erste und kleinste Geschwindigkeit hohe Sicherheiten zulassen, so würde dies bei Luxusfahrzeugen sicher zu recht grossen Getriebeabmessungen führen. Nur bei Gebrauchswagen (Lastwagen) darf mit höheren Sicherheiten gerechnet werden.

Bestimmung der Auflage eines Getriebes für 24 PS und 3 Geschwindigkeiten (unter Vernachlässigung des Rückwärtsganges).

Gegeben:

N = Motorische Kraft an der Welle I angreifend = 24 PS.

n = Tourenzahl der Motorenwelle bezw. Welle I = 1200 pr. min.

i_1 = Konstantes Uebersetzungsverhältnis der Welle I zu der Welle II = 1 : 2.

G_1 = Erste kleine Geschwindigkeit (Gesamtübersetzung 1 : 2 × 1 : 2) = 1 : 4.

G_2 = Zweite u. mittlere Geschwindigkeit (1 : 2 × 1 : 1) = 1 : 4.

G_3 = Dritte und grösste Geschwindigkeit d. h. direkte Kupplung der Motorwelle mit der Gelenkachse, die zu den Hinterrädern führt = 1 : 1.

$l_1 = 50$, $l_2 = 75$, $l_3 = 50$

$$\left.\begin{aligned} L_1 &= 235 \\ L_2 &= 25 \\ L_3 &= 170 \\ L_4 &= 90 \\ L_5 &= 35 \\ L_6 &= 225 \\ L_7 &= 260 \\ L_8 &= 25 \\ L_9 &= 80 \end{aligned}\right\}$$ Siehe Schema der Fig. 125c.

Gesucht:

M_1 = Drehmoment für die Welle I

$$= \frac{716200 \cdot N}{n} = \frac{716200 \cdot 24}{1200} = 14324 \quad (n = 1200)$$

M_2 = Drehmoment für die Welle II

$$= \frac{716200\, N}{n_1} = \frac{716200 \cdot 24}{600} = 28648 \quad \left(n_1 = \frac{n}{2} = \frac{1200}{2} = 600\right)$$

M_3 = Drehmoment für die Welle III bei der ersten Geschwindigkeit

$$= \frac{716200\, N}{n_2} = \frac{716200 \cdot 24}{300} = 57296 \left(n_2 = \frac{n}{2} \cdot \frac{1}{2} = \frac{600}{2} = 300\right)$$

M_4 = Drehmoment für die Welle III bei der zweiten Geschwindigkeit

$$= \frac{716200\, N}{n_3} = \frac{716200 \cdot 24}{600} = 26648 \quad n_3 = \left(\frac{n}{2} \cdot \frac{1}{1} = \frac{1200}{2} = \frac{1}{1} = 600\right)$$

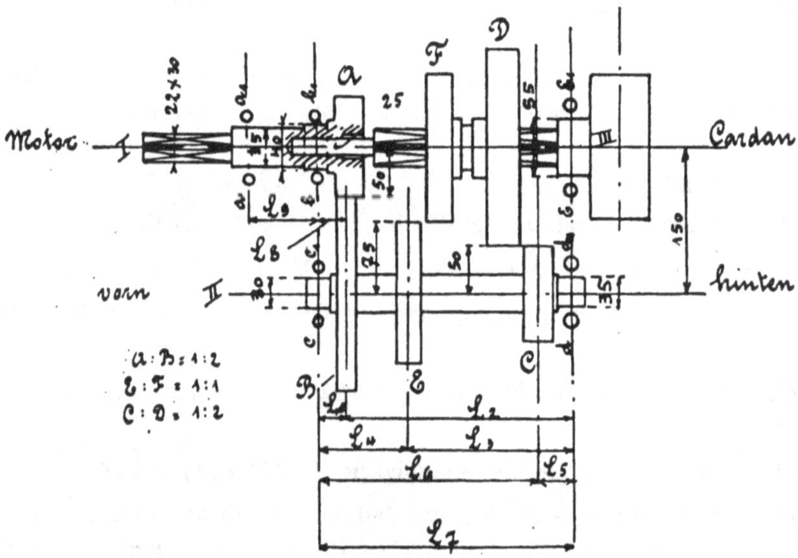

Fig. 125c.

p_1 = Zahndruck für das Räderpaar $A + B$

$$p_1 \cdot l = M_1$$

$$p_1 = \frac{M_1}{l_1} = p_1 = \frac{14324}{50} = 286 \text{ kg}$$

p_2 = Zahndruck für das Räderpaar $E + F$

$$p_2 = \frac{M_2}{l_2} = \frac{28648}{75} = 573 \text{ kg}$$

p_3 = Zahndruck für das Räderpaar $C = D$

$$p_3 = \frac{M_2}{l_3} = \frac{28648}{50} = 382 \text{ kg}$$

aa_1 = Auflagedruck der vorderen Lagerung der Welle I

$$= \frac{p_1 \cdot L_8}{L_9} = \frac{286 \cdot 25}{80} = 89{,}3 \text{ kg}$$

bb_1 = Auflagedruck der hinteren Lagerung der Welle I bei erster Geschwindigkeit

$$p_1 \cdot \frac{L_8 + L_9}{L_9} + \frac{p_2 \cdot L_5}{L_7} = \frac{286 \cdot 105}{80} + \frac{573 \cdot 35}{260} = 375 + 112 = 487 \text{ kg}$$

bb_2 = Auflagedruck der hinteren Lagerung der Welle I bei zweiter Geschwindigkeit

$$p_1 \cdot \frac{(L_8 + L_9)}{L_9} + \frac{p_3 \cdot L_3}{L_7} = \frac{286 \cdot 105}{80} + \frac{382 \cdot 170}{260} = 375 + 184 = 559 \text{ kg}$$

Auf die vordere Lagerung aa_1 der Welle I wird keine Zusatzbelastung kommen, wenn man annimmt, dass das Druckmittel der Innenlagerung von Welle III mit der Kugellagerebene bb_1 zusammenfällt.

cc_1 = Auflagedruck der vorderen Lagerung der Welle II bei erster Geschwindigkeit

$$= \frac{p_1 \cdot L_2}{L_7} - \frac{p_2 \cdot L_5}{L_7} = \frac{286 \cdot 235}{260} - \frac{578 \cdot 35}{260} = 257 - 112 = 145 \text{ kg}$$

cc_2 = Auflagedruck der vorderen Lagerung der Welle II bei zweiter Geschwindigkeit

$$cc_2 = \frac{p_1 \cdot L_2}{L_7} - \frac{p_3 \cdot L_3}{L_7} = \frac{286 \cdot 235}{260} - \frac{382 - 170}{260} = 73 \text{ kg}$$

dd_1 = Auflagedruck der hinteren Lagerung der Welle II bei erster Geschwindigkeit

$$dd_1 = \frac{p_2 \cdot L_6}{L_7} - \frac{p_1 \cdot L_1}{L_7} = \frac{573 \cdot 225}{260} - \frac{286 \cdot 25}{260} = 468 \text{ kg}$$

dd_2 = Auflagedruck der hinteren Lagerung der Welle II bei zweiter Geschwindigkeit

$$dd_2 = \frac{p_3 \cdot L_4}{L_7} - \frac{p \cdot L_1}{L_7} = \frac{382 \cdot 90}{260} - \frac{286 \cdot 25}{260} = 105 \text{ kg}$$

ee_1 = Auflagedruck der hinteren Lagerung der Welle III bei erster Geschwindigkeit

$$ee_1 = \frac{p_2 \cdot L_6}{L_7} = \frac{573 \cdot 225}{260} = 495 \text{ kg}$$

ee_2 = Auflagedruck der hinteren Lagerung der Welle III bei zweiter Geschwindigkeit

$$ee_2 = \frac{p_3 \cdot L_4}{L_7} = \frac{382 \cdot 90}{260} = 132 \text{ kg}$$

In dieser Rechnung sind die Reibungsverluste vernachlässigt, die bei der Kraftübertragung in Rücksicht auf die Zahnreibung und die

Lagerreibung der Kugellager pro Lagerstelle für jede Geschwindigkeitsabstufung andere Belastungswerte ergeben würden.

Für die dritte Geschwindigkeit, bei der eine Kupplung der Welle I mit Welle III stattfindet, wird nur Torsionsarbeit durch die Wellen geleitet. Es gibt nur Führungsdrücke auf die Kugellager, die rechnerisch nicht fassbar sind. Die Welle III arbeitet für die direkte Kraftübertragung mit vierfacher Sicherheit.

Für die Stelle aa_1 der Welle I ist das Torsionsmoment zu berücksichtigen, das die Wellenstärke bestimmt.

Das Widerstandsmoment der Welle ist $W = 0{,}2D^3$. Nimmt man die Spannung s für die Torsionsbeanspruchung $s = 10$ kg an, so ergibt sich für

$$M = W \cdot s$$

$$D = \sqrt[3]{\frac{M}{0{,}2 \cdot s}}$$

$$D = \sqrt[3]{\frac{14324}{0{,}2 \cdot 10}} = 19{,}5 \text{ mm}$$

Man wird aber in Rücksicht auf das Mitnehmerviereck, das gegen Torsion am meisten gefährdet ist, über Fläche ca. 22 mm annehmen; über Eck ergibt sich dann ca. 30 mm. Das Kugellager muss also ca. 35 mm sein und wird man No. 207—35×72×17 nach Tabelle 3a für eine Belastung von 275 kg wählen, obwohl in Bezug auf den Auflagedruck das Kugellager No. 204 nach Tabelle 3a genügt hätte.

Derartige Rücksichtsnahmen wiederholen sich bei allen Kugellagerungen. Für die Lagerstellen bb_1 der Welle I ist die innere Bohrung massgebend und wird man in Rücksicht auf das zu übertragende Torsionsmoment, und der Biegungsbeanspruchung und auf die Wellenabstufungen, die man bei hintereinander aufgereihten Kugellagern vornimmt, einen Durchmesser von 40 mm wählen.

Da der Auflagedruck laut Rechnung ca. 487 kg beträgt, so genügt das kleinkugelige Lager nach Tabelle 3a nicht. Es muss ein mittelkugeliges Lager No. 308 – 40 × 90 × 23 nach Tabelle 3b für eine zulässige Belastung von 650 kg gewählt werden. Die geringste Belastung mit (145 oder 73 kg) im ganzen Getriebe treffen wir an Stelle cc_1 (vordere Lagerung der Welle II).

Wählte man hier das Lager No. 204, so schneidet man bei einer Bohrung von 22 mm die Parabel an. Man wird hier zur Sicherheit das Lager No. 206 – 30 × 62 × 16 nach Tabelle 3a wählen.

Bei der Bestimmung des Kugellagers sind natürlich nicht allein die Auflagedrücke massgebend, sondern auch die kleinsten Wellenzapfenstärken, die in Rücksicht auf die Biegungsmomente der Wellen niemals kleiner als die eingezeichnete kubische Parabel, die bekanntlich für die theoretische Formgebung einer runden Welle massgebend ist, sein dürfen. Die Auflagestelle dd_1 der Welle II ist erheblich belastet. Laut Rechnung bei der ersten Geschwindigkeit am stärksten mit ca. 468 kg. Hier hat man entweder zwischen dem kleinkugeligen Lager No. 210 der Tabelle 3a oder dem mittelkugeligen Lager No. 307 nach Tabelle 3b zu wählen. Man wird das Lager No. 307—35×80×21 vorziehen und deckt sich hier die zulässige Belastung mit 500 kg annähernd mit dem errechneten Wert von 468 kg.

Die Welle III ist naturgemäss maximal belastet. Es tritt dort sowohl der grosse Auflagedruck von 495 kg als auch das maximale Torsionsmoment auf. Ist das Getriebe für einen Cardanwagen bestimmt, so wird dort eine Bremsscheibe angeordnet, die undefinierbare Wellenbeanspruchungen hervorruft. Auch die Cardankonstruktionen können an dieser Stelle noch zusätzliche Beanspruchungen hervorrufen, weshalb man hier sehr sicher bauen soll. Gewöhnlich setzt man, um eine gedrungene Anordnung zu erhalten, das Kugellager nicht auf die Welle, sondern auf die Nabe der Bremsscheibe. Da diese Stelle ee_1 stark tordiert wird, so soll der kleinste Wellendurchmesser ebenfalls nachgerechnet werden.

$$D\min = \sqrt[3]{\frac{M_3}{s \cdot 0{,}2}} = \sqrt[3]{\frac{57296}{10 \cdot 0{,}2}} = 30{,}5 \text{ mm}$$

Hierbei wurde wieder bei Welle I eine zulässige Materialspannung von $s = 10$ zu Grunde gelegt. Es ergibt sich nach Rechnung eine Wellenstärke von 30,5 mm. Zur Sicherheit wird man 35 mm Wellendurchmesser nehmen.

Nimmt man gleichzeitig eine Nabenwandung von 10 mm an, so ergibt sich ein Durchmesser von 55 mm. Laut Kugellagertabelle 3a würde nun ein kleinkugeliges Lager No. 211—55 × 100 × 21 genügen. Es ist aber die unberechenbare Zusatzbelastung noch nicht berücksichtigt, weshalb man besser das mittelkugelige Lager No. 311 für 1100 kg Belastung wählt.

Diese Bestimmung der Kugellagergrössen samt der Rechnungsmethode ist zwar nicht hochwissenschaftlich. Sie entspricht aber der Art, wie in technischen Bureaus allgemein konstruiert wird.

Vielfach ist die graphische Bestimmung der Auflagedrücke bequemer, da man dadurch ein plastisches Schaubild über die verschiedenen Beanspruchungen erhält, insbesondere ob Torsionskräfte oder Biegungsmomente die höchste Beanspruchung der Maschinenglieder darstellen. Auch die für die Auflagedrücke massgebende Vertiakalbelastungen kennzeichnen sich durch gerade Felder. Jedenfalls zeigt ein Graphikum das Zusammentreffen der ungünstigsten Beanspruchungen viel sicherer und die gefährlichen Querschnitte sind viel leichter erkennbar als bei der Rechnung, bei der Rechenfehler viel weniger leicht zu Tage treten als ein Fehler im Graphikum.

g) Schlussbetrachtung über die Kugellagerungen des Getriebes.

Die Getrieberäder laufen meist in geschlossenen Gehäusen und in einem Ölbad. Sind sind daher überreichlich geschmiert. Man muss im Gegenteil die Kugellager vom Gehäuseinnern absperren, damit nicht zuviel Öl an die Lager tritt, was besonders bei durchgehenden Wellen notwendig ist. Dieser Abschluss erfüllt auch noch den Nebenzweck, dass bei Kugelbrüchen keine Bruckstücke ins Gehäuseinnere gelangen.

Es kommt bei allen Getrieben, deren Zahnräder und Wellen in Kugellagerungen laufen, noch ein anderer, wenig beachteter Umstand in Betracht, der einen dichteren Abschluss der laufenden Organe nach aussen hin bedingt. Die Gleitlager schliessen ziemlich dicht. Die dem Gehäuseinnern zugewendete Ringfuge lässt wenig Öl durch. Ausserdem muss das Öl noch durch die erhebliche Lagerlänge des Gleitzapfens wandern. Das Kugellager dagegen ist sehr öldurchlässig, infolge seiner geringen Breite, der Lücken zwischen jeder Kugel und des Spieles, welches zwischen den Kugelkäfigen und den Rillenschultern der Laufringe bestehen muss.

Bei durchgehenden Wellen muss man deshalb den Wellendichtungen grosse Sorgfalt zuwenden. Ferner mache ich noch darauf aufmerksam, das Öl nie zu hoch aufzufüllen, dass dasselbe bis zu den Laufkugeln reicht, weil man sonst bei durchgehenden Wellen, trotz guter Dichtungen, viel Öl verliert. Allerdings stören in Automobillaufwerken auch noch die Schwankungen des Ölspiegels während der Fahrt; das Öl ist in ständiger Bewegung und wird an die Gehäusewandung geschleudert.

Es kommen in den Getrieben der Motorwagen noch Belastungsfälle vor, die sich nicht verallgemeinern lassen. Z. B. wo die Schubwirkungen eines Hinterradachsstrebenrohres eigentümliche Belastungsschwankungen hervorrufen. Da dies spezifische Automobiltechnik bedeutet, soll hier nicht weiter darauf eingegangen werden.

Die Kugellager haben sich seit ca. 5 Jahren im grossen Umfange für Getriebe bewährt. Es sind noch manche Konstruktionsschwächen der Kugellager beseitigt worden. Insbesondere hat sich der feste Kugelkäfig herausgebildet. Die Kugellagerfabriken haben eine Menge von Erfahrungen sammeln können, insbesondere weil die Organe eines Automobils durchweg höher beansprucht werden, wie die des übrigen Maschinenbaues und sich Konstruktions- und Materialfehler schneller herausstellen als bei den feinmechanischen Erzeugnissen wie bei dem Fahrrad. Die guten Erfolge in den Kugellagerungen für Getriebe ermutigten viele Konstrukteure, dieselben auch bei den Explosionsmotoren anzuwenden.

h) Kugellagerungen bei Kupplungen und dem Hebelwerk.

Das Hebelwerk spielt bei der Konstruktion eines Motorwagens eine untergeordnete Rolle. Da aber die dauernd leichte Betätigung der Bedienungshebel von dem Führer angenehm empfunden wird und dies hauptsächlich von der oft gebrauchten Kupplung gilt, so dürften hierüber noch einige Worte am Platze sein.

Im Automobilbau überwiegen zurzeit noch die einfachen Konuskupplungen. Bei diesen hat man gewöhnlich einen grossen Federdruck im Moment des Ausrückens zu überwinden. Man ist bestrebt, diese Drücke durch stark übersetzte Hebel auf grosse Wege (der Fussbewegung) zu verteilen, damit keine zu grossen momentanen Fussdrücke zum Entkuppeln nötig sind. Durch Rollen vermindert man die Reibung in den Scharnieren. Die Fusshebelwellen lagert man nicht in Kugeln, weil dies zu teuer wäre. Unbedingt notwendig erweisen sich aber die Kugellager für die eigentlichen Kupplungsorgane.

In Fig. 126 sieht man deutlich ein eingebautets Spurlager für den Druckring, auf den der Ausrückhebel wirkt. Obwohl diese Kupplung, wenn sie eingerückt ist, keinerlei Drücke nach aussen hin ausübt (sie ist eine sog. ausgeglichene Kupplung), so besteht doch dauernd die Bewegung der umlaufenden Kupplungsorgane zu einer feststehenden Spurplatte. Im Moment des Ausrückens ist aber ein beträchtlicher Federdruck (oft bis zu 160—200 kg) zu überwinden, bei der ein Gleitring meist frisst, weil das Hinzutreten von Strassen-

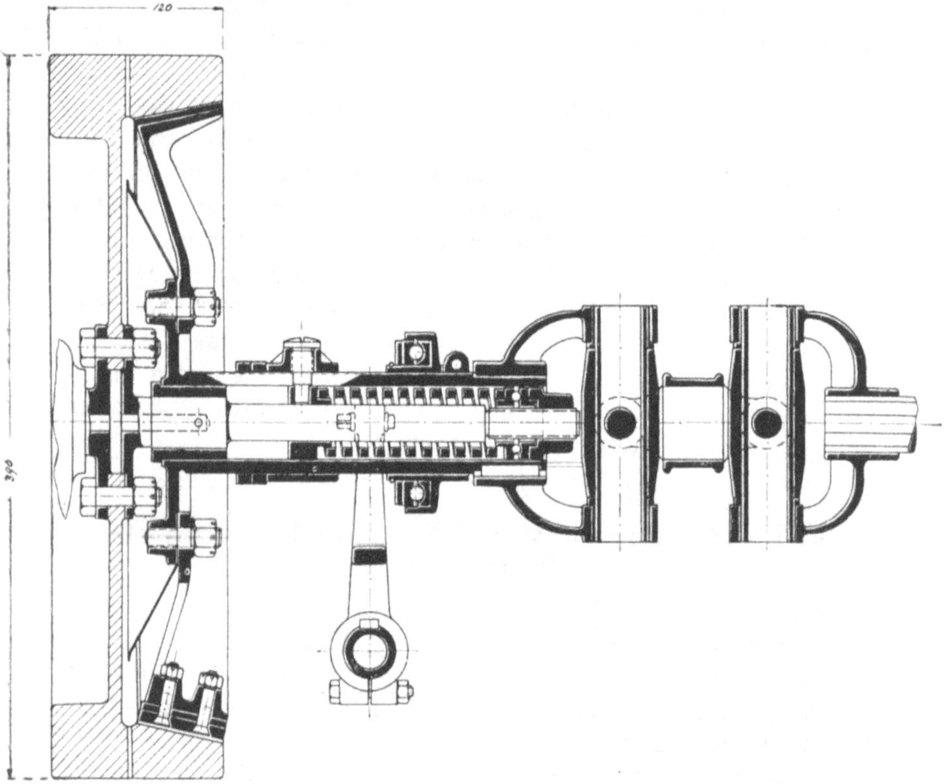

Fig 126.

staub zu den laufenden Teilen eines Automobils trotz guter Einkapselung nie ganz behoben werden kann.

Bei dem Auskuppeln dreht sich bekanntlich der Motor weiter. Es wirkt noch ein Druck gegen die Motorlager. Manche Konstrukteure geben an dem Motorlager auch noch Spurlager, um diese Gleitreibung wegzuschaffen.

i) Die Kugellagerungen des Explosionsmotores.

Vorläufig begnügt man sich, die Kugellager der Kurbelwelle in Kugeln zu lagern, wie dies Horch & Co., Daimler-Motorenwerke, Spyker, Hotschkiss usw. bereits ausführen. Da die Bauart Horch als normal anzusehen ist, sei dieselbe an der Hand der Fig. 127 näher beschrieben. Die Dimensionen und die Formen einer vierzigzylindrigen Kurbel werden bei dieser Kugellageranordnung nicht wesentlich verändert. Das typische einer 4 Zylinder-Motorenkurbel mit Kugellager sind die besonderen, sehr grossen Naben, die stufenförmig grösser werden, weil infolge der geschlossenen Kugellagerringe diese nacheinander aufgereiht werden müssen. Bei den Motorenkugeln hat sich der Grundsatz eingebürgert, von aufgekeilten Schwungrädern ganz abzusehen, meist werden die Schwungräder gegen den Flansch a unserer Fig. 127 geschraubt.

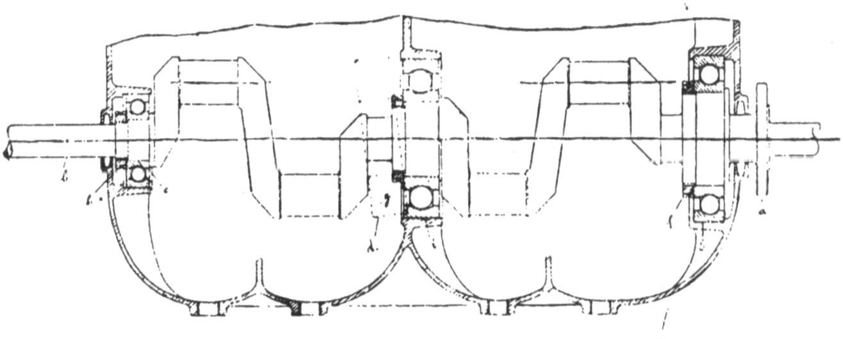

Fig. 127.

Dieser Flansch verhindert bei seinen beträchtlichen Abmessungen ein Aufreihen der Kugellager von dieser Seite. Es müssen deshalb bei einer Vierzylinderkurbel alle drei Kugellager von der Seite b eingebracht werden, was für das Lager c sehr einfach ist. Die anderen zwei Kugellager müssen aber über die breiten Kurbelarme geschoben werden.

Man benötigt deshalb für das mittlere Kugellager d eine bestimmte Bohrung. Das Kugellager erfordert ausserdem eine gewisse freibleibende Distanz, um es aufschieben zu können. (Siehe punktiertes Lager d_1.)

Das hintere Lager e muss über den mittleren Bund weggehen, ferner noch die etwas engere Mutter f. Es ergibt sich daher für das hintere Lager eine grössere Bohrung als für das mittlere Kugellager.

Im übrigen ist aber die Kugellagerung recht einfach. Das Motorgehäuse i ist geteilt. Das Lager e sitzt in einer entsprechenden gutpassenden Ausdrehung und stellt die Kurbel achsial fest. Die Lager c und d gehen frei. Alle Kugellager sind durch die üblichen runden

Muttern f, g und h, die mit Schlitzen und Sicherung versehen sind, festgeschraubt.

Geölt werden die Lager durch die Ölmengen, die die Kurbelwelle im Innern des Gehäuses herumwirbelt.

Eine weitere Kurbelwelle mit Kugellager ist in Fig. 128 dargestellt. Die Norma & Co. schlägt vor, die Kurbelarme zu teilen und

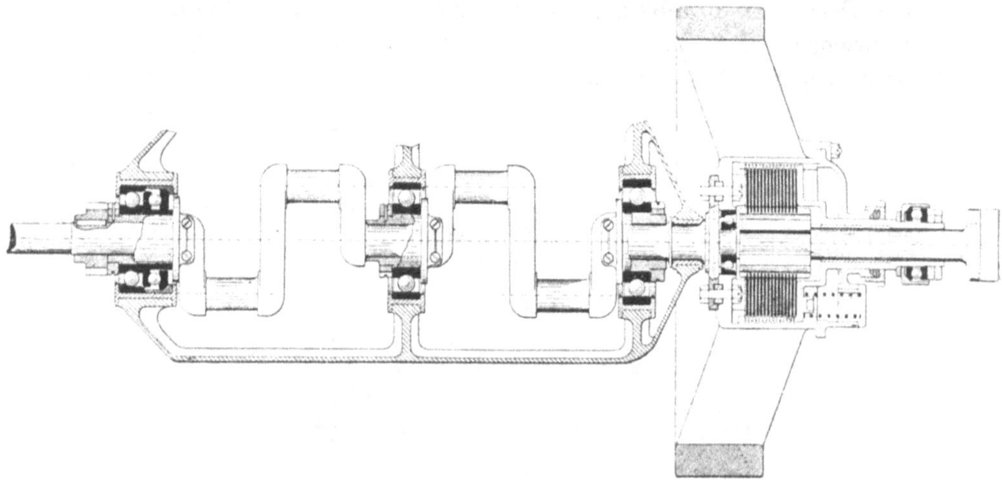

Fig. 128.

nach dem Aufsetzen der Ringlager zusammenzuschrauben. Die Kugellager können dann für das mittlere und hintere Lager am Schwungrad gleich sein. Die Dimensionen der Kugellager brauchen nicht Montagegründen, sondern nur der Belastung zu entsprechen.

Das vordere Lager ist ein zusammengesetztes, das in schon oft beschriebener Weise die Achsialdrücke durch ein besonderes Spurkugellager aufnimmt. Das Lager an der Schwungradseite ist bedenklich angeordnet.

Selbst das schlichte Hilfslager, das eine gewisse unabhängige Lagerung schaffen soll, wird die prinzipiell zu vermeidende Mehrteiligkeit einer Kurbelwelle nicht plausibler machen.

Versuche, auch Pleuelstangen in Kugeln zu lagern, werden zurzeit von allen Seiten unternommen. Ob sich aber Kugellager mit Erfolg auch hier durchsetzen können, wird von einem betriebssicheren mehrreihigen Kugellager abhängen, das nicht zu gross im Durchmesser ist und keine Teilung der Kurbelwelle benötigt.

Die Explosionsdrücke zu 25 Atm. im Explosionsmoment angenommen, ergeben bei einem Zylinderdurchmesser von 120 mm einen

Druck von 2825 kg. Ein einzelnes Kugellager, das diesem Druck entspräche (No. 318), erhielte nach den Kugellagernormalien eine Bohrung von 90 mm und einen äusseren Durchmesser von 190 mm bei einer Breite von 43 mm.

Bei dem jetzt üblichen Aufreihen der Kugellager hintereinander ergeben sich für die Pleuellager unmögliche Dimensionen. Für grosse Zylinderbohrungen dürfte ein einzelnes einreihiges Kugellager nicht ausreichen, weil ein Kugellager, wie bereits erwähnt, infolge der elastischen Kugelauflage auf mehreren Punkten für plötzlich stossweise Belastungen weniger geeignet erscheint als für gleichmässige.

Einen Versuch, auch die Pleuellager auf Kugellagern zu lagern, stellt die Fig. 128 a und b dar. Es wird hierbei zur Vergrösserung des

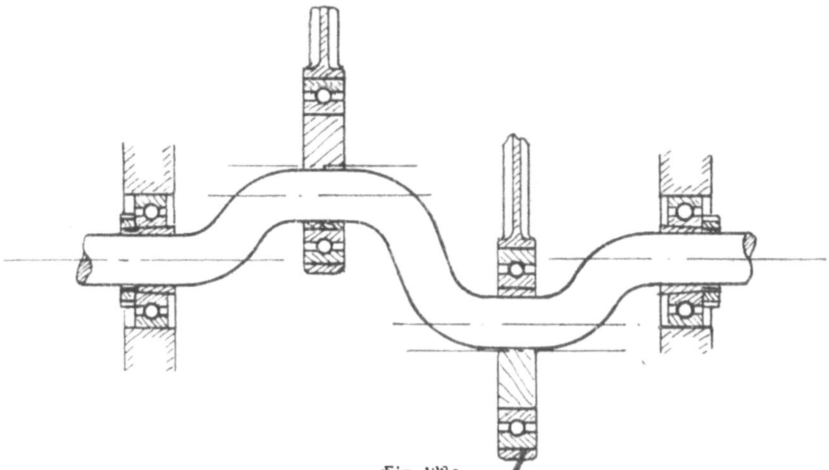

Fig. 128 a.

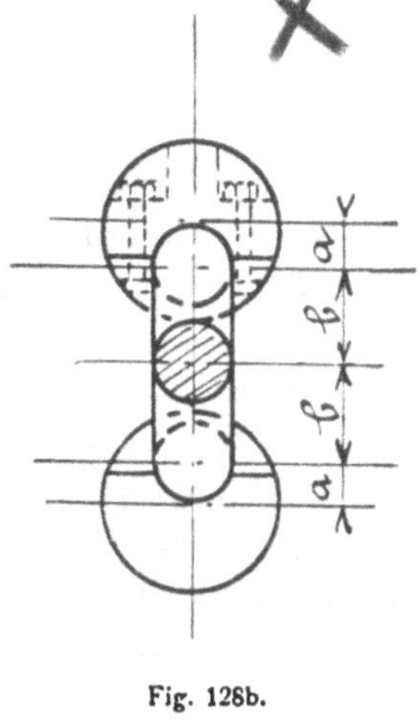

Fig. 128b.

Hubes ein exzentrischer und geteilter Ring auf die gekröpfte Kurbelwelle aufgesetzt. Dieser Exzenterring müsste natürlich durch einen Prisonstift gegen Drehung gesichert werden. Diese Konstruktion wird aber kaum für die Kurbelwellen des Explosionsmotores in Betracht kommen, sondern sie wird nur für einen sehr billigen Kurbeltrieb, der geringe Kräfte zu übertragen hat, eine praktische Bedeutung besitzen. Diese Lagerung wird nur dort von Vorteil sein, wo man eine Kurbelwelle nur durch Kröpfen einer Stange ohne nachträglich mechanische Bearbeitung derselben herstellen möchte.

In Fig. 128 c ist die Kurbelwelle eines Einzylindermotores auf Kugellager gelagert. In dieser Figur ist auch das Pleuellager auf

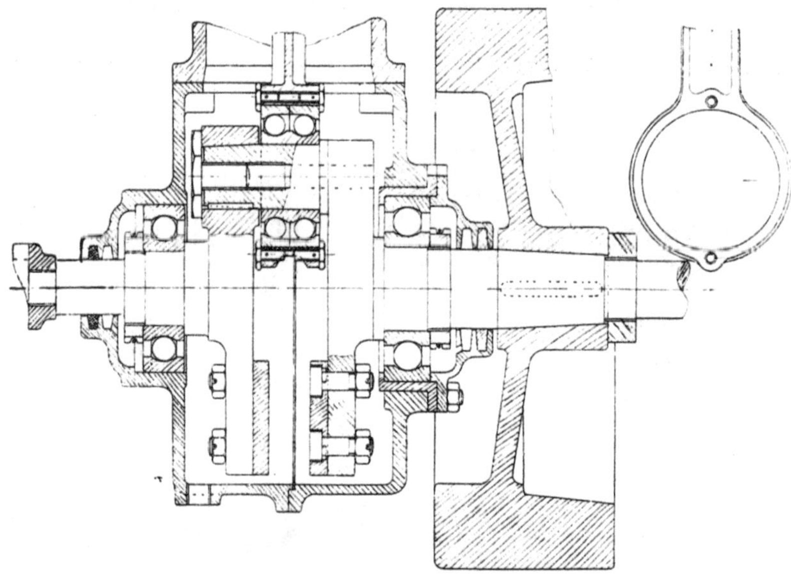

Fig. 128c.

Kugeln gelagert. In Befolgung der bereits über die Pleuellager geäusserten Grundsätze ist ein zweireihiges Kugellager angewendet, weil dadurch stets mehrere Kugeln im Moment des Explosionsdruckes belastet werden.

Besser wäre noch die Anwendung von Aussenringen mit tiefer Laufrille und nicht mit einseitig zylindrischer Laufrille. Die Kurbelwelle ist geteilt, damit das Ringlager auf den Pleuelzapfen gesteckt werden kann. Die Teilung ist bei Einzylindermotoren unbedenklich, insbesondere weil der Kurbelarm mit den Kurbelwellenzapfen für das Schwungrad in einem Stück ist. Die Explosionsdrücke werden also auf die starkbeanspruchte Kurbelseite durch einen ungeteilten Konstruktionskörper weiter geleitet.

Die Ölung des Kugellagers erfolgt von innen heraus, weil hier nach Art des Dion-Motores eine Ölschmierung gedacht ist. Die Pleuelstange taucht in das Ölbad ein und verteilt das Öl im ganzen Gehäuse. Es gelangen genügende Ölmengen ohne besondere Vorrichtungen an das Kugellager.

Der Einbau der Kugellager für die eigentlichen Kurbelwellenlager ist normal durchgeführt. Bei eingekapselten Motoren sind gute Labyrinthdichtungen anzuwenden, weshalb hier zwei Ringnuten (eine Vorkammer und eine Filzpackung) unerlässlich erscheinen.

Das Ringlager am Pleuelzapfen soll, abweichend von sonstigen einzelnen Kugellagerstellen, Spiel haben. Der innere Laufring muss sorgfältig aufgepresst werden, nicht ganz fest, sondern soeben auf den Zapfen passend (nicht leichtlaufend).

Die Versuche über die Kugellagerung der Pleuellager sind noch nicht abgeschlossen, ihre Bewährung muss noch durch Dauerversuche, die sich auf eine Reihe von Jahren erstrecken sollten, abgewartet werden. Soviel ist aber gewiss, dass die Hauptlager heute gefahrlos die Verwendung von Kugellagern gestatten. Man wird aber die Lager reichlich dimensionieren. Jedenfalls ist es ratsam, den 1,5 fachen Wert der rechnungsmässigen Belastung als zulässige Belastung einzusetzen. Die Explosionsdrücke kommen infolge der Kurbelarme bereits etwas abgefedert auf die Hauptlager.

k) Die Kugellagerungen der übrigen Motorwagenorgane.

Die Zubehörteile des Motors, wie Magnetapparate, Ventilatoren, laufen prinzipiell in Kugellager. Wasserpumpen und Steuerwellen teilweise. Aber alle Lagerstellen eines Motorwagens wird man nicht auf Kugellager lagern.

Es entscheidet hier nicht die Zweckmässigkeit und die höhere Betriebssicherheit, sondern mehr der Kostenpunkt; da die Kugellagerung für alle Laufstellen einer Maschine nicht durchführbar ist und man auch nicht zu weit gehen soll.

Eine in eine Bohrung hineingesteckte Welle bleibt eben immer noch das einfachste Lager. Das Kugellager soll nur dort angewendet werden, wo dauernd ein lohnender wirtschaftlicher Effekt in punkto Kraftersparnis erzielt werden kann.

Vielfach kommt noch das Kugellager bei sogenannten Steuersäulen zur Anwendung. Hier besonders für die Schnecken derselben, wie das Fig. 129 zeigt. Es ergeben sich, je nach dem Steigungs-

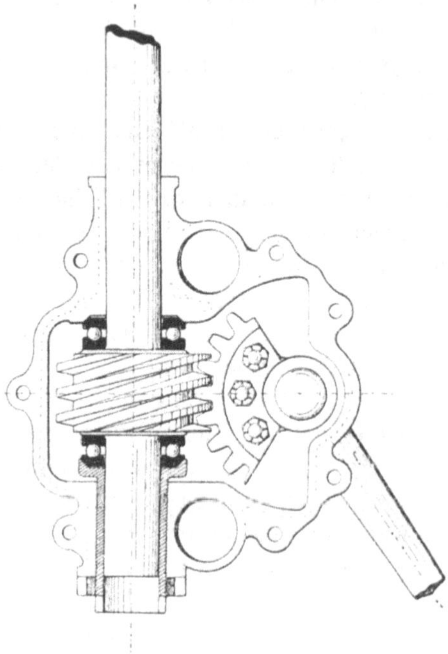

Fig. 129.

winkel der Schnecke, der zwischen 9° und 15° liegt, manchmal ganz beträchtliche achsiale Drücke, die dauernd von dem Wagenführer überwunden werden müssen und die bei Lastwagen und Omnibussen den Führer stark übermüden. Auch hier verbessert das Spurkugellager den leichten Gang der Lenkung ausserordentlich.

In unserer Figur sind hier zwei Norma-Spurlager zur Aufnahme des Doppeldruckes eingebaut. Hier erscheint das Doppeldrucklager weniger kompliziert als bei seiner Vereinigung in einem Gehäuse nach der früheren Fig. 99.

l) Schlussbemerkungen über Kugellager im Automobilbau.

Wird das Kugellager dort verwendet, wo vorher das Gleitlager ein erhebliches Mehr an Reibungsarbeit verursachte, so erhält man

Fahrzeuge von hohem mechanischen Wirkungsgrad, der neuerdings bei Konstruktionen mit direkter cardanischer Übertragung auf 85 Prozent der Motorleistung angegeben wurde.

Dies würde gegenüber den Fahrzeugen einer vergangenen Epoche (Riemenantrieb aus dem Jahre 1900) einer Steigerung von 40 bis 45 Prozent gleichkommen, denn damals war der mechanische Wirkungsgrad ca. 40 bis 45 Prozent. Natürlich sind es nicht die Kugellager allein, die dieses günstige Resultat herbeigeführt haben, sondern auch allgemeine automobiltechnische Verbesserungen in dem Antriebssystem usw. Immerhin dürfte der Löwenanteil dem Kugellager zufallen. Die Fabriken sprechen heute von einem Kugellagerwagen, um die konstruktive Qualität ihrer Fabrikate zu kennzeichnen. Weitgehendste Verbesserungen in Kugellagerungen für die Zwecke des Automobilbaues sind nicht zu erwarten; höchstens sind die Schutzvorrichtungen für das Kugellager manchmal noch verbesserungsbedürftig.

So hat sich beispielsweise ergeben, dass in Gegenden, deren Strassenstaub sich aus Granit oder Gneis gebildet hat (Schweiz), die Kugellager einer rascheren Zerstörung entgegengehen als in Gegenden mit lehmigem Boden. Flugsand, der aus feinem Quarz besteht, ist noch schlimmer. Unter diesen erschwerenden äusseren Umständen, wo Quarzsand in Gleitlager dringt, gehen natürlich auch diese in kurzer Zeit (vielleicht noch schneller) zugrunde.

27. Die Anwendung der Kugellager im Maschinenbau.

(Allgemeines.)

Nur die Elektrotechnik hat bisher die Vorteile des Kugellagers auszunützen verstanden. Der übrige Maschinenbau beliess es bei Versuchen und machte grösstenteils den Fehler, eigene neue Kugellagerkonstruktionen zu erfinden, oder er baute aus falscher Sparsamkeit die Kugellager selbst. Mangels geeigneter Härteeinrichtungen und Sondererfahrungen in der Härtebehandlung des Stahles führte das nur zu Misserfolgen, denn die Kugellagerfabrikation setzt Präzisionsarbeit, eingehende Stahlkenntnisse und Härtekenntnisse voraus.

Durch die Erfolge im Automobil- und Elektromotorenbau in neuerer Zeit wieder angeregt, herrscht aber zurzeit doch eine starke Strömung für die Anwendung der Kugellager und gehen heute viele Fabriken zum Kugellager über.

Aber eine andere, viel wichtigere Frage ersteht dem Maschinenbau. Die fortgesetzte Steigerung der Kohlen- und Rohmaterialpreise verlangt ein Äquivalent in konstruktiver Hinsicht. Es müssen kraftsparende Arbeitsmaschinen und Laufwerke geschaffen werden, was durch die Kugellagerungen vorzüglich erreicht wird.

Es wäre ein sehr einseitiges Bestreben, die wirtschaftlichste Leistung einer Fabrikanlage nur in einem besseren thermischen Wirkungsgrad der Kraftmaschinen zu suchen und nicht gleichzeitig auch diejenigen Maschinenglieder, welche die Arbeit weiterleiten, zu verbessern.

Man ist bei unseren Dampfmaschinen in der Wärmeausnützung trotz Überhitzer doch nur auf eine mässige Steigerung des thermischen Wirkungsgrades angelangt. Nur die Verbrennungskraftmaschinen, insbesondere die Gasmotoren, vermochten eine wesentliche Betriebsersparnis herbeizuführen. Den grossen Kraftverbrauch der Laufwerke nahm man bisher als selbstverständlich hin.

Würden nun die Laufwerke in konsequenter Weise, wie dieses im Automobilbau geschah, mit Kugellagerungen versehen, so könnte sicher eine Kraftersparnis von 30—40 Prozent erzielt werden.

Die Tourenzahl der Transmissionen kann z. B. bei Verwendung von Kugellagern, ohne Gefahr für ihre Betriebssicherheit von 150 auf 300 bis 600 Touren gesteigert werden, was zu einer allgemeinen Verkleinerung aller Abmessungen der Transmissionsglieder führte. Diese verringerten Abmessungen wirken wieder weiter auf den mechanischen Wirkungsgrad zurück, so dass man unter Ausnützung der Hochtourigkeit vielleicht 50 pCt. Kraftersparnis erzielen könnte.

Man erhoffte von der elektrischen Kraftübertragung zu viel. Wohl ist der elektrische Strom für eine weitläufige Fabrikanlage vorteilhaft. Eine reine elektrische Kraftübertragung, bei der z. B. jede Werkzeugmaschine ihren besonderen Elektromotor enthält, ist aber selten durchzuführen, weil solche Werkzeugmaschinen nur vereinzelt auf den Markt gebracht werden. Stets wird man von der Kraftzentrale aus sehr weit entfernte Gruppen Arbeitsmaschinen durch einen Elektromotor antreiben, der seine Kraft mittels einer örtlichen Transmissionsanlage nebst Deckenvorgelege den Maschinen übermittelt. Wenn möglich, wird man eine an die Kraftzentrale unmittelbar anschliessende Anzahl Maschinen direkt von der Kraftzentrale aus durch eine Transmission antreiben. Die Laufwerke sind daher in absehbarer Zeit nicht auszuschalten.

Aber nicht allein die Leerlaufbarkeit der Transmissionen und Deckenvorgelege verbraucht dauernd Kraft. Wenn eine an sich kräftig gebaute Maschine (Drehbank) nicht voll belastet und zurzeit bei schweren Drehbänken nur ein Schlichtspahn genommen wird, oder bei der Fräsmaschine nur ein Nachfräsen der Teile stattfindet, so wird für den Antrieb der Werkzeugmaschinen meist mehr Kraft benötigt, als für die Arbeitsoperationen selbst. Man wird daher, wenn man die allgemeine Lagerreibung in der Maschine durch Kugellager stark reduziert, einen besseren Gütegrad der Werkzeugmaschine erhalten.

Eine konsequente Durchbildung von Kugellagerungen würde für folgende Fälle eine bedeutende Kraftersparnis herbeiführen:

1. Für raschlaufende Dampfmaschinen, kleinere Gasmotoren (hier nur die Hauptlager), Elektromotoren, Turbinen, Pressluftmotoren.
2. Für alle Laufwerke, Transmissionen, Deckenvorgelege, Leerscheiben, Schneckengetriebe, Stirnräder und Kegelrädergetriebe.
3. Für alle hochtourigen Werkzeugmaschinen, wie Schleifmaschinen, Holzbearbeitungsmaschinen, Schnellbohrmaschinen.
4. Für Zentrifugen, Zentrifugalpumpen, Ventilatoren, Dreschmaschinen, Kalander, Spinnmaschinen, Reibmühlen und Walzenmühlen.
5. Auch für Maschinen mit langsamer Tourenzahl und hohem, möglichst gleichmässig wirkendem Druck wie Kollergänge, Kranrollen, Fördermaschinen, Aufzüge und Winden.
6. Für Fahrzeuge wie Feldbahnachsen und leichte Strassenbahnwagen.

a) Normallager im Maschinenbau.

Für die vorhingenannten Maschinen bringen nun heute viele Maschinenfabriken, die sich mit der Fabrikation von Gleitlagern und schlichten Transmissionslagern befassten, Konstruktionen auf den Markt, bei denen ein Ausstausch eines Gleitlagers gegen ein Kugellager ohne wesentliche Änderungen des Maschinengestelles möglich ist.

Man baut also Stehlagergehäuse, in die die Kugellagerlaufringe hineinpassen. Von der eigenen Herstellung von Laufringen sehen die reinen Maschinenfabriken meist ab.

In neuerer Zeit beginnen aber die Kugellagerfabriken eigene Stehlagerkonstruktionen und Hängelagerkonstruktionen auf den Markt zu bringen, so dass sicher für den älteren Triebwerksbau, der glaubte, im Ringschmierlager das Beste zu bieten, ein Konkurrent durch das Kugellager entsteht. Die deutsche Kugellagerindustrie hat bereits eine internationale Bedeutung erlangt, und ist die Erschliessung neuer Anwendungsgebiete für diese junge Industrie aus dem Grunde geboten, weil der Kugellagerkonsum in der Automobilindustrie etwas nachlässt.

Für Triebwerke, insbesondere für Transmissionen, bedeutet das Kugellager kein Risiko in Rücksicht auf die weit strapaziösere Beanspruchung der Kugellager in den Automobilgetrieben und Achsen.

Immerhin lassen sich die im Automobilbau gewonnenen Erfahrungen betreffend den Lauf der Kugellager nicht so ohne weiteres auf den Maschinenbau übertragen, weil im Automobilbau zu hohe Beanspruchungen zugelassen werden und auch hier die leichten Ringlager nach der Tabelle 3a vielfach vorgezogen werden.

Die Laufringe, wie sie auf den Markt gebracht werden, können vom Maschinenbau unverändert übernommen werden, nur die Einbauart wird sich ändern. Die Umkapselung muss noch einfacher und robuster werden.

Der Maschinenbau kann im allgemeinen nicht die leichten Lager nach Tabelle 1, 2 und 3a verbrauchen. Er wird in der Regel das mittelschwere Lager nach der früheren Tabelle 3b verwenden.

Um die Wellen aus ihren Lagern nehmen zu können, ist im Maschinenbau das Bedürfnis nach geteilten Lagern vorhanden. Es sollen daher einige Sonderkugellager für die Zwecke des Maschinenbaues besprochen werden:

In den Figuren 130, 130a und 130b ist ein Stehlager der Maschinenfabrik Robert Conrad in Berlin abgebildet, das zur Lagerung von beliebigen Maschinenwellen dient. Das Stehlager wird auf ebenen Arbeitsflächen eines Maschinenrahmens aufgeschraubt, die eine Arbeitsleiste zur Aufnahme des Stehlagers tragen. Die Arbeitsleiste dient zur exakten Einstellung der Lager. Die Schrauben dienen nur zum Festhalten der Lager und sind im übrigen durch die Arbeitsleiste entlastet. Die Befestigung des Kugellagers erfolgt durch die Mutter b. Die Abmessungen der Wellenabsätze sind durch Masstabellen bestimmt, so dass sich bei Einhaltung dieser Tabellenmasse der genaue Einbau von selbst ergibt.

Gewöhnlich wird ein Lager festgestellt (Fig. 130 a); das andere (Fig. 130 b) geht frei. Im übrigen sind alle inneren Lagereinzelheiten

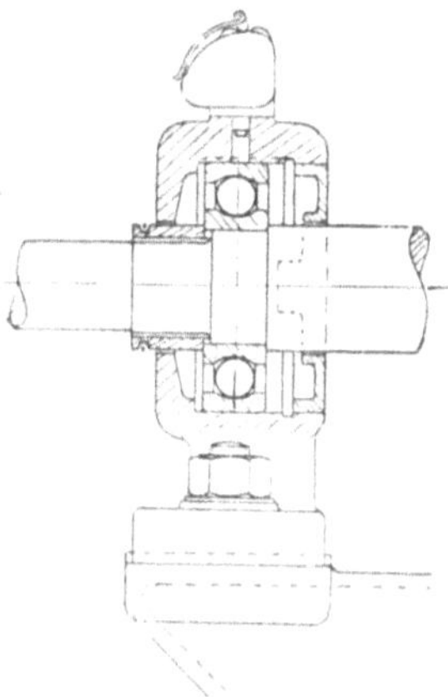

Fig. 130 b.

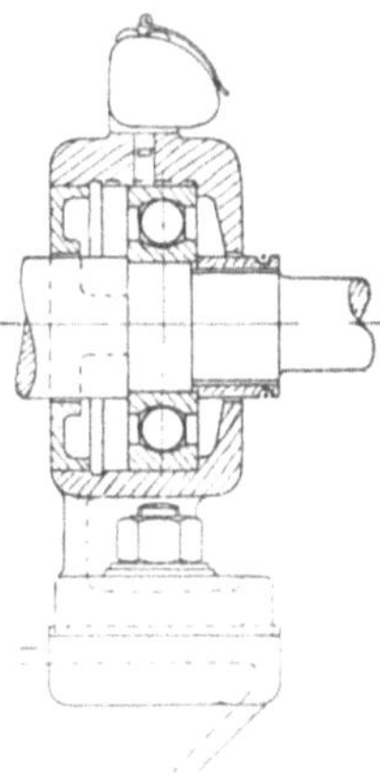

Fig. 130 a.

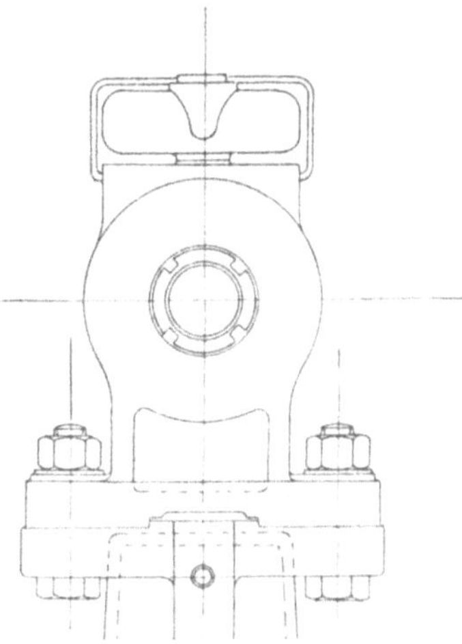

Fig. 130.

nach den Einbauprinzipien durchgearbeiter, wie sie früher bereits geschildert wurden. (Siehe Fig. 109.)

Auf dem Lager sitzt ein Glasöler und sickert durch die Maschinenerschütterung so viel Öl nach, als das Kugellager braucht. Der Ölvorrat von ca. 20—30 g. reicht für ca. 4—6 Wochen. Diese gut erwogene, äusserst sparsame Tropfölung ist besser als die Ölbadschmierung, bei der die aufgewirbelten Ölmengen aus allen Fugen heraustreten. Das ablaufende Öl sammelt sich in dem Lagerfuss. Hierdurch wird der Maschinenrahmen nicht verölt und verschmutzt.

Die Lager werden mit geschlossenen und geteilten Lagergehäusen gefertigt und ist auf die Auswechselbarkeit Rücksicht genommen. Die Bohrungen sind genau und passen mit den normalen Laufringen der früheren Tabelle **3 b** zusammen.

In der früheren Fig. 109 ist ein sog. Bocklager abgebildet, das sich mit der Konstruktion des Stehlagers nach der Fig. 130 derselben Firma bis auf die Befestigung des Lagers deckt. Nur dienen an Stelle eines Lagerfusses zwei geschlitzte Flanschen zum Befestigen an den senkrechten Wänden, wie dies aus der späteren Fig. 156 hervorgeht. Der Schildlagerabsatz i dient zur Zentrierung der Lager und zur Entlastung der Befestigungsschrauben. Bemerkenswert ist die Anwendung je eines Ölers oben und unten, wovon der obere Öler Schmiermaterial zuführt und der untere das verbrauchte Öl sammelt.

Dieses Lager wird vielfach für Elektromotoren, Ventilatoren, Getriebekasten usw. verwendet.

Die Kugellagerfabrik Fischer in Schweinfurt baut auch Stehlager für den Maschinenbau, aber nach dem Prinzip der Konuslagerkonstruktionen. Die Lager sind nachstellbar. Für gewisse Zwecke mögen sie vorteilhaft sein. Aber die schlechten Erfahrungen, die man auf der ganzen Linie mit nachstellbaren Stehlagern machte, und die unter Kapitel „Konuslager" bereits erwähnt sind, weisen derartige Konstruktionen auf einen zweiten Platz. Stets ist das Lösen der Gegenmutter oder der Klemmschrauben eine Gefahr für die Betriebssicherheit des Lagers. Je weniger Teile ein Lager hat, desto betriebssicherer ist es. Auch kann ein konstruktiv vollendeter Kugelkäfig bei Konuslagern meist nicht geschaffen werden.

Bei den Lagern der Figuren 131 und 131 a sind die Kugelteller mit Gewinde eingeschraubt. Die Teller werden durch Klemmung zu-

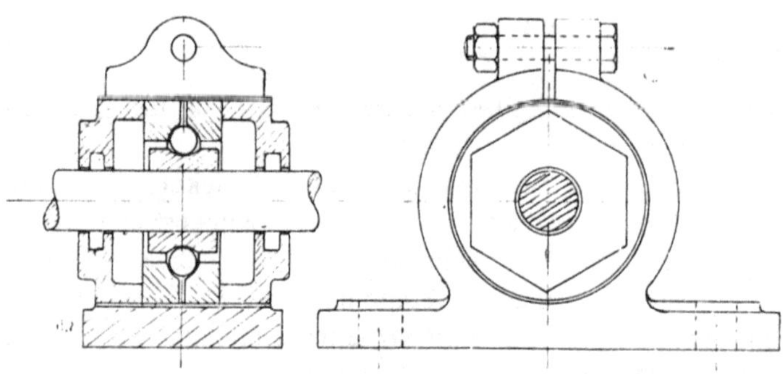

Fig. 131. Fig. 131a.

sammengehalten. Das genaue Rundlaufen ist infolge der Gewinde nicht möglich.

Besser ist die Konstruktion nach Fig. 132 und 132 a. Hier entspricht die Zentrierung allen Anforderungen. Der Verschlussdeckel enthält die übliche Labyrinthsicherung. Er ist mittels drei Schrauben an dem Gehäuse befestigt.

Ein doppelreihiges Lager ist in Fig. 133 und 133 a ersichtlich, bei dem der Verschlussdeckel gleichzeitig als Lagerteller ausgebildet ist. Eine Stellschraube hält die Deckel bezw. die Kugelteller fest. Dieses Lager scheint konstruktiv durchgebildet zu sein. Es wird für schnellaufende Wellen verwendet.

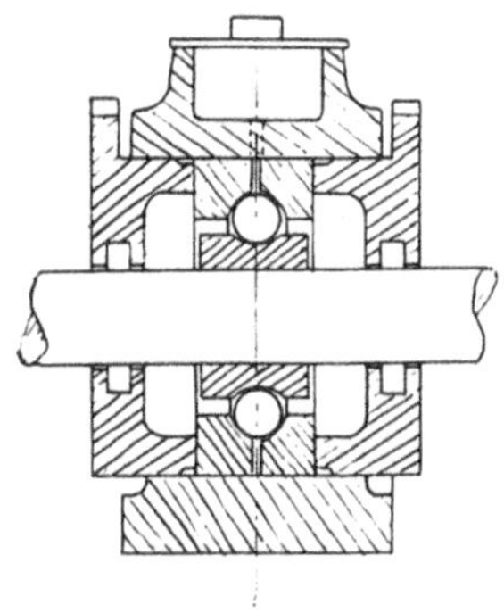

Fig. 132.

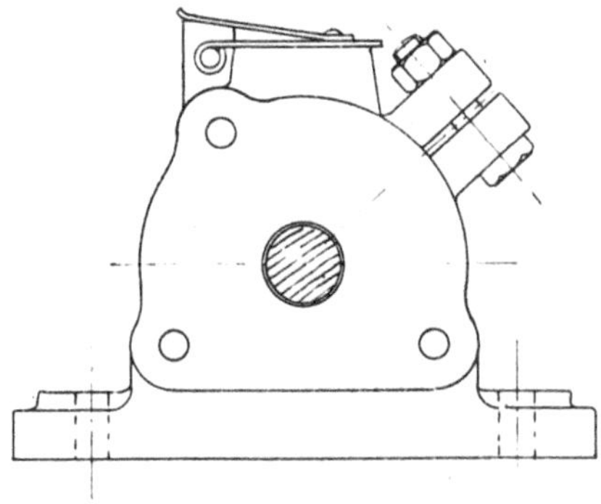

Fig. 132a.

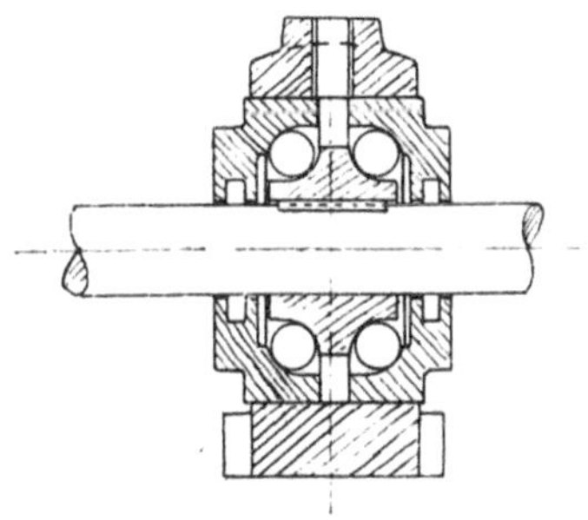

Fig. 133.

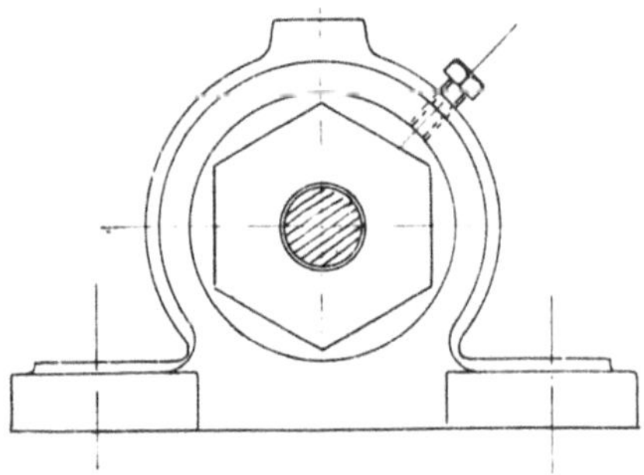

Fig. 133a.

In Fig. 134, 134a, 134b, ist ein Transmissionslager abgebildet, das geteilte und gehärtete Innenringe und Kugelteller besitzt.

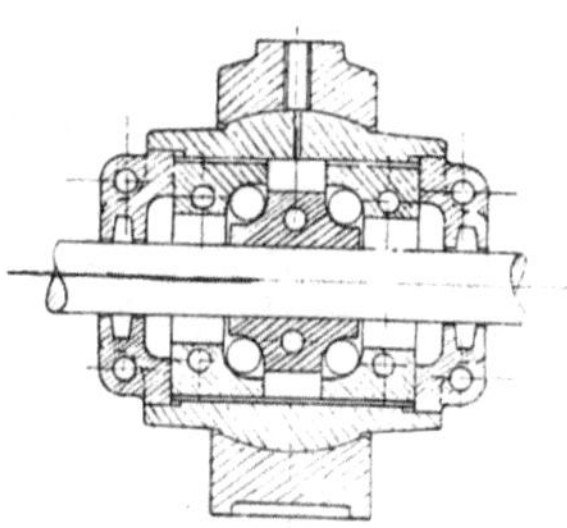

Fig. 134.

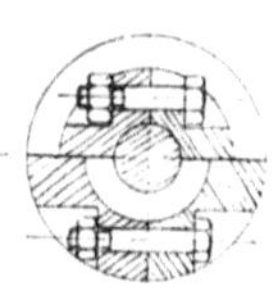

Fig. 134a.

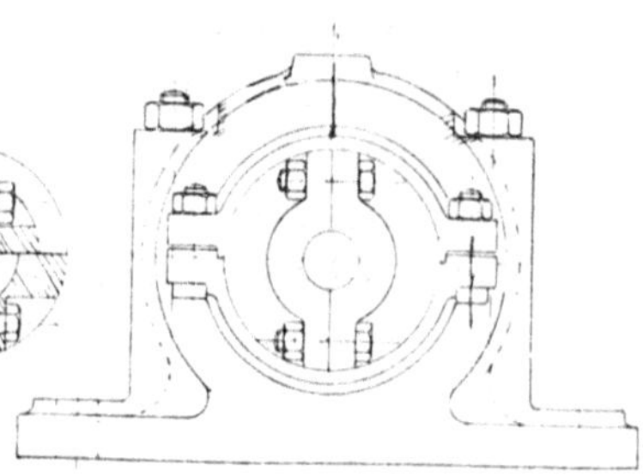

Fig. 134b.

Das Ganze ist in einem zweiteiligen Stehlager montiert. Die Funktion dieses Lagers wird wegen der Vielteiligkeit nur für geringe Beanspruchungen befriedigend sein. Der prinzipielle Nachteil, dass die Stossfugen eine Schwächung der Laufringe bedeuten und eine schlechtere Abwälzung der Kugeln zur Folge haben, bleibt für derartige Lager ohne Ausnahme bestehen. Die sphärische Ausbildung des Gehäuses sichert die universale Einstellung des doppelreihigen Kugellagers. Die Konstruktion ist im übrigen interessant.

Bei den Fischerlagern sind die Vorrichtungen für die Schmierung noch unvollkommen. Die Hohlräume werden mit Fett ausgefüllt. Eine continuierliche und kontrollierbare Ölzuführung fehlt. Nur das Stehlager nach Fig. 132 b und 132 a enthält eine ausgeprägte Schmiervorrichtung.

In Fig. 135 ist das Stehlager der D. W. M. F. abgebildet. Es ist ein Ölkammerlager mit Labyrinthsicherung. Eine Seite ist ge-

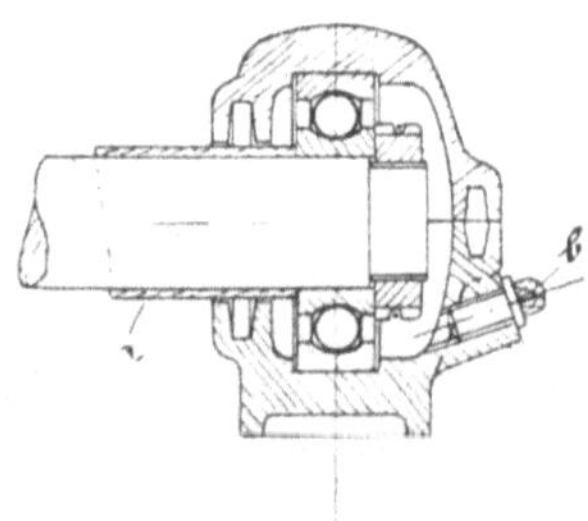

Fig. 135.

schlossen; die andere offen. Ein Stellring a schlägt gegen eine Nabe oder einen sonstigen Absatz an. Billiger wird aber ein Wellenabsatz nach den früheren Normalien sein. Für spezielle Zwecke eignet sich manchmal auch ein Stellring. An der Stelle b sitzt eine Ölschraube. Nach Abnehmen dieser Schraube füllt man dort Öl ein. Die Lage der Einfüllöffnung ist so gewählt, dass man nur bis zu einer gewissen Höhe Öl eingiessen kann.

Das Stehlager von Polysius nach Fig. 136 und 136 a ist auch ein geteiltes Ölkammerlager. Das Laufringsystem wird durch Klem-

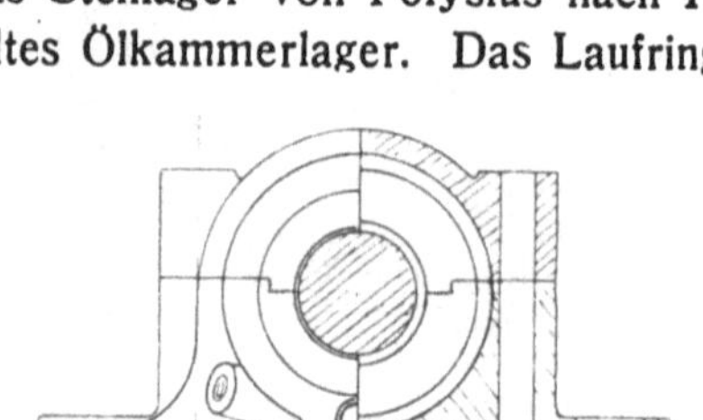

Fig. 136.

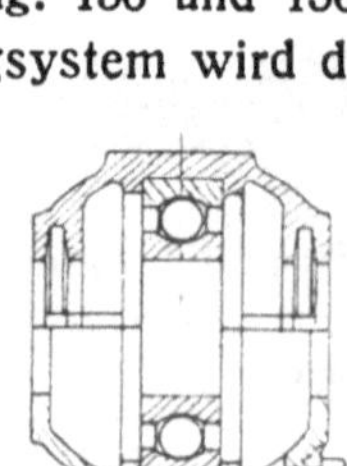

Fig. 136a.

nung und seitliche Leisten festgehalten. Bei losen Lagern müssen aber diese seitlichen Leisten in Wegfall kommen.

Die Peniger Maschinenfabrik wendet bei dem Stehlager nach Fig. 137 und 137 a irrtümlicherweise eine Stellschraube zur Feststellung des äusseren Laufringes an, was gar nicht notwendig ist,

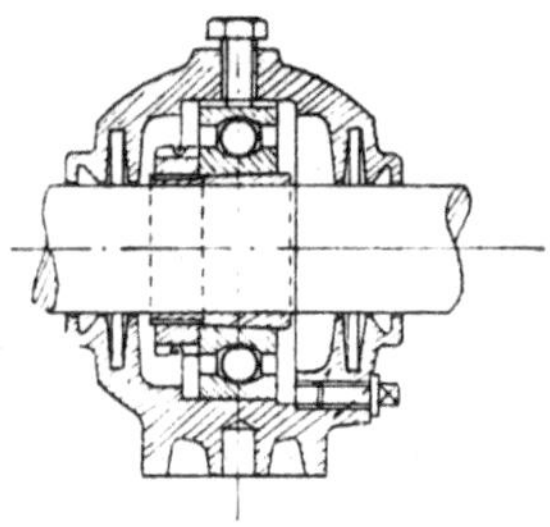

Fig. 137.

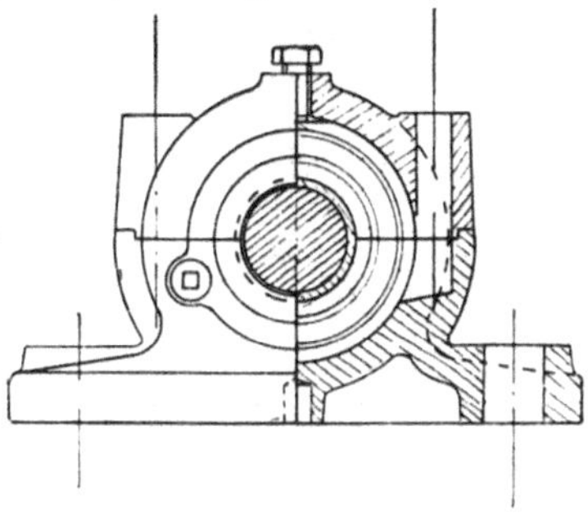

Fig. 137a.

da infolge der Differenz der Gleitlagerreibung zu der rollenden Kugellagerreibung die Haltung des losen äusseren Laufringes gesichert ist. Die Ölkammerlager machen wohl den Eindruck grösserer Einfachheit, aber die Ölmengen werden unregelmässig verbraucht. Das Öl gelangt auf die Welle und läuft in kurzer Zeit aus den Fugen heraus. Man hat auch keine Kontrolle, wann das Öl verbraucht ist.

Für Wellenleitungen dienen die Hängeböcke nach Fig. 138 und 138 a der Maschinenfabrik Rob. Conrad in Berlin. Bekanntlich wird bei

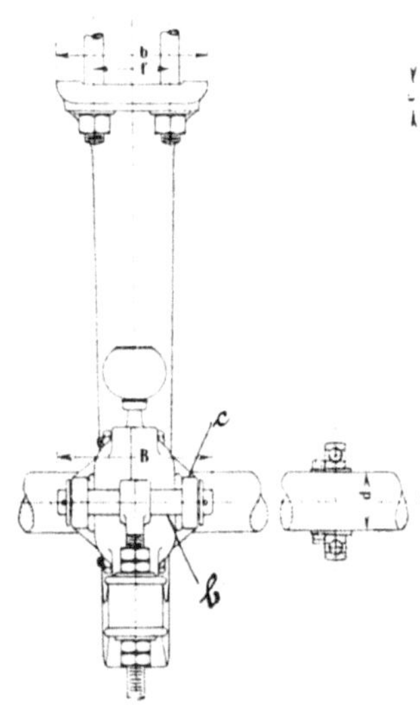

Fig. 138.

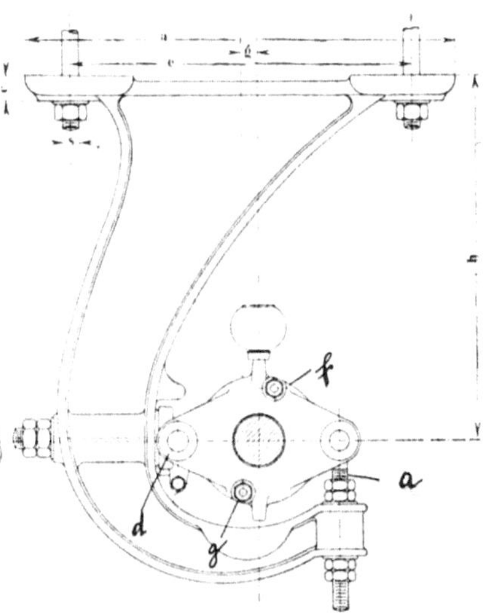

Fig. 138a.

allen Wellenleitungen eine Höheneinstellung gefordert. Dies erfolgt bei dem Hängelager nach Fig. 138 durch die Schraube a. Durch deren Kopf geht ein Bolzen b, der in Charnierlappen c der Kugellagergehäuse lagert. Das Gehäuse dreht sich um den Punkt e. Es ist quer geteilt und wird durch die Schrauben f und g zusammengehalten. Das Kugellager i ist mittels Spannhülse auf der Welle befestigt. Der äussere Laufring ist kugelig und dadurch universell einstellbar. Ein Verspannen der Kugellagerung ist nur bei grösseren Versetzungen der Wellenleitung möglich. Verlagerungen, die eine fortwährende Wellendurchbiegung bezw. Beanspruchung herbeiführen, sind natürlich auch hier schädlich, wenn auch nicht so merkbar wie bei den Gleitlagern. Die genaue Innenkonstruktion des Kugellagers ist in der späteren Figur 142 b zu ersehen.

In Fig. 139 u. 139 a ist das Transmissionshängelager der D. W. M. F. abgebildet. Hier sieht man von einer universellen Einstellung

Fig. 139.

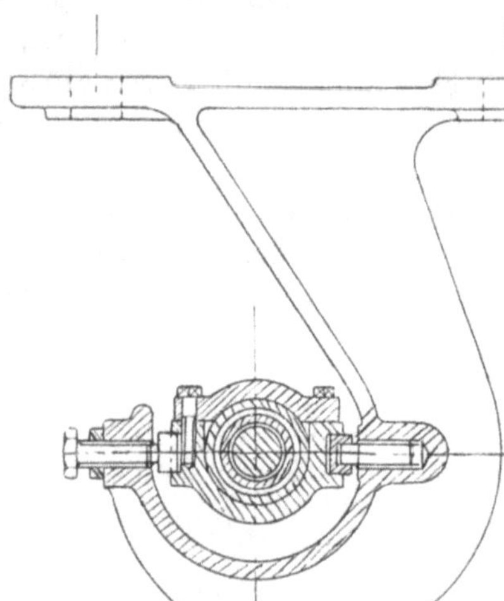

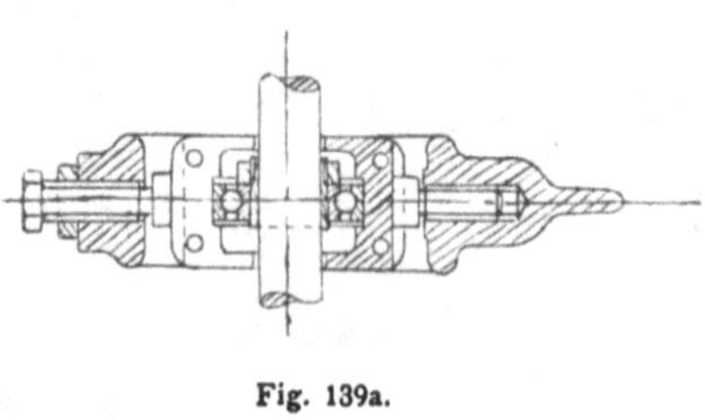

Fig. 139a.

mittels sphärischer Laufringe oder sonstiger Hilfsringe ab. Das geteilte Gehäuse nimmt das Ringlager auf. Es bewegt sich in zwei horizontal angeordneten Drehzapfen. Eine Höheneinstellung des Lagers ist nicht vorgesehen. Man wollte hier einfach bauen, und ist aber jedenfalls in der Weglassung von Teilen zu weit gegangen. Ferner fehlen auch Vorrichtungen, die die Einstellung für feste oder lose Lager ermöglichen.

b) Studien über ein geteiltes Transmissionslager nach Fig. 140, 140 a, 140 b.

Die Transmissionen, auf Kugeln gelagert, sind zwar unbedingt betriebssicherer als Gleitlager, weil sich die Kugellager den Durchbiegungen der Welle bis zu einem gewissen Grade anschmiegen. Eine universelle Einstellung mittels sphärischer Hilfsringe ist auch hier noch notwendig. Bei Transmissionen möchte man zuweilen auch einen ausgelaufenen Laufring erneuern, und bedingt dies bei allen geschlossenen

Fig. 140b.

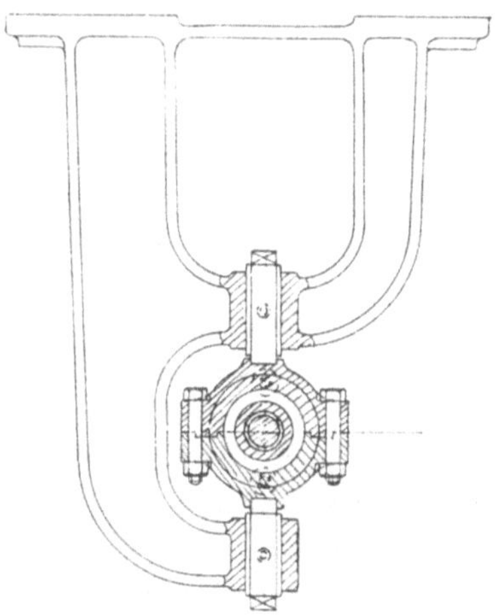

Fig. 140.

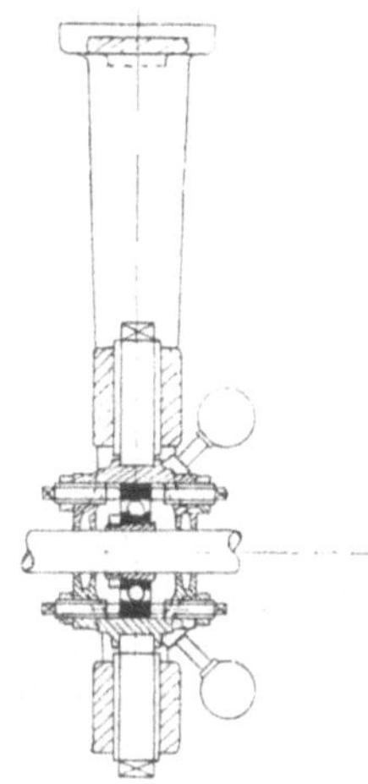

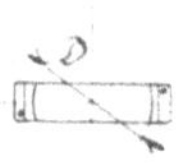

Fig. 140a.

Laufringsystemen die Demontage aller auf der Welle befindlichen Riemenscheiben und der übrigen Laufringsysteme.

In der Regel wirkt der Riemenzug bei Transmissionen auf die unteren Lagerschalen. Der feststehende Laufring wird also ungleich rascher verschleissen als der sich drehende Laufring auf der Welle. Es wird daher vielfach genügen, nur den äusseren Laufring auszuwechseln und neue, dem Verschleiss der inneren Laufringe entsprechende grössere Kugeln in das reparierte Laufringsystem einzufüllen. Von diesem Gesichtspunkte aus ist das geteilte Transmissionslager nach Fig. 140, 140 a und 140 b durchkonstruiert.

Bemerkenswert ist an der Konstruktion die erzielte Einheitlichkeit der Lager. Bei fester oder loser Anordnung erfolgt in der Lagerkonstruktion keine wesentliche Änderung. Durch einen geteilten Laufring mit der sphärischen Laufrille D nach Fig. 140 a erfolgt eine universale Einstellung des Kugellagers in der Laufrille ohne weitere Hilfsmittel. Für hohe Belastungen wird sich aber die sphärische Laufrille nicht eignen. Der innere Laufring ist nicht geteilt, was auch aus den vorbezeichneten Gründen nicht notwendig erscheint und auch konstruktiv unzulässig ist, weil die zwei Stossfugen bei einer Wellenumdrehung die belastete Druckzone passieren würden und die Ringe dort bald brächen.

Der geteilte Laufring wird durch Prisonstifte gesichert. Der innere Laufring wird durch eine Spannhülse auf der Welle befestigt. Das Gehäuse ist ebenfalls zweiteilig und durch Klemmschrauben verbunden. Das geteilte Ringsystem gewinnt erst durch das starre Gehäuse seinen Halt und wird vorteilhaft mit Pressung im Gehäuse montiert. Der Kugelkorb muss ebenfalls zweiteilig sein. Zwei Bolzen und Muttern halten diesen an der Stossstelle zusammen.

Die achsiale Einstellung für das Kugellager erfolgt nach Fig. 140 durch Stellschrauben. Die Gehäuse erhalten normale Augen. Es werden die Gewinde aber nur bei dem Festlagergehäuse ausgeführt. Die Ölung erfolgt durch einen Dochtöler. Das Öl rinnt in die Kugeln und läuft unten in ein Sammelglas ab. Die Höheneinstellung des Lagers wird in der üblichen Weise durch zwei vertikale Gewindespindeln mit Gegenmuttern bewirkt.

Die einzige Möglichkeit, ein geschlossenes Ringlager innerhalb der Transmissionsleitung abnehmbar zu machen, besteht darin, die Wellen rechts und links durch Scheibenkupplung anzuschliessen, eine Methode, die sehr teuer und umständlich ist.

c) Laufwerke auf Kugellager.

Das Kugellager wird hauptsächlich für Transmissionen, Vorgelege und für alle Maschinen mit hohen Umlaufszahlen eine wesentliche Kraftersparnis, verbunden mit einer hohen Betriebssicherheit, bringen.

In unserer Fig. 141 b ist eine Schleifmaschine mit zwei Schmirgelscheiben auf Kugellager gelagert, ferner auch das dazu-

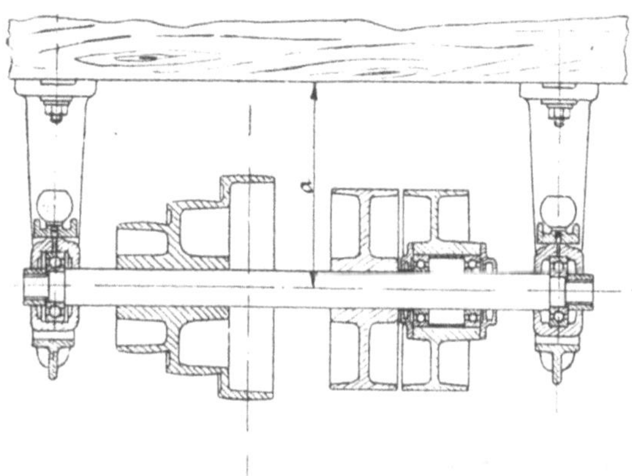

Fig. 141a.

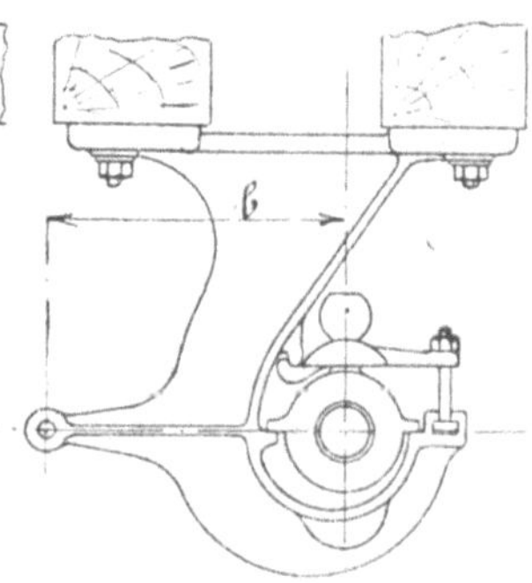

Fig. 141.

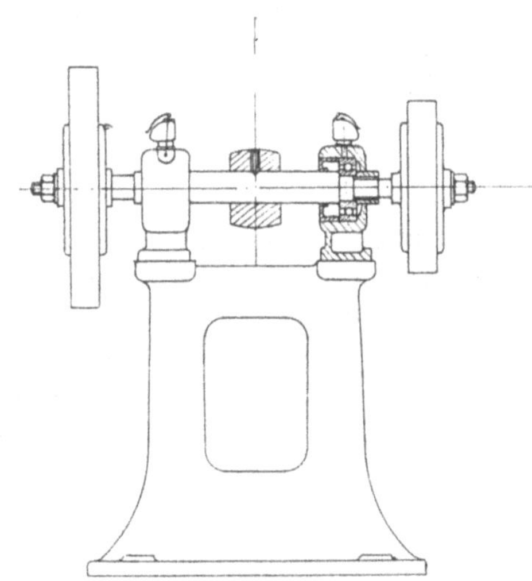

Fig. 141b.

gehörige Vorgelege und die Transmission. Derartige Schleifmaschinen laufen mit Tourenzahlen von 1500—2000 Touren pro Minute. Vielfach herrscht die irrige Ansicht, dass das Kugellager zu rasch verschleisste, und unter der Einwirkung von Schmirgelstaub rascher zerstört würde als ein Gleitlager. Dies ist nicht zutreffend. Die Lebensdauer derartiger Kugellager beträgt unter Anwendung guter Einkapselungen immerhin einige Jahre. Sind die Kugellager der Schleifmaschinen ausgelaufen, so ist deren Ersatz leichter zu bewerkstelligen als bei Gleitlagern, da bei letzteren die Lagerflächen stets nachgedreht werden müssen, was bei Ringkugellagern nicht der Fall ist.

In unseren Figuren 141—141 b gelangen sowohl für die Schleifmaschine als auch für die Deckenvorgelege Kugellager der Maschinenfabrik Robert Conrad, Berlin, zur Anwendung. Der Schleifmaschinenbock wird überhobelt und dann setzt man die Stehlager auf die sauber abgehobelten Flächen. Es ist gewöhnlich ein weiteres Richten der Lager überflüssig, weil durch die Arbeitsleiste die genaue Richtung der Welle bestimmt ist. Man hat lediglich die Stellung der Stehlager in Rücksicht auf das Fest- und Loselager zu bestimmen und denjenigen Lagerbock, der das freischiebende Ringlager aufnimmt, entsprechend zu verschieben.

Bei dem Deckenvorgelege nach Fig. 141, 141 a und 141 b ist das Kugellager nicht allein für die Vorgelegewelle angewendet, sondern auch für die Leerlaufscheibe. Die Laufringe werden gewöhnlich stramm auf die Welle geschoben und meist mittels Stellringe, wie dies eine spätere Figur veranschaulicht, achsial festgehalten.

Die Lager für die Vorgelegeböcke sind ebenfalls verschieden. Ein Bock spannt das Lager fest ein, in dem anderen Bock kann das Lager frei schieben. Dies ist bei Deckenvorgelegen wichtiger als bei den bisherigen Einbaufällen, weil die Vorgelege vielfach an Trägern und Holzbalken angeschraubt werden, die ungenaue Flächen besitzen, auch vibrieren und sich infolge Belastungen aller Art öfters durchbiegen. Die Unempfindlichkeit der Kugellager gegen geringe Verlagerungen macht es für Deckenvorgelege ausserordentlich geeignet, weil es stets spielend leicht läuft, es sei denn bei ganz groben Montagefehlern oder übermässigen Durchbiegungen der Vorgelegebalken, wo es auch warm laufen würde.

Die Kugellagertransmission nach Konstruktion Fig. 142 ruht auf Konsolen. Die Konstruktion des Kugellagergehäuses ist dieselbe wie für die Hängelager der früheren Fig. 138. Das Ringlager enthält einen sphärischen äusseren Laufring. Dadurch vermag sich das Lager allen Wellendurchbiegungen anzuschmiegen. Sind mehrere Lager vorhanden, so ist nur ein Lager achsial festgestellt, in dem man zwischen den Bolzen c der Figur Stellringe legt. Alle anderen Lager schieben frei und man muss durch entsprechendes Verschieben des Laufringes auf der Welle und durch nachheriges Festziehen der Laufringe mittels der Spannhülsen die richtige Lagerstellung ausmitteln.

Die Figuren 141 und 142 sind als Schema anzusehen. Dadurch soll gezeigt werden, dass man die Kugellagerungen für alle ein-

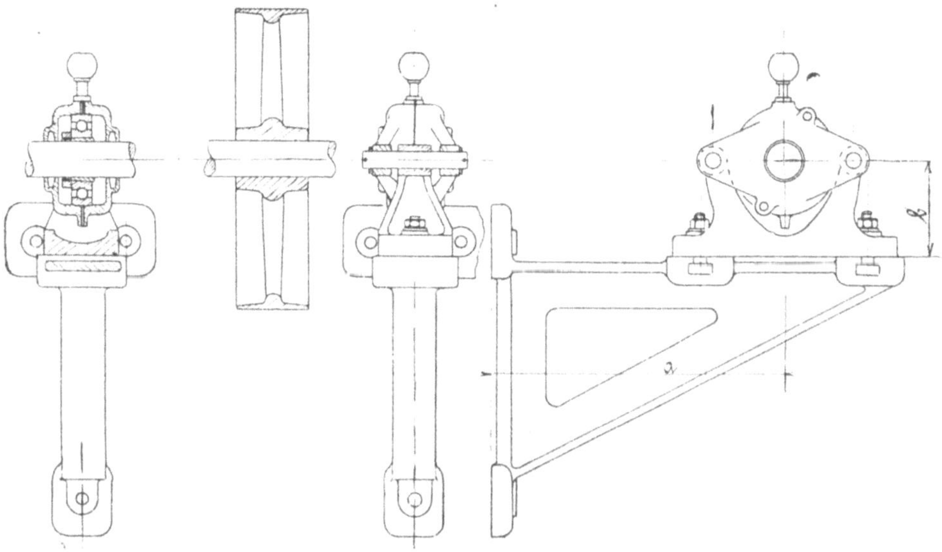

Fig. 142b. Fig. 142a. Fig. 142.

facheren Laufwerke leicht anwenden kann. Kugellagervorgelege und Kugellagertransmissionen werden sich in einigen Jahren überall durchsetzen und es werden sicher auch noch manche Vereinfachungen gefunden werden.

d) Leerlaufscheibe auf Kugeln gelagert.

Fig. 143 zeigt die Detailkonstruktion einer Leerlaufscheibe als Ergänzung der vorhin besprochenen Laufwerke nach Fig. 141 und 142 Die äusseren Laufringe e und f sind fest mit der Riemenscheibennabe verbunden. Die beiden angeflanschten Verschlussdeckel g und h pressen die äusseren Laufringe auf den inneren Zwischenring. Eine Ausfüllung der Schlitze durch eine Lederscheibe k trägt zum Abdichten der Deckel bei. Die inneren Laufringe werden durch die verstifteten Rohrstücke c und d achsial gehalten. Bei i sitzt eine abnehmbare Ölerschraube. Dort wird von Zeit zu Zeit Öl eingefüllt, das sich in dem Kanal m verteilt und durch die Löcher des

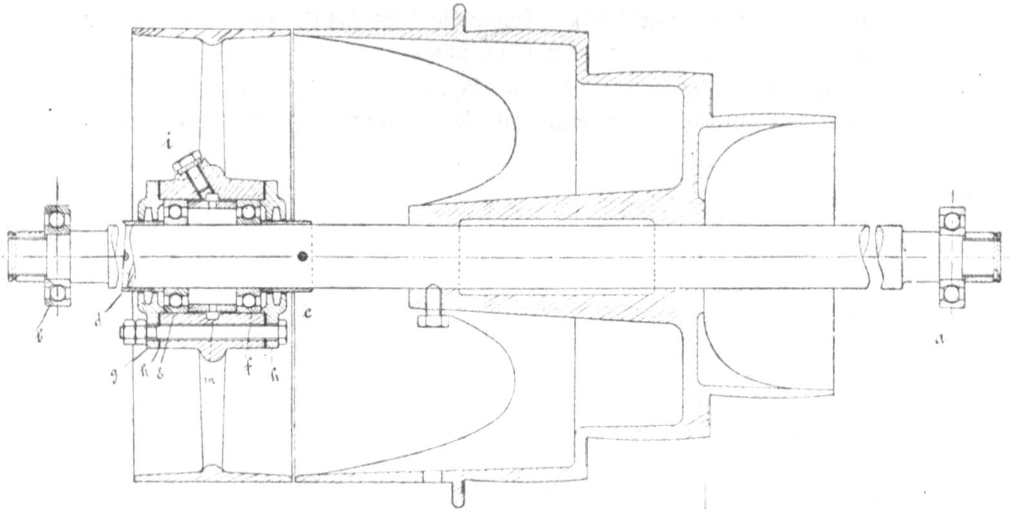

Fig. 143.

Zwischenringes k zu den Kugeln gelangen kann. Diese Konstruktion ist natürlich etwas teuer. Sie wird nur für höhere Riemenspannungen, bei denen es öfters zum Fressen der Gleitlager kommt, mit Vorteil angewendet oder bei Vorgelegen, bei denen ein fortwährendes Umstellen auf Leerlauf stattfindet. Bei Revolverbänken für Gewindeschneiden erzielt man durch diese Konstruktion eine betriebssichere Leerscheibenlagerung.

e) Die Lagerung von Elektromotorenwellen.

Die Elektrotechnik hat das Kugellager aus dem Grunde ohne Gefahr anwenden können, weil die Belastung der Lager keine stossweise ist. Die magnetische Anziehung wirkt ziemlich gleichmässig auf den Anker, im Gegensatz zu den Kolbenmaschinen, deren Lager durch die Umwandlung der hin- und hergehenden Bewegung in drehende Bewegung stark belastet sind. Bei den Elektromotoren sind in der Hauptsache die Riemenspannungen samt der Anker- und Wellengewichte durch die Lager aufzunehmen. Nur beim Anlassen ergeben sich oft starke Belastungsschwankungen. Bei Zahnräderantrieben, wie sie bei Strassenbahnwagen und Elektromobilen üblich sind, reduziert sich die Belastung gegenüber dem Riemenantrieb etwas. Die Lager leiden aber bei derartigen Fahrzeugen mehr unter den Vibrationen als bei dem meist für ortsfeste Anlagen in Betracht kommenden Riemenantrieb. Für die Bestimmung eines Elektromotorenlagers gelten also auch folgende bereits angegebene Erfahrungsregeln:

Für die Antriebsseite eines Elektromotors lege man bei Riemenantrieben die fünffache rechnungsmässige Umfangskraft zugrunde und das 1½fache Ankergewicht. Für die Kollektorseite nur das 1½fache Ankergewicht. Für Zahnräderantriebe genügt die dreifache rech-

Fig. 145.

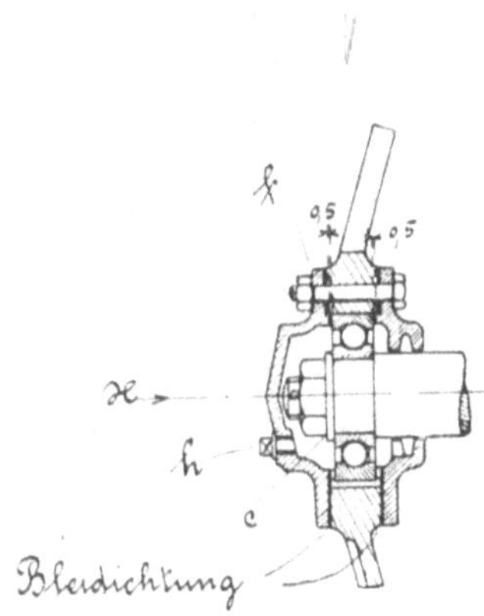

Fig. 144.

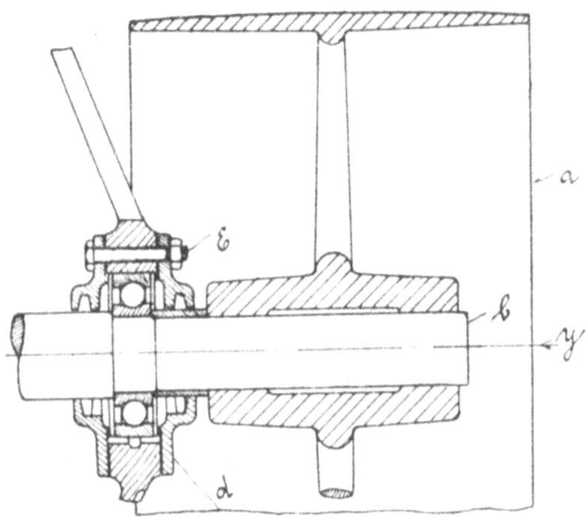

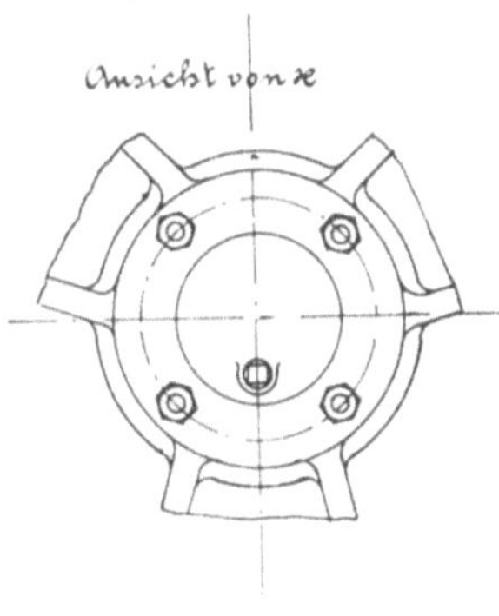

Fig. 146.

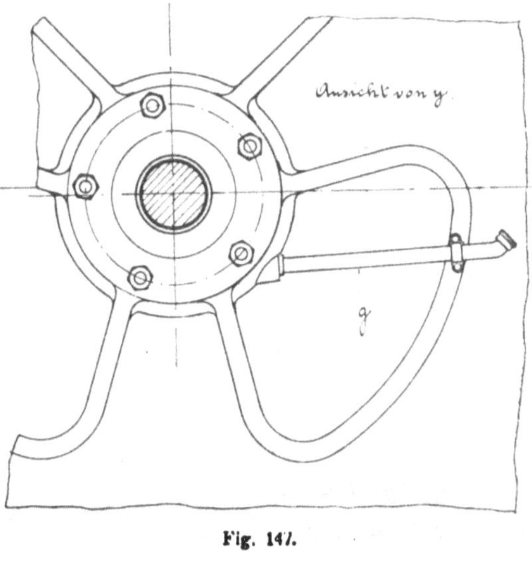

Fig. 147.

nungsmässige Umfangskraft und das 1½fache Ankergewicht. Kapselt man einen Elektromotor direkt mit einer Arbeitsmaschine, z. B. einen Ventilator, so ist natürlich nur das 1½fache Ankergewicht zu berücksichtigen, weil ja die Torsionsarbeit ohne Rückwirkung auf die Lagerung weitergeleitet wird.

In den Figuren 144, 145, 146 und 147 ist der Einbau von Kugellagern, wie ihn die D. W. M. F. für Elektromotoren vorschlägt, ersichtlich. Das kleinere Kugellager c auf der Kollektorseite und das grössere d auf der Antriebsseite entsprechen den Belastungen. Auf dem Wellenende b sitzt die Riemenscheibe a. Die Kugellager werden durch Deckel eingeschlossen. Hierbei ist das kleinere Lager c achsial festgestellt, während das grössere d freischiebt. Die Deckel sind mittels Durchschrauben e am Gehäuse befestigt. Besondere Bleidichtungen sorgen für eine hinreichende Öldichtung. Der Deckel f schliesst das andere Deckelende vollständig ab. Die Schmierung der Lager erfolgt durch ein Schmierrohr g, dessen Einfüllöffnung nur so hoch liegt, dass nur der Ölspiegel etwa zu dem inneren Laufring hinaufreicht, indem das Öl, das höher steigt, auslaufen würde. Damit man die Höhe des Ölspiegels beim Einfüllen kontrollieren kann, wird die Schraube h entfernt. Aus dem Gewindeloch läuft dann das Öl in jener Höhe über, die dem richtigen Ölspiegel entspricht. In dem Deckel, der dem Anker zugewendet ist, wird das bei Labyrinthsicherung übliche Rücklaufloch angeordnet, damit das an der Welle abgestreifte Öl wieder in den Kugelraum zurückfliesst.

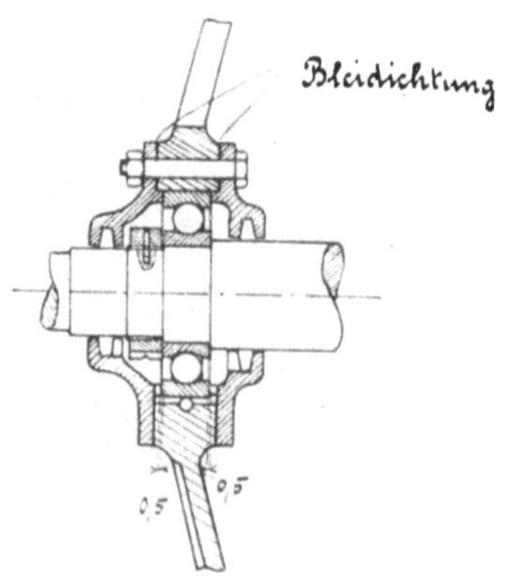

Fig. 148.

In Fig. 148 ist die Lageranordnung für durchgehende Wellen dargestellt, die sich bis auf die verschiedene Bohrung in den beiden

Deckeln vollkommen mit der Ausbildung nach Fig. 144 deckt. Auch hier wird ein Laufringsystem festgehalten, während das andere freigeht. Kuppelt man einen Elektromotor mit Dampfturbinen, Schnecken, Zentrifugalpumpen, Ventilatoren, so muss der bei diesen Maschinen auftretende achsiale Druck besonders aufgenommen werden. Eine starre Verbindung mit dem Elektromotor ist meist schädlich. Die Kupplung soll in der Regel nur auf Mitnehmen eingerichtet sein, im übrigen achsial lose verschiebbar ineinandergreifen.

f) Lagerung einer Ventilatorachse nach Fig. 149, 149 a, 149 b.

Die Ventilatornabe ist hydraulich aufgepresst gedacht und kann also später nicht mehr entfernt werden. Die Kugellager sind laut Nor-

Fig. 149b.

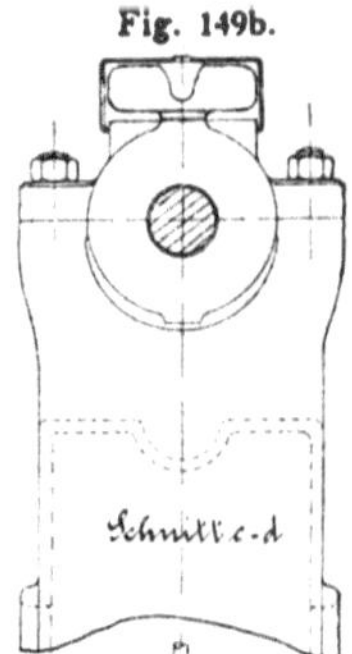

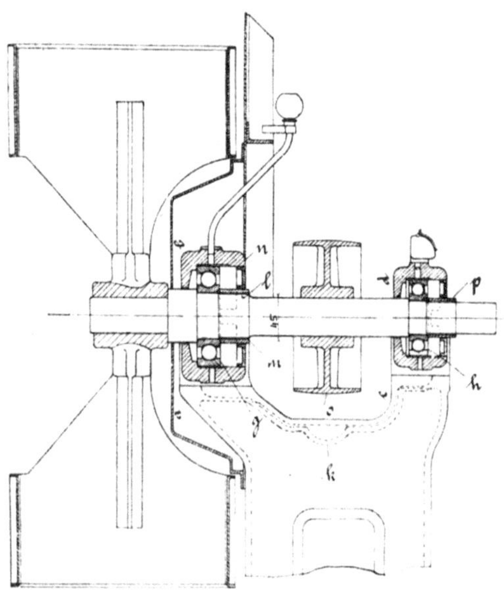

Fig. 149.

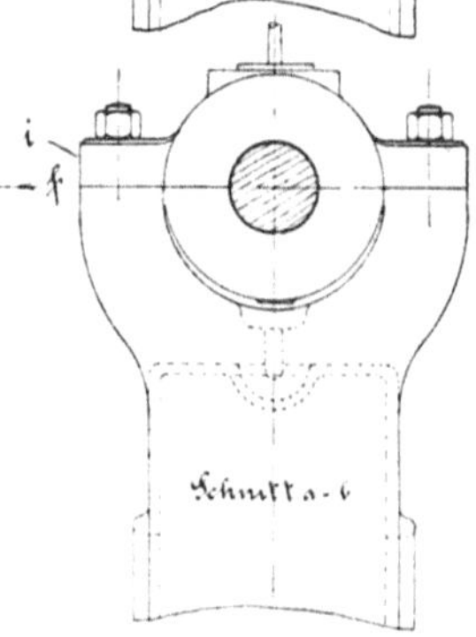

Fig. 149a.

malien nur von 5 zu 5 mm abgestuft. Es wird für die Stelle g, weil der Wellendurchmesser mit 45 mm festgelegt ist, ein System No. 311 55×120×29 gewählt, bei welcher Abstufung reichlich Material für das Muttergewinde bleibt. Die Mutter m ist normal. Sie presst das

Kugellager gegen den Wellenabsatz. Nachdem man das Gehäuse geschlossen hat, keilt man die Riemenscheibe o auf die Welle und setzt das Kugellager h auf das Wellenende. Die Befestigungsmutter p presst auch dieses Lager gegen den Wellenabsatz. Hier ist aber die Abstufung so gering wie möglich zu wählen. Es wird ein Laufringsystem No. 308 eingebaut mit 40×90×23. Um den Riemenzug gut aufzunehmen, sind hier die Lager mit seitlichen Lappen gewählt, durch die, wenn der Riemenzug nach der Richtung f wirkt, derselbe von dem Maschinenrahmen unmittelbar aufgenommen wird. Die Lagerschrauben selbst sind hierbei entlastet. Der Maschinenrahmen enthält Ölrinnen und einen Ölsammelraum bei k, damit das aus den Lagern abfliessende Öl nicht den ganzen Rahmen verschmutzt. Fig. 149 b zeigt den Einbau des kleineren Lagers h.

g) Die Kugellagerung des Pekrun-Getriebes nach Fig. 150.

Die Maschinenfabrik Pekrun bringt seit Jahren eine besondere Art von Schneckengetrieben auf den Markt, bei der jede Gleitreibung

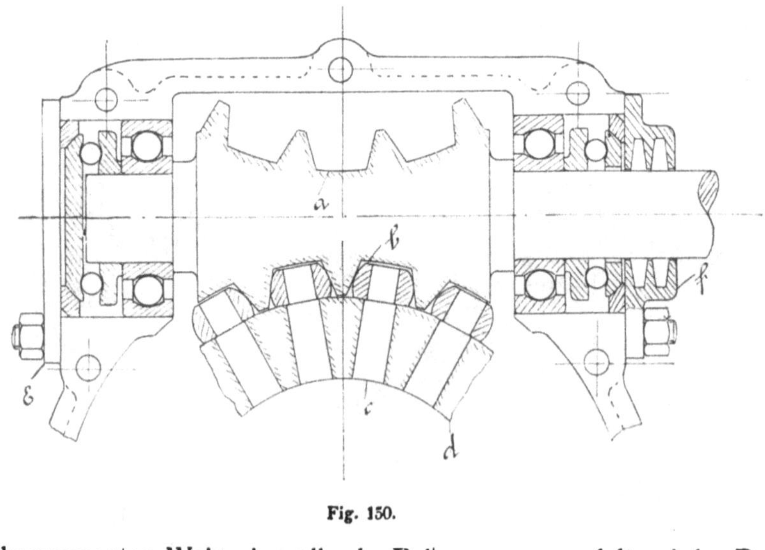

Fig. 150.

in konsequenter Weise in rollende Reibung verwandelt wird. Bei dem Pekrun-Getriebe wird ein Wirkungsgrad erreicht, der bei anderen Schneckengetrieben mit Gleitreibung nicht zu erzielen ist. (Nach Pekrun bis zu 95 Prozent, je nach Steigungswinkel.) Die Schneckengänge a sind unter 15° geneigt. Diese Gänge sind gehärtet und wirken nicht auf ein geschnittenes Schneckenrad, sondern auf

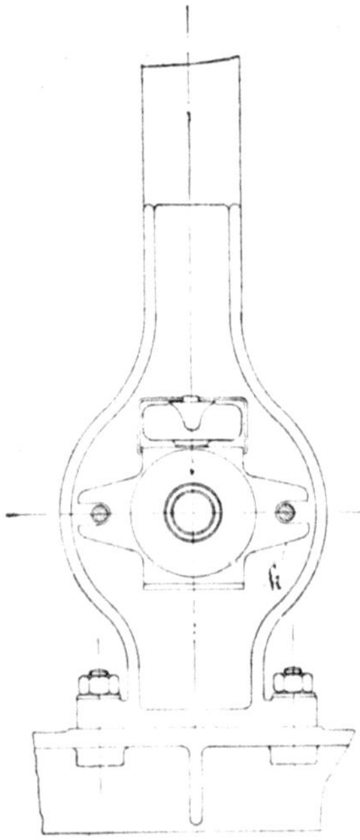

Fig. 150a.

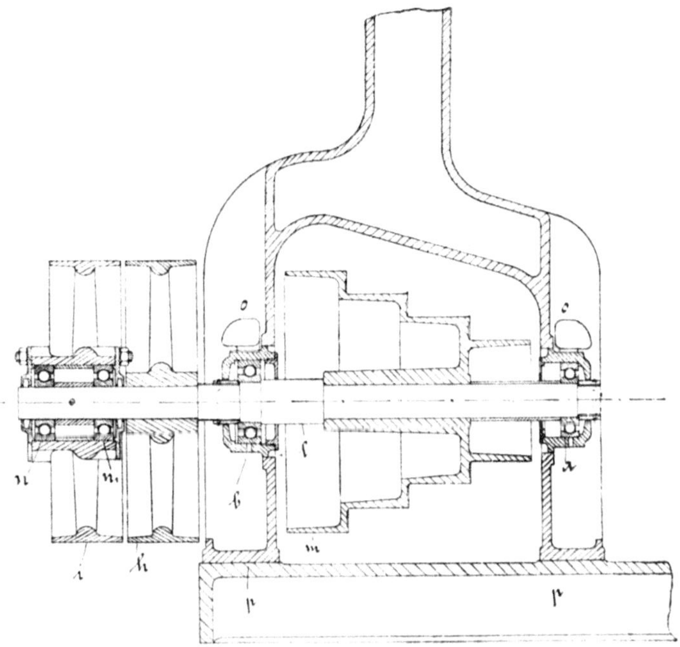

Fig. 150b.

kugelige Rollen b, die auf Zapfen c eines Radkranzes d sitzen. Diese Zapfen sind unter hohem Druck eingepresst und an den Laufstellen gehärtet. Es ergibt sich zwar für die Anlage der Schneckengänge an die einzelnen Rollen nur eine Punktauflage. Weil aber gleichzeitig mehrere Rillen im Eingriff sind, verteilt sich die Auflage doch auf mehrere Punkte. Es ergeben sich bei allen Schneckengetrieben achsiale Drücke, die weit grösser als die radialen Drücke sind. Beide Drücke werden durch zusammengesetzte Lager aufgenommen, die ohne weitere Erklärungen verständlich sein werden. Das Gehäuse ist geteilt angenommen. Die Endplatte e und die Verschlussplatte f mit Labyrinthsicherung haben den achsialen Druck aufzunehmen.

h) Bohrmaschine mit Kugellagervorgelege.

Im folgenden wird gezeigt, dass auch kompliziertere Maschinen mit Hilfe bestehender Normalien mit Kugellager ausgerüstet werden können. Es sind hier wieder die Lager der Maschinenfabrik

Conrad eingebaut. Die Bohrspindel f nach Fig. 151 kommt für die Kugellagerung nicht in Betracht, weil hier eine stabile Bettung uner-

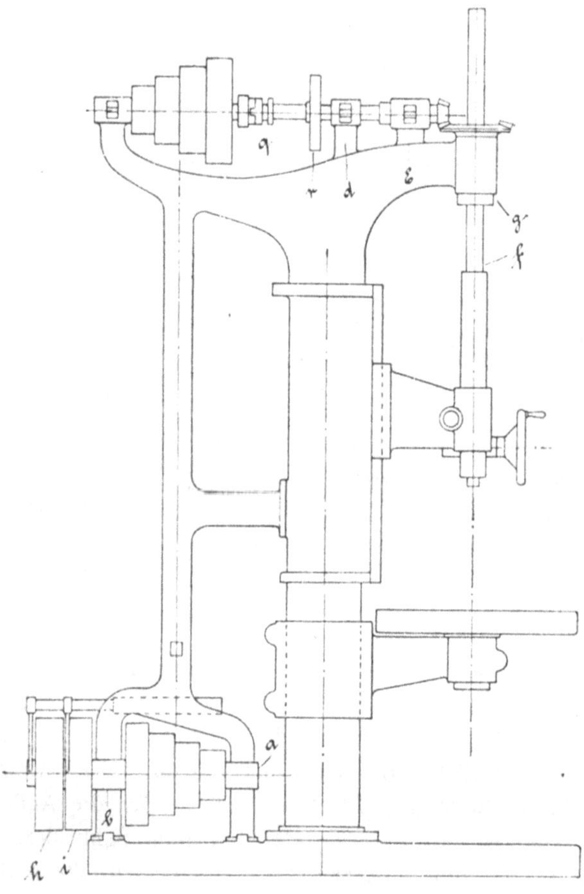

Fig. 151.

lässlich ist. Der achsiale Druck, vom Kegelräderantrieb herrührend, ist aber bei manchen Bohrmaschinen in dem Lagergehäuse g durch Spurkugellager aufgenommen.

Fig. 150 zeigt die Kugellagerung der im Ständerfuss angebrachten Vorgelegewelle samt der Lagerung der Leerscheibe. Die Figur 151 zeigt das Schema einer Cincinatti-Bohrmaschine mit Gleitlager. Die Lagerstellen a und b und die Leerscheibe h laufen also hier in schlichten Lagern und sind in Fig. 150 und 152 ohne wesentliche

Änderung der Gesamtkonstruktion nach folgender Art in Kugeln gelagert:

An Stelle a und b sind die in den späteren Fig. 156 u. 156a näher beschriebenen Schildlager angebracht. Der Ständerfuss musste zur Unterbringung dieser Lager ⊔-förmig profiliert werden. Ferner musste eine örtliche Ausbauchung zur Aufnahme der Flanschen k geschaffen werden.

Die Welle l wird in die Stufenscheibe m eingeschoben und durch Keil mit derselben verbunden. Hierauf werden die beiden Schildlager a und b nach bekannter Art aufgereiht. Die Festscheibe h wird nun aufgekeilt und zum Schluss die Leerscheibe i aufgesetzt. In dieser Leerscheibe sitzen zwei Kugellager nn. Die Öler o des Schildlagers sind von oben gut zugänglich. Unten empfiehlt es sich, die Sammelgläser wegzulassen und das Öl an Löchern heraustreten zu lassen und es in Nischen (p) des Ständerfusses aufzufangen. Für die Lagerung der oberen Vorgelegewelle empfiehlt es sich, an Stelle der in dem Schema nach Fig. 151 angedeuteten schlichten Lager c d e Normallager mit seitlichen Lappen einzubauen. Ausser dem Riemenzug ist hier ein von dem Kegelräderantrieb herrührender achsialer Druck aufzunehmen. Ferner ist ein auskuppelbares Rädervorgelege t q angewendet, von dem hier die Nebenwelle nicht zu ersehen ist. Diese Nebenwelle wird man auch nicht in Kugellagern lagern, da sie ja doch nur zeitweise benutzt wird. Die Konstruktion der Kugellagerung der oberen Antriebswelle ist nun wie folgt:

Das Lager e wird von der Kegelradseite aus eingebracht. Das Kegelrad s später mittels Konus und Keil aufgesetzt. Die Hauptteile d, r, q, t, u, c, v werden von der anderen Seite aufgesteckt. Zunächst wird das komplette Kugellager d in der üblichen Weise aufgesteckt. Dann wird das Zahnrad r aufgekeilt, die Kupplungshülse q leichtlaufend aufgepasst und die Festscheibe u mit dem gehärteten Klauenstück t aufgeschoben. Ein Stellring v und eine Zwischenbüchse halten die zeitweise auf der Welle lose laufende Festscheibe u axial fest. Zum Schluss wird das Lager c aufgebracht. Der innere Laufring dieses Kugellagers sitzt auf einer aufgeschraubten Endbüchse x, die ermöglicht, dass alle drei Lager die gleichen Abmessungen erhalten können. Dieses hat den Vorteil, dass dadurch die lichten Öffnungen für die Aufnahme der Gehäuse in einer Fluchtlinie liegen und die Kanten auf einmal überhobelt werden können. Auf die Endbüchse x ist nun das Spurlager aufgebracht, dessen feste Spurplatte gegen den Verschlussdeckel y drückt. Die Ölung dieser drei Lager ist normal zu bewerkstelligen. Das ablaufende Öl sammelt sich in Nischen z und verschmutzt nicht den Ständerfuss.

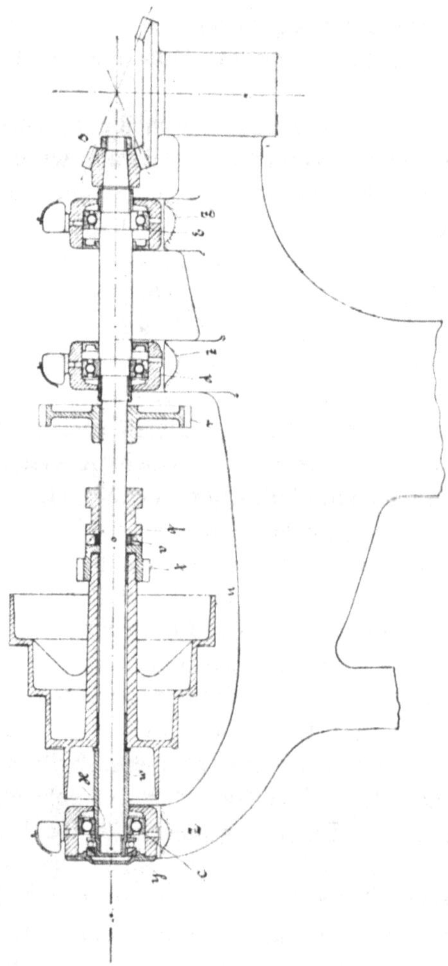

Fig. 152.

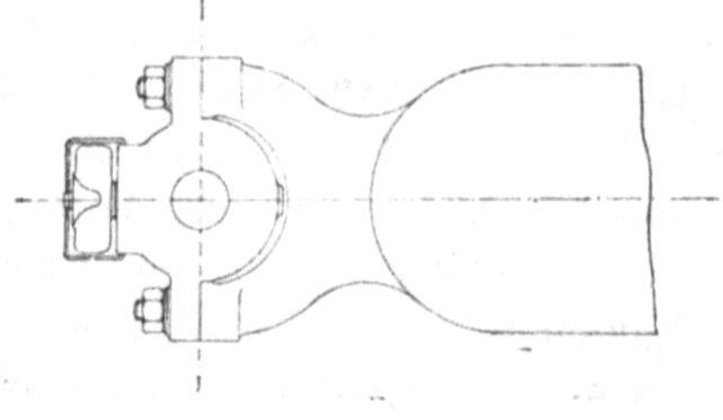

Fig. 152a.

i) Feldbahnachsen auf Kugellager nach Fig. 153.

Die Feldbahnwagen für den Erdtransport verbrauchen bei Gleitlager enorm viel Kraft. Die Kugellager haben sich auch hier mit Erfolg eingeführt. Arthur Koppel verwendet Rollenlager; Bleichert-Leipzig aber Kugellager.

Es gibt zwei verschiedene Achslagerungen. (Siehe Fig. 153.)

Die eine Seite, Fall 1, ist den Wagenachsen für Fuhrwerke

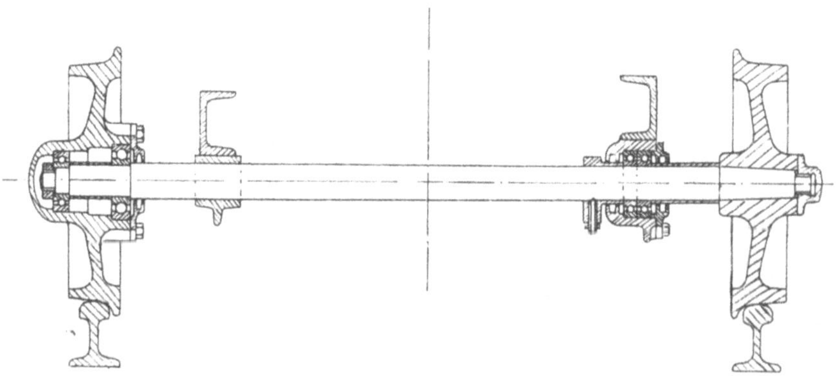

Fig. 153.

nachgebildet, die andere Seite den Eisenbahn-Waggonachsen. Die Ausführung nach Fall 1 erweist sich vorteilhafter, weil sich bei Schienenkrümmungen oder ungleicher Adhäsion die Räder der Schiene anschmiegen d. h. ein Rad kann rascher als das andere laufen.

Bei der Konstruktion nach Fall 2 muss beim Kurvenfahren stets auf der einen Seite ein Schleifen erfolgen, und besitzen diese scheinbar robustere Achsen einen schlechten Wirkungsgrad. Über die Detailkonstruktion sei folgendes bemerkt:

Im Fall 1 sitzen zwei Ringlager auf dem Achsstummel. Diese sind durch die Muttern und durch ein Zwischenrohr axial festgestellt. Das Laufrad wird über die Kugellager weggeschoben und vorher mit Fett teilweise angefüllt. Später wird ein innerer Deckel angeschraubt, der das eine Ringlager fest einspannt, während das andere etwas axiale Luft haben darf. Für die Zufuhr von Schmiersubstanz kann man einer beliebigen Stelle des Laufrades ein Auge und eine Staufferbüchse geben.

Die Konstruktion nach Fall 2 unterscheidet sich dadurch, dass sich Welle und Rad dreht und das Lager feststeht. Es wird ein doppelreihiges Lager verwendet. Die Ringlager sind mit Hilfe eines Rohrzwischenstückes und eines Stellringes auf der Welle festgehalten. Der innere Stellring wird durch eine aussen befindliche Stellschraube axial befestigt. Die Schmierung erfolgt hierbei am besten durch kleine Öler, die an beliebiger Stelle des Lagers untergebracht werden. Das Laufrad ist mittels Konus auf dem Wellenende befestigt.

k) Kugellager unter beschränkten Raumverhältnissen.

Über dem Lager nach Fig. 154 und 154 a befindet sich ein Gussboden, der die Unterbringung eines Ölers verhindert und auch die Zugänglichkeit zu dem event. am Gehäuse direkt angesetzten Öler verhindert.

Es wird ein Ölrohr zu dem Lager geführt. Das Öl tritt auf der oberen Seite ein und dringt durch einen Kanal zu dem Laufring, an dessen Wandung es entlang läuft und in den freien Ringraum dringt. Das Ölerrohr wird dann an irgend einer Stelle durch den Gussboden geführt und mit einem Öler, der kontinuierlich kleine Mengen Öl zuführt, in Verbindung gebracht. Dieses Lager ist geteilt gezeichnet, was gewöhnlich einige Montagevorteile hat, da ein geschlossenes Lager stets vorher auf eine Welle gesetzt werden muss, falls an den Wellenenden noch weitere Lager oder sonstige Maschinenteile sitzen. Ein vorheriges Aufreihen des Laufringsystems ist aber auch bei zweiteiligen Gehäusen notwendig.

l) Oberwasserzapfen von Turbinen nach Fig. 155.

Bei Turbinen mit vertikaler Welle ergeben sich meist sehr grosse Spurlagerdrücke. Die Spurlager laufen vielfach im Wasser und verhindern selbst gute Stopfbüchsen nicht ganz den Zutritt desselben. Wasser schmiert aber immer schlechter als Öl. Mehr als dies hindert der Umstand, dass die Wellenansätze oder besondere Spurscheiben bei den grösseren Drücken sich durchbiegen und leicht fressen. Mn verwendet daher Kugellager, die aber wasserdicht eingekapselt werden sollen, was durch Darüberschrauben einer Kappe erreicht wird. Die Welle für diese Turbinen ist achsial verstellbar. weshalb ein sehr langes Gewinde angewendet wird. Man füllt den ganzen Ringraum mit Fett, wodurch die Schmierung des Kugellagers für lange Zeit gesichert ist. Der angebrachte Öler dient mehr für die Schmierung des Gleitlagers.

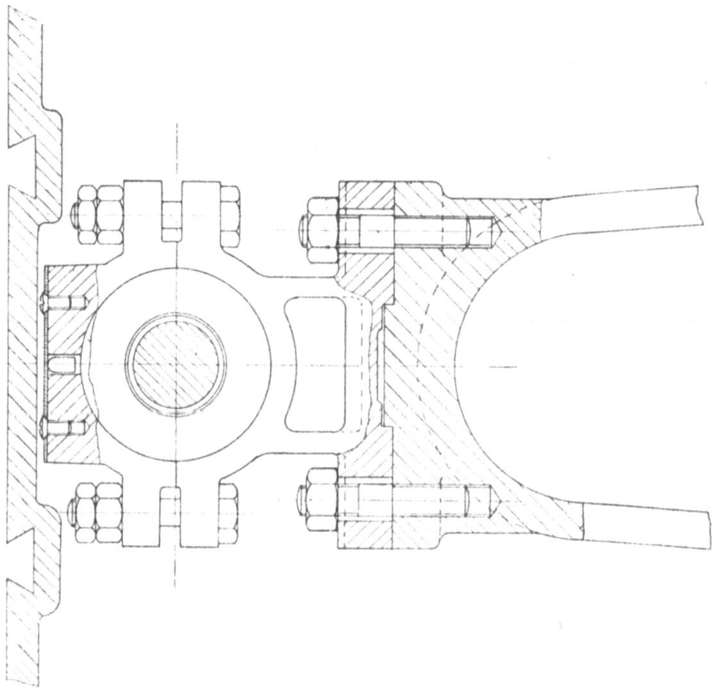

Fig. 154a.

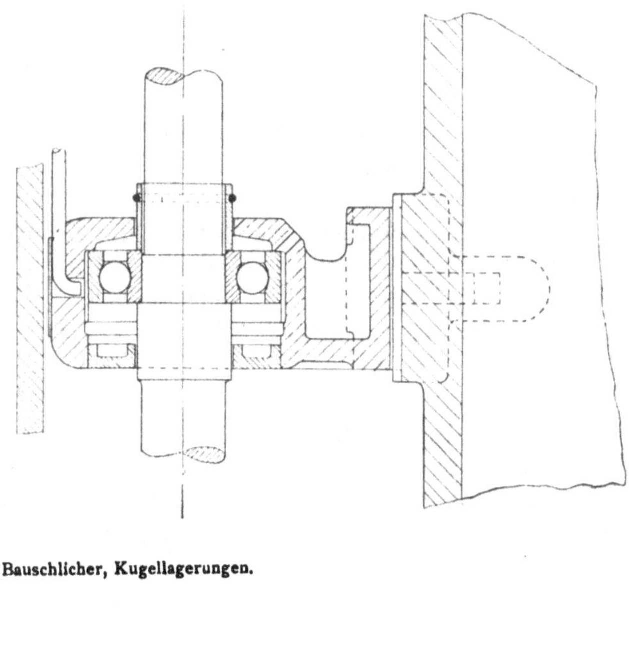

Fig. 154.

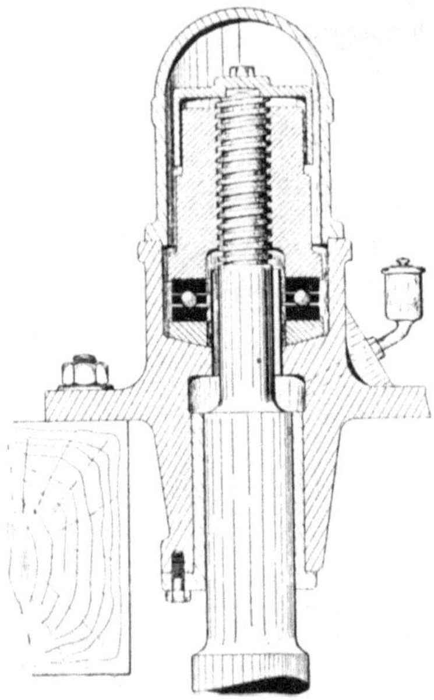

Fig. 155.

m) Seilscheibe auf Kugellager nach Fig. 156.

Es kommt der Konstruktionsfall, dass Lager in senkrechten Wänden unterzubringen sind, oft vor. Die Seilscheibe sitzt fest auf einer Welle und die Welle soll an ihren Enden in Kugellagern lagern.

Man verwendet hier mit Vorteil das bereits früher beschriebene Schildlager, welches nach den bereits beschriebenen Einbaumassnahmen auf die Wellenenden aufgesteckt wird.

Die Montage dieser Schildlager der Maschinenfabrik Robert Conrad ist einfach, weil der das Laufringsystem einschliessende Deckel e mit dem Gehäuse zusammen vereinigt ist und das Gehäuse samt Ringlager von aussen angeschlagen werden kann. Die Nase c des Deckels hält das Ringlager ohne besondere Befestigungsschrauben achsial fest.

Die Centrierung des Lagers erfolgt nicht durch die Befestigungsschrauben, sondern durch einen besonderen runden Absatz. Die Schrauben sind vollkommen entlastet.

Die Lager werden auch mit Vorteil für die Elektromotorenwellen verwendet. Es soll noch erwähnt werden, dass auch hier ein Lager fest eingespannt wird; das andere Lager geht frei, was durch entsprechendes Abnehmen der Deckelränder d und h erreicht wird.

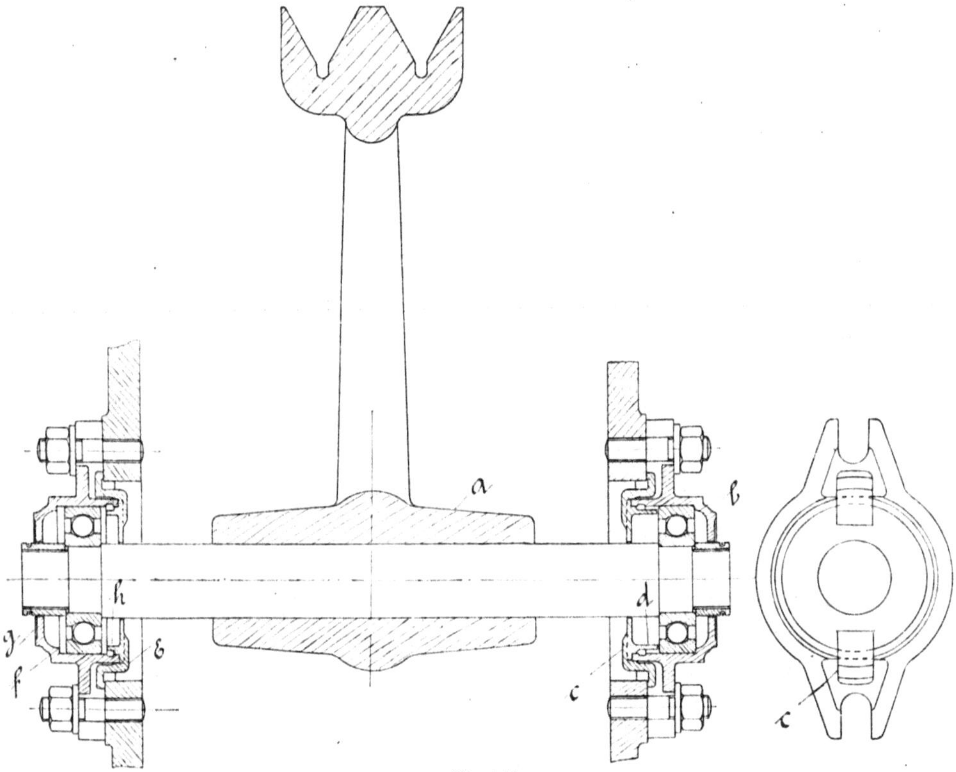

Fig. 156.

Wo die Tourenzahl keine hohe ist, genügt es, die Hohlräume des Gehäuses mit Fett auszufüllen, weshalb auch in dieser Zeichnung die Öler weggelassen sind. Bei Elektromotoren mit raschlaufenden Wellen müsste man aber eine reguläre Ölervorrichtung schaffen.

n) Spielfreie und nachstellbare Kugellager.

Ein interessantes Ausführungsbeispiel ist die Schleifspindel nach Fig. 157. Diese ist in normaler Weise auf zwei Ringlager a und b gelagert. Das Lager b ist durch zwei gewindetragende Verschlussdeckel e und f achsial festgehalten. Das Lager a wird durch eine Stellmutter d einseitig gedrückt und hat nach der anderen Seite Spiel. Nachdem man das Kugellager a so gegen das andere Kugellager b gepresst hat, dass es sich so eben noch dreht, zieht man die Gegenmutter c an. Hier können aber nur Kugellager mit stark gekrümmten Laufrillen ange-

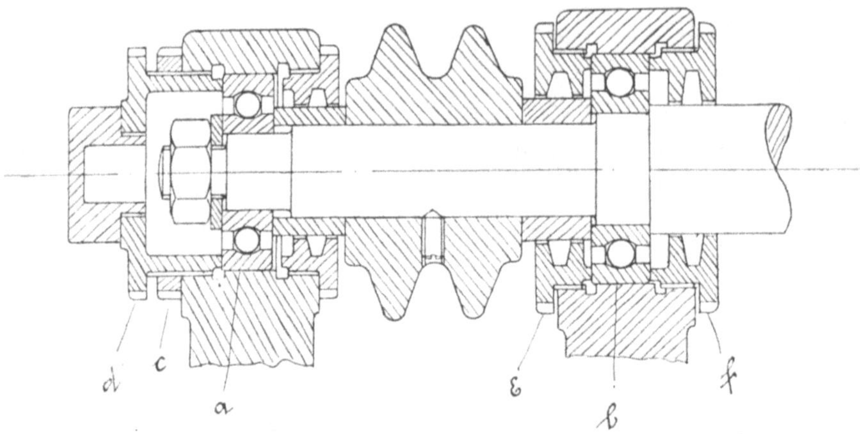

Fig. 157.

wendet werden. Zeigt sich im Laufe der Zeit etwas achsiales Spiel, so stellt man das Kugellager nach. Die Arbeitsstücke, insbesondere die Stellmutter, müssen sorgfältig gefertigt sein und im Gewinde gut zentrisch laufen. Diese Ausführung ist nur in besonderen Fällen zulässig. Im allgemeinen wird man in Rücksicht auf die zwangläufig herbeigeführten seitlichen Drücke und den offenbar grösseren Verschleiss der Kugellager derartige Konstruktionen gerne vermeiden.

o) Besondere Ausführugsfälle von Kugellagerungen.

Von den bisher beschriebenen Kugellagerungen für die Zwecke des Maschinenbaues wurde nur gefordert, dass sie leicht laufen. Ein absolutes Rundlaufen, auch bei schwellender Belastung wurde nicht verlangt. Diese Forderung konnte man höchstens bei den Schneckengetrieben und der Schleifmaschine aufstellen.

Es soll hier betont werden, dass das gut passende Kugellager genau rund läuft. Das verschlissene Kugellager wird natürlich ebenso wenig wie das ausgelaufene Gleitlager rund laufen. Immerhin ist noch ein gewisser Unterschied zwischen dem Kugellager und dem Gleitlager. Die Kugeln können sich gewissermassen federnd in ihren Laufrillen abwälzen und wenn nötig ganz spielfrei laufen, und daher unter Umständen genauer laufen wie die Gleitlager, welche stets, wenn auch nur geringes Spiel besitzen müssen.

Treten aber starke einseitige Lagerdrücke auf, so drücken sich die Kugeln bei Ringlager federnd in ihr Bett ein und es muss ein gewisses Spiel entstehen, das zwar nur vorübergehend auftritt. Bei dem Nachlassen dieses Druckes wird das Kugellager wieder gut passend weiter laufen. Diese Tatsache verbietet bis heute die Anwendung der Kugellager für Werkzeugmaschinen, weil das Kugellager nicht so stabil als das Gleitlager ist.

Bei sehr starken Belastungen hat man schon oft Kugellager mit schlichten Lagern zusammen derart verwendet, dass man das Gleitlager als Sicherheitslager ausbildete, das dann erst zur Wirkung gelangen sollte, nachdem das Kugellager ausgelaufen war. Derartige Kompromisse in der Konstruktion führen stets zu Misserfolgen. Muss man von vornherein mit einer zeitweisen wesentlichen Überlastung des Kugellagers rechnen, so lässt man dasselbe weg. Es wäre ganz verkehrt, die Radiallager eines Walzwerkes oder einer Hauptspindel für eine Fräsbank oder Drehbank mit Kugellager auszurüsten. Die langen Tragflächen eines Gleitlagers sichern stets eine starre Bettung der Welle, was man vom Kugellager nicht erwarten soll.

Anders verhält es sich bei Spurlager. Diese sind in der Regel überall als Ersatz für Gleitlager anzuwenden, weil alle Kugeln tragen und nicht nur einzelne, wie beim Ringlager. Die Drucklager werden heute für Drehbänke, Fräserspindeln, Turbinen, Krahnzapfen usw. mit grossem Erfolg angewendet. Natürlich müssen die elementaren Regeln betreffend den kugeligen Sitz und gute Schmiervorrichtungen wie sie unter dem Kapitel „Spurkugellager und zusammengesetzte Lager“ beschrieben wurden, beachtet werden.

Eine bildliche Darstellung, wie man derartige Spurlager im übrigen Maschinenbau ausbildet, ist überflüssig, weil man hier ebenfalls nicht von dem früher Gesagten abweichen darf. Nur wird man die Lager, den grösseren Beanspruchungen entsprechend, stärker dimensionieren.

Etwas anderes ist es, wenn man wasserdichte Kugellagerungen schaffen soll. Hier ist das Kugellager weniger geeignet, weil infolge der Lücken stets Wasser durch ein Kugellager treten wird, während gute passende Gleitlager an sich etwas abdichten. Bei Kugellager soll man reglrechte Stopfbüchsen vorschalten und eine freie Distanz zwischen dem Kugellager und der Stopfbüchse lassen. Wasser ist dem Kugellager schädlich, weil diese gerne rosten. Immerhin hat man für Pumpen schon öfters Kugellager gebaut. Man muss aber den Waserzutritt zu dem Kugellager durch Schutzkappen und geeignete Stopfbüchsenkonstruktionen verhindern.

Ein Sonderfall, wo die Anwendung von Kugellager auf Schwierigkeiten stösst, stellen die Gebläse für Hochöfen und Entstaubungsanlagen, die Staubhaft enthalten, dar. Der Staub schlägt sich gern an den Lagerstellen nieder. Auch hier müssen die Labyrintsicherungen und Umkapselungen sorgfältiger als gewöhnlich vorgenommen werden.

Bei Heissluftventilatoren, bei denen die Maschine samt Lagern stark erwärmt wird, hat aber das Kugellager offenbar Vorzüge; denn es erträgt, ohne zu fressen, höhere Temperaturen als ein Gleitlager. Bis zu Temperaturen von ca. 60—80 Grad Celsius ist keine Kühlung notwendig. Bei höheren Temperaturen muss allerdings auch eine Wasserkühlung geschaffen werden, die aber lange nicht so reichlich als bei Gleitlager zu sein braucht.

Die heisse Staubluft ist natürlich ein Todfeind eines jeden Lagers und wirkt auch bei dem Kugellager gleich schädlich wie bei dem Gleitlager. Sorgfältigere Einkapselungen, als in gewöhnlichen Fällen, sind auch hier geboten. Es soll aber auf diese Sonderfälle nicht näher eingegangen werden und muss hier die Individualität und die Initiative des Konstrukteurs eingreifen.

In solchen Fällen darf im Wesen der Kugellagerungen trotzdem nichts geändert werden. Es handelt sich meist um Schaffung von 3—4 Labyrinthkammern und notfalls um Metallpackungen, die als staubschützende Stopfbüchsen wirken.